Knaur

Über den Autor:

Prof. Dr. Friedrich Schmidt-Bleek, Physiochemiker, lehrte in den USA, war am Umweltbundesamt für die Entwicklung und Umsetzung des Chemikaliengesetzes zuständig, in leitenden Positionen bei der OECD, beim Umweltbüro des Weltwirtschaftsgipfels und beim Internationalen Institut für Angewandte Systemforschung in Laxenburg bei Wien; 1992 bis 1997 Vizepräsident des renommierten Wuppertal Instituts. Er ist Gründungspräsident des internationalen Faktor-10-Clubs und Präsident des Faktor-10-Clubs in Carnoules/Provence.

Friedrich Schmidt-Bleek

Das MIPS-Konzept

Weniger Naturverbrauch – mehr Lebensqualität
durch Faktor 10

Unter Mitarbeit von Willy Bierter

Knaur

Besuchen Sie uns im Internet:
http://www.droemer-weltbild.de

Vollständige Taschenbuchausgabe 2000
Droemersche Verlagsanstalt Th. Knaur Nachf., München
Copyright © 1998 der deutschsprachigen Ausgabe bei
Droemersche Verlagsanstalt Th. Knaur Nachf., München
Alle Rechte vorbehalten. Das Werk darf – auch teilweise –
nur mit Genehmigung des Verlages wiedergegeben werden.
Umschlaggestaltung: Agentur Zero, München
Druck und Bindung: Clausen & Bosse, Leck
Printed in Germany
ISBN 3-426-77475-5

5 4 3 2 1

Inhalt

Dank sei allen, die mir bei der Entstehung dieses Buches geholfen und mir Mut bei meiner Arbeit zugesprochen haben.

Hierzu gehören ganz besonders Mougine de la Provence, die Freunde im Faktor-10-Club und meine ehemaligen Mitarbeiterinnen und Mitarbeiter am Wuppertal Institut. Ernst von Weizsäcker ermöglichte mir die Entwicklung des Faktor-10-Konzepts und die kontinuierliche Arbeit daran, wenngleich er selbst zwischendurch erfolgreich für einen anderen Faktor warb. Gisela Menstell telefonierte, organisierte und ordnete stets ruhig und immer liebenswürdig meine Termine. Wolfram Huncke »knüpfte Knoten«, »verband Drähte« und sorgte für viele fruchtbare Stunden bei Freund Giovanni. Maria Koettnitz vom Verlag war unermüdlich in ihrer Unterstützung. Willy Bierter half mir mit seinem Wissen in Bereichen, von denen ich nicht genug verstand. Joachim Wille brachte die Arbeit des Faktor-10-Clubs auf den Punkt. Und ohne Rainer Klütings Hilfe beim Ordnen und Überarbeiten der Texte wäre das Buch vermutlich gar nicht zu Ende gebracht worden.

Angespornt haben mich ganz wesentlich Oskar, Anselm, Manuela, David und Uwe, die ganz neu in den Kreis meiner Familie kamen.

Widmen möchte ich das Buch Gertrud Bleek, die uns zu früh verließ.

Carnoules, Provence, im Dezember 1997

1 Einführung

Dieses Buch stellt eine Vision vor. Es ist die Vision von einer Gesellschaft, die nicht mehr über ihre Verhältnisse lebt – über die ökologischen Verhältnisse auf dem Planeten Erde. Trotzdem ist diese Gesellschaft keine arme Gesellschaft. Sie bietet materielle und soziale Sicherheit, wie die meisten Menschen in den reichen Ländern der Erde es gewöhnt sind und nicht mehr missen möchten. Möglicherweise bietet sie diese Sicherheit sogar auch für solche Menschen, die heute nicht wissen, was das ist. Die Gesellschaft meiner Vision ist auch keineswegs angewiesen auf einen radikal »neuen« Menschen, der in ökologisch motivierter Askese lebt. Sie weiß durchaus, was Genuß ist, und sie kennt den Begriff »Wohlstand« – auch wenn die Menschen darunter möglicherweise nicht ganz das gleiche verstehen wie wir heute. Bei alldem aber ist es dieser Gesellschaft gelungen, die Bedürfnisse nach Sicherheit, Lebensfreude und Wohlstand mit der ganz einfachen Tatsache in Einklang zu bringen, daß unser Planet Grenzen hat. Im Unterschied zu dem, was wir heute täglich milliardenfach praktizieren, haben die Menschen in meiner Vision zur Kenntnis genommen, daß sie vom Zustand der Ökosphäre dieser Erde abhängig sind, daß diese Erde nicht unendlich ist und daß sie auf Überforderung sehr unangenehm reagieren kann. Und in meiner Vision haben die Menschen daraus praktische Konsequenzen gezogen.

Meine Vision ist der Traum von einer Zukunft, in der Ökopolitik gute Wirtschaftspolitik bedeutet und Wirtschaftspolitik den Gedanken ernst nimmt, daß sie ohne die Beachtung ökologischer Leitplanken so wenig Zukunft hat wie ohne gesellschaftliche und politische Stabilität. Dieses Ziel meiner Vision ist erreichbar – ohne Verzicht auf Wohlstand und ohne Verzicht auf soziale Sicherheit.[1] Dies plausibel zu machen und den Weg dorthin zu zeigen ist das Anliegen dieses Buches. Die Vision ist durchaus unbescheiden, aber sie ist nicht umstürzlerisch. Sie hat mehr mit Weitsicht zu tun als mit Revolution, und mehr mit dem Praktizieren oft artikulierter und ebensooft verletzter Prinzipien der uns vertrauten Wirtschafts- und Gesellschaftsform als dem wohlfeilen Einfordern ökologischer Moral.

Ernst Ulrich von Weizsäcker gab mir 1992 die Chance, am damals neuen Wuppertal Institut für Klima, Umwelt, Energie mit einigen risikofreudigen jungen Menschen meine Grundidee auszubauen und ihre Belastbarkeit zu überprüfen. 1993 schrieb ich meine Gedanken zum ersten Male in einem Buch nieder.[2] Seitdem haben wir sie an ungezählten Beispielen ausprobiert. Was aus ihnen im einzelnen erwuchs, welche praktischen Lehren daraus für die handelnden Personen in Wirtschaft und Politik gezogen werden können, möchte ich im vorliegenden Buch erzählen. Ich habe zahlreiche Beispiele aus unserer Arbeit der vergangenen Jahre zusammengetragen, und ich habe versucht, sehr konkret, teilweise rezeptartig zu beschreiben, wie ich mir in der Praxis den Umgang mit den Ressourcen dieser Erde vorstelle.

Dieses Buch ist nämlich auch als Werkbuch gedacht. Es geht ein ganzes Stück über theoretische Erörterungen hinaus. Ich werde hierzu über eine ganze Reihe von Beispielen und Berechnungsmöglichkeiten aus unserer Arbeit am Wuppertal Institut berichten. Das Buch soll den interessierten Leser in die Lage versetzen, selbst damit zu beginnen, seinen Weg in eine ökologische Zukunft zu suchen und dazu beizutragen, daß sich andere auf den Weg dorthin machen können. Das gilt für Menschen aus der Industrie ebenso wie für Politiker, Lehrer, Händler, und natürlich für jeden von uns in seiner Rolle als Endnutzer von Produkten.

Wir sind sehr viel weiter gekommen seit 1992. Dennoch bitte ich die Leser meines ersten Buches um Verständnis, daß ich gelegentlich an Punkten anknüpfen muß, die ich schon damals dargestellt habe.

Vom teuren Umweltschutz zum doppelten Gewinn

Die Wurzeln meiner Vision reichen nun mittlerweile rund zehn Jahre zurück. Ungefähr bis zum Jahre 1988 schienen mir der Weg und die Gedankengänge des Umweltschutzes ziemlich plausibel. Ich hatte an vorderer Stelle das deutsche und das europäische Chemikaliengesetz mitschaffen können und später für deren Anwendung in Deutschland gesorgt. Bei der Organisation für Wirtschaftliche Zusammenarbeit und Entwicklung (OECD) in Paris, dem Club der reichen Länder, war es danach meine Aufgabe, die Vielfalt der nationalen Methoden des Managements und der Vermarktung von hunderttausend Chemikalien zu harmonisieren – der Wirtschaft wegen, der Gesundheit und der Umwelt.

Beim Internationalen Institut für Angewandte Systemanalyse in Laxenburg bei Wien (IIASA) wurde ich eingeladen, mit meinen Mitarbeitern die ersten Schritte der früheren Sowjetunion und ihrer Satellitenstaaten in Richtung Marktwirtschaft beratend zu begleiten.[3] In dem Bemühen, in diesen Ländern vor dem Hintergrund dieser ganz besonderen Situation auch gleich ein Stück Umweltschutz zu etablieren, wurde mir mit einem Mal klar, daß wir im Westen den Umweltschutz im wesentlichen als wirtschaftlichen Zuschußbetrieb verstehen und ihn entsprechend eingerichtet haben. Wir konnten uns dies damals wohl ökonomisch auch noch leisten. Mit Sicherheit aber konnten dies Rußland und die anderen Ländern des östlichen Europas nicht, nachdem sie aus der Traumwirtschaft des realen Sozialismus ausgestiegen waren. Sie hatten ganz andere Sorgen und haben dies zum großen Teil auch heute noch. So glauben sie jedenfalls.

Und was für Rußland, Rumänien und Polen gilt, das gilt natürlich auch für Dutzende von Ländern der »Dritten Welt« in noch viel größerem Maße.

Zusätzlich aber wurden allmählich Probleme auch in den bis vor kurzem scheinbar so unaufhörlich prosperierenden Industrieländern sichtbar. In einem Land wie der Bundesrepublik Deutschland stagniert die Wirtschaft und mit ihr offenbar auch die Gesellschaft. Wirtschaft und weite Kreise außerhalb der Wirtschaft sind sich einig, daß grundlegende Reformen der Finanz- und Wirtschaftspolitik nötig sind.[4] Konzepte werden gebraucht, die die öffentlichen Finanzen wieder ins Lot bringen, die im Zuge der Globalisierung der Wirtschaft auch einer relativ teuren, weil mit starken sozialen Elementen ausgestatteten Ökonomie wie der deutschen neue Impulse verschaffen können, und es muß endlich etwas gegen die absurde und gesellschaftlich unerträgliche Situation unternommen werden, daß sich selbst in wirtschaftlich besseren Zeiten das krasse Mißverhältnis zwischen dem Angebot an Arbeitsplätzen und der Nachfrage nicht oder kaum verbessert.

Dieses Buch bietet dafür keine fertige Lösung – der Anspruch wäre zu hoch gesteckt. Aber es bietet Ansätze, die Lösungen wieder in greifbare Nähe rücken, und dies erfreulicherweise im Einklang mit dem Ziel eines Wirtschaftssystems, das ökologisch zukunftsfähig ist.

Aus meiner ziemlich ernüchternden Erfahrung mit der Arbeit im IIASA entstand eine ganz einfache Idee für die Symbiose von Umweltschutz und Marktwirtschaft: Wir sollten versuchen, aus den Ressourcen, die wir der Umwelt entnehmen, mehr zu machen als bisher. Wenn wir die Umweltgüter, die wir uns ohnehin für unsere Zwecke nutzbar machen, mehr als bisher »ausquetschen« würden, dann müßten wir weniger davon der Natur entnehmen, und dementsprechend würde auch am Ende weniger übrigbleiben, das wir der Natur als (für uns) nutzlos wieder überantworten müssen. Wenn es gelänge, aus weniger Ressourcen zumindest gleichen Wohlstand wie heute zu schaffen – mit anderen Worten, die Ressourcenproduktivität bewußt zu steigern –, dann kämen am Ausgang unserer Wirtschaft auch weniger Emissionen und Einleitungen heraus, insbesondere auch weniger Abfall, wozu ich außer nutzlos gewordenen Produkten auch abgerissene Häuser und Infrastruktureinrichtungen wie Straßen, Brücken und ähnliches zähle. Da Ressourcen Geld kosten, könnte bei günstigen Verhältnissen sogar ein doppelter Gewinn entstehen: geringere Kosten für unseren materiellen Wohlstand bei gleichzeitig verminderter Belastung der Ökosphäre.

Wir müssen den Hunger unserer Wirtschaft nach immer mehr Rohstoffen dämpfen. Die Aufgabe lautet, die Wirtschaft zu dematerialisieren. Ist dieses Ziel erst einmal akzeptiert, dann wird sich notwendigerweise auch die technische und ökonomische Phantasie neu orientieren. Ein völlig neuer Markt für ökointelligente Produkte und Dienstleistungen würde entstehen. Die Innovationslücke wäre enorm, und mit ihr die Chance für clevere Geschäftsleute, mit größerer Entschlußfreudigkeit und besseren Ideen als die Konkurrenz einen zusätzlichen Gewinn zu machen. Zugleich würden sehr wahrscheinlich auch neue Arbeitsplätze entstehen. Diese neuen Herausforderungen und die neuen, erfreulichen Chancen für die Wirtschaft sind ein ganz wesentliches Thema dieses Buches.

»Umweltpolitik« so zu verstehen ist ein bisher nicht bekannter oder zumindest nicht verfolgter Ansatz. Ich verstehe Umwelt- oder Ökopolitik in viel weiterem Sinne, als das noch bis vor wenigen Jahren üblich war. Sie reicht weit in die Wirtschafts- und Finanzpolitik hinein, ist von ihr teilweise kaum noch zu trennen; und zugleich reicht sie tief in die Produktpolitik und Verkaufsstrategie von Unternehmen sowie in das Kauf- und Nutzungsverhalten der Konsumenten hinein. Sie muß es tun. Je länger wir in Wuppertal darüber nachgedacht haben, desto wichtiger erschien es uns.

Im nächsten Kapitel werde ich eine Bilanz der bisher praktizierten Umweltpolitik skizzieren und zu zeigen versuchen, daß sie aus in ihr selbst liegenden Gründen an Grenzen gestoßen ist und neuer Ansätze bedarf. Dies sollte Grund genug sein, die neuen Ansätze zu verfolgen, die wir in Wuppertal entwickelt haben. Hier zunächst der andere, überraschendere Aspekt, und dazu eine kurze Vorschau auf unsere Methoden und Ergebnisse, die ich in den nachfolgenden Kapiteln ausführlicher vorstellen werde.

Was wir »Ökos« bisher übersehen haben

Zu meiner eigenen Überraschung bemerkte ich bald nach Formulierung meiner Vision von einer dematerialisierten Wirtschaft, daß wir im bisherigen Umweltschutz eines so gut wie völlig übersehen hatten: Schon wenn wir Rohstoffe nur von ihrem natürlichen Ort in den Lagerstätten auf unserem Planeten entfernen, schon wenn wir sie lediglich an einen anderen Ort bewegen, stört das die Evolution der Ökosphäre maßgeblich, auch wenn wir die bewegten Massen gar nicht dazu benutzen, unseren Wohlstand zu mehren. Der Abraum im Bergbau zum Beispiel, etwa im Jülicher Tagebau westlich von Köln, ist kein Problem der Schadstoffe, kein Problem der biologischen Abbaubarkeit und kein Problem der Müllablagerung. Auch tragen diese Berge von Abraum nicht zum ökonomischen Gewinn seiner Verursacher bei. Sie werden deshalb von der »klassischen« Umweltpolitik überhaupt nicht erfaßt. Aber es wird sicherlich niemand bezweifeln, daß die Abraumhalden nur als Folge eines dramatischen Eingriffs in die Natur entstehen konnten.

Nun, auch auf Abraumhalden blüht und grünt es eines Tages wieder. Die Natur repariert vieles, und manchmal sogar mehr, als ihr die Pessimisten zutrauen. Aber sie braucht ihre Zeit dazu. Wenn der Mensch mit seinen Eingriffen in die Ökosphäre die Natur so schnell umwälzt, daß natürliche Prozesse nicht mehr zum Zuge kommen können, dann ist eine Schwelle überschritten. Dann führen wir ein Leben, das nur eine begrenzte Zeit lang möglich ist – so lange, bis wir die Ressourcen, die uns dieser Planet bietet, aufgebraucht oder zerstört haben. Dann ist unsere Art zu leben und zu wirtschaften nicht zukunftsfähig.

Die technisch verursachten Materialbewegungen auf dieser Erde, die scheinbar grenzenlose Gewinnung von Energie und aller anderen Ressourcen sind bisher ein Haupthindernis dafür, unser Leben auf diesem Planeten zukunftsfähig zu machen. Da aber die menschliche Ökonomie ein Parasit ist, der nur von der Ökosphäre leben kann, sind wir schon auf dem besten Wege, durch gedankenlose Überforderung des Gastgebers Erde unser eigenes Überleben in Frage zu stellen.

Aus ökologischer Sicht ist die vordringliche Aufgabe nicht, bestimmte Ressourcen zu schonen und für unsere Nachkommen zu bewahren, wie es viele, auch namhafte Wissenschaftler vor allem in den siebziger Jahren gefordert haben. Das Ziel muß aus heutiger Sicht vielmehr sein, möglichst weitgehend zu verhindern, daß Ressourcen mit technischen Mitteln der Natur entnommen und bewegt werden. Wir müssen anstreben, die Ökosphäre sowenig wie nur eben möglich zu stören – durch intelligente Verringerung der Massenflüsse, welche die Menschheit für sich aus der Umwelt holt und in Bewegung setzt.

In den vergangenen vierzig Jahren ging fast ein Drittel des landwirtschaftlich nutzbaren Bodens der Erdoberfläche durch Erosion verloren[5], im wesentlichen, weil wir uns eingeredet haben, auch Landwirtschaft sei eine Industrie wie jede andere, die davon lebe, mit immer größeren Maschinen und immer weniger Menschen immer mehr Tonnen Güter auszustoßen. Statistiker beweisen mit solchen Zahlen auch gerne unsere Überlegenheit gegenüber Menschen, die die Erhaltung von Mutterboden noch ernst nehmen. Runde 10 Millionen Hektar Ackerland gehen auf diese Weise jährlich verloren, 75 Milliarden Tonnen Ackerboden. Es ist erschreckend, mit welchem Fatalismus diese ökologische Katastrophe weltweit hingenommen wird. Offenbar ist für viele Menschen eine Landwirtschaft nicht denkbar, die den enormen Bedarf an Nahrungsmitteln befriedigt und dies so tut, daß sie es auch morgen und übermorgen und in zwanzig oder sogar hundert Jahren noch tun kann. Doch genau dies muß unser Ziel sein, wenn wir wollen, daß es auf unserem begrenzten Planeten eine Zukunft gibt für Milliarden von Menschen mit ihrem Reichtum an unterschiedlichen Kulturen.

Umweltpolitik wirtschaftlich machen

Politisch gesehen sollte die Aussicht, durch Dematerialisierung der Wirtschaft die Abfallströme und Emissionen entscheidend verkleinern zu können, eigentlich hoch willkommen sein. Wenn wir die heutigen Sturzbäche von Materialien demnächst in eine »Kreislaufwirtschaft« einleiten werden, dann bringt dies nicht die wirkliche Entlastung. Die schaffen wir erst, wenn wir die gewaltigen Ressourcenströme in unserer Wirtschaft *a priori* vermeiden. Alle Begeisterung für Kreislaufführung und Recycling macht leicht vergessen, daß es niemals möglich sein wird, mehr als dreißig Prozent der heute technisch bewegten Masse zu recyceln; und diese maximal dreißig Prozent bewegen sich in Kreisläufen, die niemals dicht sein können. Auch Kreislaufführung kostet Material, kostet Energie, kostet Umwelt.

Die Binsenwahrheit lautet: Wer vorne viel hineingibt, kann nicht verhindern, daß hinten auch viel herauskommt. Gemeint sind die Ressourcenflüsse wie etwa Energieträger, Erze, Sand und Wasser, die in das Produzieren, das Transportieren, das Gebrauchen, das Erhalten, das Recyceln und das Entsorgen von Produkten, Gebäuden und Infrastrukturen gesteckt werden, um den uns vertrauten materiellen Wohlstand sicherzustellen und zu mehren.

Die Wahrheit ist aber auch, daß sich bereits zwei Generationen von »Nachkriegskindern« an den Irrglauben gewöhnt haben, daß der Himmel die Grenze des noch immer beschworenen – und gesetzlich vorgesehenen – Wachstums sei. Während die Großmütter 1950 von einem Durchlauferhitzer träumten, glauben heute viele, daß der Besitz eines Autos und des dazugehörenden öffentlichen Parkraums zu den Grundrechten des Menschen gehören. (Ich spreche vom Besitz eines Autos, nicht vom Fahren eines Automobils. Zwischen »besitzen« und »benutzen können« liegen Welten, wie wir noch sehen werden.)

80 Tonnen fester Materialien aus der Umwelt und 600 Tonnen Wasser »verbrauchte« jeder Deutsche im Jahre 1990. Für die US-Amerikaner gilt das gleiche. Die Niederländer kommen mit etwas weniger aus, und die Japaner mit rund der Hälfte. Schon dieser Hinweis sollte auch Wirtschaftslenkern zu denken geben. Aber auch die japanischen 40 Tonnen im Jahr pro Person sind keine Zukunftsperspektive. Wenn der Rest der Menschheit das je nachmachen sollte, werden wir kaum noch die Kraft haben, uns um Staatsfinanzen, Globalisierung und Arbeitslosigkeit große Gedanken zu machen. Wir werden voll damit beschäftigt sein, das nackte Überleben in einer immer menschenfeindlicher werdenden Umwelt zu sichern.

Die Zauberfrage, die mich und meine Mitarbeiter bei unseren Anfängen im Jahre 1992 umtrieb, lautete: Könnte man den uns vertrauten Wohlstands technisch mit viel weniger Ressourceninput gestalten? Die zauberhafte Antwort ist: Ja, das kann man.[6][7] Die nächste Frage war: Paßt das in die soziale Markwirtschaft? Die Antwort lautet: Aber ja, sie würde davon wahrscheinlich auch noch profitieren.[8] Und dann natürlich die Frage: Was passiert mit der Arbeitslosigkeit, wenn wir unsere Wirtschaft radikal dematerialisieren? Soweit man das heute abschätzen kann, sehen auch hier die Perspektiven gut aus.[9]

Unter »radikaler« Dematerialisierung verstehe ich, den Materialverbrauch weltweit auf ein Maß zu reduzieren, das zukunftsfähig ist, das also mit großer Wahrscheinlichkeit die Ökosphäre nicht langfristig schädigt, und das in einem Zeitraum von einigen Jahrzehnten. Derzeit ist das nicht der Fall; ich werde darauf zurückkommen. »Radikal« zu dematerialisieren hieße zum Beispiel, weltweit den Ressourcenverbrauch zu halbieren. Diese Forderung trifft aber unterschiedliche Länder und Regionen der Erde sehr unterschiedlich hart. Spricht man nämlich allen Menschen an dem weltweit halbierten Ressourcenverbrauch den gleichen Anteil zu, so bedeutet dies, daß die alten Industrieländer ihren Ressourcenverbrauch auf etwa ein Zehntel des heutigen zurückfahren müssen.

Seit Anfang der neunziger Jahre fordere ich, die Wirtschaftssysteme der alten Industriestaaten im Verlauf der nächsten Jahrzehnte um einen Faktor 10 zu dematerialisieren. Der von mir 1994 zusammengerufene Faktor-10-Club hat sich diese Forderung zu eigen gemacht und hierzu Erklärungen verfaßt, denen heute weltweites Gehör geschenkt wird. Immer häufiger tauchen in internationalen Beschlußvorlagen Begriffe auf, die mit der neuen Sicht auf unser Verhältnis zur Umwelt und der damit verbundenen Vision untrennbar verbunden sind und die im Verlauf dieses Buches häufig auftauchen werden: »Faktor 10«, »Ökologische Rucksäcke«, »MIPS«. Das ist nicht sehr verwunderlich, denn zum Faktor-10-Club gehören so namhafte Persönlichkeiten wie Jim MacNeill, der frühere Generalsekretär der Brundtland-Kommission, Ashok Khosla, der Präsident des »Resources Alternatives« in Indien, Ernst Ulrich von Weizsäcker, den Freunden des Droemer-Knaur Verlages durch sein Buch »Faktor 4« bekannt, Claude Fussler, Vizepräsident von Dow Chemical Europe, Ioannis (John D.) Paleocrassas, früher Finanzminister in Griechenland und später Kommissionär für Finanzen bei der Kommission der EU in Brüssel, und Hugh Faulkner, früherer Minister in Kanada und Generalsekretär des Business Council of Sustainable Development. Die Erklärung des Faktor-10-Clubs von 1997 ist in Kapitel 12 dieses Buches abgedruckt. Sie wird von Nelson Mandela, dem Präsidenten der Südafrikanischen Republik, von Gro Harlem Brundtland, der früheren langjährigen Ministerpräsidentin von Norwegen und Vorsitzenden der Kommission für Umwelt und Entwicklung (The World Commission on Environment and Development, The Brundtland Commission) und anderen führenden Persönlichkeiten der Weltpolitik und Weltwirtschaft zum Studium empfohlen und liegt bei allen Weltkonferenzen vor.

Anna Lindh, die schwedische Umweltministerin, schrieb im Januar

1997 einen langen Brief an ihre Ministerkollegen in Europa und mahnte sie, die »interessante Idee« des Faktors 10 bei der Umsetzung der fünf Jahre zuvor in Rio de Janeiro eingegangenen Verpflichtungen zum Schutz der Umwelt zu berücksichtigen. »Was der Ansatz des Faktors 10 uns gibt, ist die Größenordnung der Veränderungen, die allgemein im Hinblick auf unterschiedliche Sektoren der Industrie und der Nationen nötig sind. Das bedeutet, daß einige sogar noch darüber hinausgehen werden müssen. Das Ziel ist, innerhalb einer Generation etwa den gleichen Stand der Dienstleistungen zu erreichen, den wir heute haben, und dazu aber nur einen Bruchteil der gegenwärtig benutzten Ressourcenmenge einzusetzen.«

MIPS und Überraschungen

Dieses Buch soll zeigen, wie die geforderte Dematerialisierung der Wirtschaft vor sich gehen kann. Ich werde Beispiele nennen und Rezepte, Checklisten aufstellen und Verfahren beschreiben. Ich möchte so praxisnah sein, wie es der Stand der Forschung nur eben erlaubt; und dieser Stand der Forschung erlaubt viel, denn das Wuppertal Institut arbeitet gern und mit großem Erfolg mit Praktikern aus Wirtschaft und Politik zusammen. Zugrunde liegt all dem die neue Analyse unseres Umgangs mit natürlichen Ressourcen, die ich 1993 vorgestellt habe und die wir in der Abteilung »Stoffströme und Strukturwandel« des Wuppertal Instituts weiterentwickelt und in der Praxis erprobt haben. Schlüsselbegriffe dieser Analyse sind der »Ökologische Rucksack«, »MIPS« und die »ökologischen Leitplanken«.

Wenn es richtig ist, daß wir zu viele natürliche Ressourcen verbrauchen, um unseren Wohlstand zu schaffen, um Mausefallen und Musikpaläste, Autos und Autobahnen zu bauen, dann heißt das doch, daß alles, was produziert worden ist, einen großen Ballast mit sich herumschleppt, einen Berg von Natur, der für dieses Produkt in Bewegung gesetzt worden ist – eben einen großen Ökologischen Rucksack. Es ist natürlich ein unsichtbarer Rucksack, denn ich kann dem Computer auf meinem Schreibtisch nicht ansehen, daß zu seiner Herstellung mehr als

14 Tonnen solide Natur umgeschaufelt und gründlich verändert wurden. Genausowenig kann ich sehen, daß der Rucksack noch um mehr als 5 Tonnen schwerer wird, während ich den Computer benutze, denn in dieser Zeit braucht er ebenfalls Ressourcen, Energie zum Beispiel. Mein Fußboden würde einbrechen, wenn dieser Rucksack hier in meinem Büro gefüllt würde. Doch das geschieht an ganz anderen Orten – aus den Augen, aus dem Sinn.

Wer hätte gedacht, daß der Goldring am Finger des Familienvaters eigentlich mehr wiegt als der Kleinbus, in dem er seine Kinder spazierenfährt? Ökologisch gesehen, versteht sich. Denn Gold ist wegen der aufwendigen Abbaumethoden ein ökologisch besonders »teures« Material. Im Durchschnitt schleppt jedes Kilogramm Industrieprodukt bei uns etwa 30 Kilogramm Natur mit. Das bedeutet, daß heute weniger als zehn Prozent der in der Natur bewegten Materialien letztlich in nutzbringende Industrieprodukte verwandelt werden. Meine Forderung ist: Entrümpelt die Dinge gründlich! Nicht mit Materialaufwand klotzen, sondern mit Intelligenz! Mit Intelligenz kann Technik viel besser gemacht werden; und sie muß es auch. Sonst bricht uns die ganze natürliche Basis unserer Wirtschaft zusammen.

Wenn nun jemand sagt, die Wirtschaft müsse dematerialisiert, die Rucksäcke müßten kleiner werden, dann muß er auch sagen, wie man den Materialverbrauch und die Größe der Rucksäcke messen kann – und zwar bitte so einfach, daß die Ergebnisse schnell und mit der nötigen Zuverlässigkeit vorliegen. In der Praxis ist die Zeit nicht verfügbar, in jedem Einzelfall eine wissenschaftliche Studie über den Ressourcenverbrauch anzustellen. Aber für die praktische Anwendung müssen die Daten auch nicht allen wissenschaftlichen Detailanforderungen genügen; es genügt, daß sie »richtungssicher« sind, also bei aller verbleibenden Unschärfe die handelnden Personen in die richtige Richtung lenken. Jeder Designer in der Industrie, jeder Manager in den Führungsetagen und jeder Handwerker vor Ort muß in der Lage sein, mit Hilfe eines einfachen Maßes Alternativen zu erkennen, zwischen ihnen zu entscheiden und zumindest die richtige Richtung einzuschlagen. Dieses Maß muß so konstruiert sein, daß es international akzeptiert werden kann, einerlei, ob für den Vergleich der Ressourceneffizienz von Mausefallen oder den Vergleich der Wirtschaftssysteme von Deutschland und Japan.

Das MIPS-Konzept schafft das.

MIPS ist die Abkürzung für *M*aterial-*I*nput *p*ro Einheit *S*ervice. Der Materialinput (MI) umfaßt alles, was an natürlichen Rohmaterialien bewegt und eingesetzt wird, um Sachgüter herzustellen, zu gebrauchen, zu transportieren und auch zu entsorgen: Sand, Wasser, Kohle, Erde, Erze, Raps und Bäume, eben alles, was wir von der Ökosphäre brauchen. Dieser Materialaufwand wird nun auf den Nutzen bezogen, den wir davon haben; denn schließlich kann es ja sinnvoll sein, einen hohen Materialinput zu akzeptieren, wenn dadurch ein überproportional hoher Gewinn an Nutzen entsteht. Deshalb rechnen wir mit Materialinput »pro Einheit Service«. Wenn wir es nicht tun würden, dann würde es keine Rolle spielen, ob eine einzige Person in der S-Bahn sitzt oder 300. Denn der MI in die S-Bahn ist in beiden Fällen derselbe.

MIPS ist das bisher einzige Maß dafür, wieviel Nutzen aus einer bestimmten Menge Ressourcen gezogen wird. Es ist das bisher einzige Maß für Ressourcenproduktivität. So einfach ist das.

Wir haben das MIPS-Konzept in Wuppertal im Laufe der vergangenen vier Jahre auf vieles angewandt. Dabei kamen einige Überraschungen zutage, die uns »Ökos« zunächst ziemlich mitnahmen. Ein Beispiel dafür ist, daß die Produktion von Baumwolle in einigen Teilen der Welt pro Kilogramm mehr als 40 000 (vierzigtausend) Liter Wasser verbraucht. Oder daß für ein Kilo Raps fast vier Kilo Erde durch Erosion verlorengehen. Oder daß der Transrapid dem ICE ökologisch deutlich überlegen ist. Oder daß die Wegwerfkamera für Gelegenheitsfotografen die ökologisch verträglichste Weise ist, Bilder mit nach Hause zu bringen. Oder daß der Ökologische Rucksack von Einwickelpapier ein Vielfaches von dem von Kunststoffolie wiegt.

Im vorliegenden Buche will ich erzählen, wie man die Dinge praktisch angeht, wie Designer dematerialisierte Produkte entwerfen können, wie man MIPS berechnet und wie Ökologische Rucksäcke im einzelnen aussehen. Natürlich gibt es auch über Theoretisches etwas zu sagen; so zum Beispiel, daß eine technisch kluge Dienstleistungsgesellschaft dasselbe ist wie eine dematerialisierte Gesellschaft, daß die Erhöhung der

Ressourcenproduktivität von Produkten zum Aufspüren neuer Marktnischen führt und daß eine kluge Ökopolitik auf marktwirtschaftlichem Wege Arbeitsplätze schafft.

Wahrscheinlich muß ich mehr Antworten schuldig bleiben, als dem Leser lieb sein kann. Dafür bitte ich um Verständnis. Aber ich denke, das macht die Geschichte nicht weniger spannend.

Paradigmenwechsel fallen zum Glück nicht vom Himmel. Aber sie belohnen die Mutigen.

2 Genuß ohne Reue – Wie der Faktor-10-Club die Weltformel erfand

Im September 1997 tagte zum vierten Mal der Faktor-10-Club. Aus vielen Ländern der Erde reisten Wissenschaftler an, um vier Tage lang über die Dematerialisierung der Weltwirtschaft zu diskutieren. Treffpunkt war Carnoules in der Provence, wie auch in den Jahren zuvor. Als Journalist war Joachim Wille eingeladen, Redakteur für Umwelt der »Frankfurter Rundschau«. Sein Bericht nahm eine ganze Seite in seiner Zeitung ein (27.9.1997). Wille hat uns gut zugehört, aber er hat uns dabei auch auf die Finger gesehen. Herausgekommen ist eine Schilderung, die ich mit Vergnügen gelesen habe und der ich hier weder etwas hinzufügen noch etwas wegstreichen möchte. Ich übernehme seinen Bericht unverändert als Porträt eines Clubs, den ich gegründet habe und schon deswegen lieber einen Außenstehenden vorstellen lasse. Ich danke Joachim Wille und der »Frankfurter Rundschau« für die Genehmigung zum Abdruck.

> 1. Darkness around us,
>   growing confusion,
>   This is the Factor 10 at work.
>   Changing the world,
>   o what an illusion,
>   We are the Factor 10 jerks.

Es wird dunkel. Noch ist es so warm, daß man ohne Pullover auf der Terrasse unter den Maulbeerbäumen vor dem kleinen Gartenhaus sitzen kann. Das Abendessen war gut, wie immer. Die Stimmung an den vier Tischen steigt, wie immer. Es kommt, was kommen muß. Warum sonst hat der Professor aus Amsterdam das Akkordeon auch diesmal wieder die vielen Kilometer bis hierher, nach Carnoules in der Provence, mitgeschleppt.

Sein Lied hat sechs Strophen mit Refrain. Die Selbstironie, die aus jeder Zeile spricht, versöhnt auch penetrant unmusikalische Eggheads unter den Mitgliedern dieses eigenartigen Clubs namens »Faktor 10« ein wenig mit dem Vortrag. Nein, geschunkelt wird zum Glück nicht. Aber die Melodie ist die von »Wenn wir erklimmen schwindelnde Höhen«. Das weckt nicht bei jedem, der das deutsche Liedgut kennt, angenehme Assoziationen. Doch irgendwie paßt der Titel schon: Denn die Kühnheit der Idee, die besungen wird, macht so schwindlig, daß Abstürze vom intellektuellen Gipfel drohen. Um was es da geht? Um nichts weniger als die »Weltformel« zur Rettung der Lebensgrundlagen der Menschheit.

Professor Wouter van Dieren, Mitglied auch im ehrwürdigen »Club of Rome«, der vor 25 Jahren die »Grenzen des Wachstums« verkündete, spielt sich in Form. Der Niederländer, ein etwas fülliger, sturm- und diskussionserprobter gebürtiger Inselfriese, dreht hier erst richtig auf, wenn die glühende mediterrane Mittagshitze wieder ins Weltall zurückgestrahlt worden ist – und das Handy endlich mal Ruhe gibt. Der neue Club will viele Grenzen einreißen, die des Wachstums sogar! Nebenbei auch die der steifen Konventionen, die internationale Konferenzen sonst beherrschen. Nur nicht jene, die die Ökologie des Planeten unverrückbar vorgibt. Später am Abend, nach ein paar Durchgängen durch seinen »Faktor-10-Song«, wird van Dieren jedermann – na, fast jedermann – am Tisch zum Singen bringen. Den englischstämmigen Chemiemanager aus Brüssel, der sein Jugendchorrepertoire inbrünstig zum besten gibt. Oder die Schweizer Gattin des Umweltberaters, die ein paar Volkslieder aus ihrer Heimat interpretiert. Maneka Gandhi, Ex-Umweltministerin aus Indien und Gast des Clubs, beäugt das Schauspiel vom anderen Tische aus sicherer Entfernung, ebenso Ryoichi Yamamoto, Ökoprofessor aus Tokio. Die Jüngeren an van Dierens Tisch nehmen in ihrer Notennot bei den Beatles-Internationalen Zuflucht. Man vernimmt, noch zögerlich, die erste Strophe von »Yesterday«, begleitet vom zumeist ziemlich richtigen Akkordeon. Dann »Let it be«. Na denn, à la vôtre!

2. (gleichzeitig Refrain):
   Under the blue sky of the provence,
   Drinking the best of rose, rose.
   Nobody answers our avances,
   And we go lost and astray.

Alle nennen ihn »Bio«. So heißt der Erfinder der Faktor-10-Formel und des gleichnamigen Clubs; seine Schwester gab ihm vor gut sechs Jahrzehnten den Spitznamen, weil sie damals in Indonesien, wo die Familie lebte, das teutonische »Friedrich« nicht richtig aussprechen konnten. Friedrich Schmidt-Bleek ist Chemieprofessor. Aber was sagt das schon? Besser paßt, mögen Adjektiv und Substantiv auch nur bedingt harmonieren: »ökologischer Globetrotter«. Die Vita aufgeblättert: Doktortitel am Mainzer Max-Planck-Institut für Chemie, Direktorenposten an der Universität von Tennessee (USA), »Chemiepapst« beim Umweltbundesamt in Berlin, dann beim mächtigen Industrieländerverein OECD in Paris, hernach »Leader« des Programms »Technologie, Wirtschaft und Gesellschaft« der Denkfabrik IIASA im österreichischen Laxenburg, zuletzt Vizepräsident des Wuppertal Instituts für Klima, Umwelt, Energie.

Das erklärt immerhin zu einem guten Teil, warum so viele wichtige Leute von überall her kamen, als »Bio« einen Club ins Leben rief, mochte die Idee auch etwas vage und phantastisch klingen: »Meine Vision ist: Laßt uns einen vergleichbaren Lebensstandard wie heute mit einem Zehntel der Ressourcen schaffen.« Faktor 10 nannte er das, weil es darum geht, die Produktivität der benutzten Ressourcen zu verzehnfachen. »Man kennt sich halt aus alten Zeiten«, sagt etwa Jim MacNeill aus dem kanadischen Ottawa, Vorsitzender vieler internationaler Umweltkonferenzen und ehemaliger Generalsekretär der Brundlandt-Kommission. Das ist die, die 1987 – fünf Jahre vor dem Erdgipfel von Rio – den Ökoschlachtruf der »nachhaltigen Entwicklung« erfunden hat. Bio baute auf sein Netzwerk aus drei Jahrzehnten internationaler Umweltpolitik.

Der andere Teil der Erklärung liegt im Anspruch des Clubs: Die Faktor-10-Vision des Umweltforschers – entwickelt auf seinem Posten als

Leiter der Abteilung Stoffströme und Strukturwandel in Ernst Ulrich von Weizsäckers Wuppertal Institut, den er jetzt, mit 65, aufgibt – verheißt einen Ausweg aus gleich mehreren miteinander verwobenen Krisen, bei deren Behebung alle klassischen Rezepte versagen: Umweltkrise, Arbeitskrise, Bevölkerungskrise. Wer wollte, wenn er gefragt wird, da nicht mitmachen?

Blauer Himmel, viel Wein, viel Rouge und viel Rosé, gutes Essen, Aussicht auf Erfrischung im kleinen, aber eigenen Pool … Schmidt-Bleek: »Ich habe gleich beim ersten Mal gesagt: Wenn es uns keinen Spaß mehr macht, lassen wir den Club wieder sterben.« Bis jetzt lebt er. Alles andere als eine weitere wissenschaftliche Konferenz hatte der Mann vor Augen, als er im Sommer 1994 an »einige Freunde schrieb und vorschlug, im September in der Provence einmal ausführlich über die realistischen Chancen einer Dematerialisierung der Wirtschaft, über ihre Voraussetzungen und Folgen zu diskutieren«. Es scheint, man verstand ihn richtig: An eine auch nur ansatzweise Dematerialisierung des Genusses war nämlich nicht gedacht. Denn: »Die Freunde kamen« (Schmidt-Bleek) und verabredeten, nun jedes Jahr einmal als Faktor-10-Club zusammenzutreffen. Immer in Bios Haus »La Rabassière«, oben am Südosthang über Carnoules, wo früher die Olivenhaine standen, bis ein Frostwinter und die EU ihnen den Garaus machten, 30 Kilometer nordwestlich von Toulon.

> 3. Was wir versuchen
> zu beweisen:
> daß die Welt untergeht.
> Klima verändert,
> Ozon verschwindet,
> aufgeheizt der Planet.

Die Welt? Untertan des Menschen, Experimentierfeld einer entfesselten Spezies: Schaumkronen auf den Flüssen, krepierende Fische, Seveso, Sandoz-Rhein-GAU, Blei im Benzin und in der Atemluft, Ausbreitung der Wüsten, Wassermangel in der Dritten Welt, Tschernobyl, Verkehrslärmterror, Erosion der Ackerböden, Waldsterben, Überfischung der Weltmeere, Chemie-Altlasten, galoppierendes Artensterben, Tropenwaldvernichtung, Überbevölkerung, Wachstum der Megastädte, Ozonloch, globale Klimaveränderungen – die Litanei der alten und neuen ökologischen Sünden ist lang. Viele wollen sie nicht mehr hören. Die einen, weil sie glauben, daß die Schornsteine erst mal wieder richtig rauchen müssen, bevor man sich zusätzlichen Umweltschutz leisten kann. Die anderen, weil sie meinen, die Umwelt sei zumindest in den reichen Industrieländern inzwischen – dank Schadstoffiltern, Katalysatoren, Kläranlagen – genug geschützt.

Faktor 10 bedeutet: Die klassische Umweltpolitik ist am Ende, ausgereizt. Aber sie gehört nicht einfach abgeschafft, sie muß Schritt für Schritt durch etwas Besseres abgelöst werden. Eine Ausweitung des ökologischen Reparaturbetriebs der Industriegesellschaft, von Bürgern, Politikern und der Umweltbürokratie in den vergangenen Jahrzehnten durchgesetzt, wäre zu teuer und ineffizient. Noch einmal Schmidt-Bleek, der drei Jahrzehnte seines Lebens zur Perfektionierung eben dieses Reparaturbetriebs und zur Minimierung der in die Umwelt entlassenen Gift- und Schadstoffe beitrug: »Wir haben uns lange genug mit Millionstel Gramm abgegeben. Nun ist es an der Zeit, sich um die Megatonnen zu kümmern.«

Der Mensch bewegt die Erde. Das kann man wörtlich nehmen: Jeder Deutsche verbraucht nach neuesten (von Schmidt-Bleeks Arbeit inspirierten) Erhebungen des Washingtoner World Resources Institute pro Jahr rund 80 Tonnen Natur – entsprechend der Summe des Material- und Energie-Inputs für die von ihm verbrauchten Güter, von der Coladose über die Zeitung, den Kühlschrank, das Auto bis zur Urlaubsreise. Noch toller treiben es die US-Amerikaner: Sie kommen auf 90 Tonnen. In Holland ist der Wert 70, in Japan »nur« rund 40. Um zum Beispiel an ein Kilo Kupfer für ein Kupferkabel zu kommen, werden 500 Kilo Natur verbraucht; darunter zählen der Abraum im Bergwerk und die Energie, die zur Gewinnung und Weiterverarbeitung sowie zum Transport eingesetzt werden. Die 499 Kilo nennt Schmidt-Bleek den »ökologischen Rucksack«. Viele solche Rucksäcke schleppen die Produkte mit sich, die die Industriegesellschaft anbietet; sie stellen den ökologischen Preis dar. So sind für ein Mittelklasseauto, das im Verkaufsraum eine Tonne wiegt, stolze 25 Tonnen »Natur« draufgegangen; das dabei eingesetzte Wasser nicht mitgerechnet. Und die drei Milliarden Tonnen Kohle, die auf der Erde jedes Jahr verfeuert werden, haben einen Öko-Rucksack von 15 Milliarden Tonnen Abraum und verschmutztem Wasser – plus zehn Milliarden Tonnen des Treibhausgases Kohlendioxyd (CO_2). Denn die entstehen beim Verbrennen in Kraftwerken, Heizungen und Herden.

Die Rucksäcke summieren sich zu gigantischen Mengen. Es wird geschätzt, daß durch den Menschen seit einigen Jahren mehr Erdmasse bewegt wird als durch Vulkanausbrüche und klimabedingte Erosion. Der Vergleich macht die Dimension des Problems deutlich – auch wenn damit natürlich nicht gesagt werden soll, daß die Umweltwirkungen von beispielsweise einem Kilo Dioxin, einem Liter Öl und einem Kilo Abraum gleichzusetzen sind. Gleichwohl, so das plausible Konzept der Faktor-10-Anhänger, taugt die »Materialintensität« von Produkten oder Dienstleistungen als Maß für deren ökologische Bewertung. Und wer einwendet, die Folgen des industriellen Durchwühlens der oberen Schichten des Planeten auf der Suche nach Rohstoffen sei schon nicht so schlimm, muß sich eines Schlechteren belehren lassen: Bergbau, Erzaufbereitung und Erztransporte verursachen – und zwar besonders in der Dritten Welt, weswegen unsereins gerne darüber hinwegsieht – die schwerwiegendsten regionalen Umweltprobleme.

»Wir plündern die Gräber der Erde«, sagt Professor Heinrich Wohlmeyer, auch er Mitglied im Faktor-10-Club. Wohlmeyer weiß, wie man den Boden gesund erhält. Er ist schließlich Präsident der Österreichischen Vereinigung für agrarwissenschaftliche Forschung – und hat es geschafft, daß das Faktor-10-Konzept in den offiziellen nationalen Umweltplan seines Landes aufgenommen worden ist.

Doch warum nun ausgerechnet Faktor 10 als Remedur, also die Verminderung der Ressourcenentnahme um 90 Prozent? Einfache Antwort: Die Schadstoffaufnahmekapazität des blauen Planeten ist überschritten. Der Mensch belastet die globalen Ökosysteme derzeit doppelt so stark – etwa durch die Treibhausgase –, wie sie es auf Dauer gerade noch »ertragen« können. Doch eine Halbierung (Faktor 2) reicht in den Industrieländern, die zusammen mit den asiatischen Tigerstaaten und den Ölländern 80 Prozent der weltweit eingesetzten Ressourcen verbrauchen, bei weitem nicht aus. Sie müssen ihre Wirtschaft und ihr Konsummodell so umstellen, daß sie ihren Wohlstand zukünftig etwa mit einem Zehntel der Rohstoffe erzeugen. Zieljahr für das Erreichen dieses »ökologischen Sicherheitsfaktors« ist das Jahr 2050. Eine simple Antwort auf ein komplexes Problem. Merksatz: Zehn Prozent für die Reichen müssen reichen. Doch das löst noch nicht die Kardinalfrage: Wie soll das zu schaffen sein? Reicht die Effizienzrevolution in der Wirtschaft, oder braucht es *den* neuen Menschen?

4. But all around us,
   beauty forever.
   First class we always will jet,
   you bet.
   Grands cros by Faulkner,
   foie gras by Marie,
   which we enjoy without regret.

Schön ist es. »Land des Lichts« nennen sie die Provence. Gott in Frankreich? Wenn schon, dann hier bei Bio und Co., wo die Touris noch keine Landplage sind. Die Kräuter, die am Wegesrand wachsen, muß man probiert haben. Lavendel, Thymian, Rosmarin. Mit Geld nicht zu bezahlen, obwohl es auch nicht schadet, genug davon zu haben.
Noch schöner ist es, Hand aufs Herz, wenn man auch als Ökologe zum Jet-set gehört. Wer mit grünem Gedankengut in einer Welt der Globalisierung in den maßgeblichen Kreisen Schritt halten will, kann sich nicht am Fahrplan der Bimmelbahn nach Carnoules orientieren. Der Zeitplan der Institutspräsidenten und Industrieberater, der UN-Umweltdirektorin, des Öko-Unternehmerverbandschefs, des Chemiemanagers, der in Forschung und Lehre eingespannten Wissenschaftler ist eng. Da kann der unerwartete Streik einer regionalen Fluggesellschaft am Abreisetag die »bei Bio« vier Tage lang geübte Gelassenheit des Faktor-10-Lebens ganz schön auf die Probe stellen. »Wann bloß fährt der letzte TGV nach Paris? Gibt es einen Anschluß zum Transatlantikflieger in

Charles de Gaulle?« Hektisches Telefonieren im Nebenraum läßt die Debatte der Runde in Schmidt-Bleeks Wohnzimmer darüber, wie die Faktor-10-Idee denn nun weiter zu verbreiten und in der Praxis umzusetzen sei, für eine Weile arg in den Hintergrund treten.

Wie wahr: Es gibt ein richtiges Leben im falschen. Wer wollte so kleingeistig sein, die Flugkilometer der Umwelttretter mit ihren übergeordneten Zielen zu verrechnen. Oder vielleicht die Gaumenschmeichelei des guten Roten, der von einem Mitglied des Clubs auf dem eigenen provenzalischen Weingut umweltverträglich angebaut wird, mit der, zumindest für eine Kleinfamilie, völlig überdimensionierten Wohnfläche ihres herrschaftlichen Hauses, geschweige denn diese mit der Gastfreundschaft des Mannes. Nur einmal blitzt in Bios Runde der Selbstzweifel auf: Da mahnt Professor Ashok Khosla, Präsident der Organisation »Development Alternatives« in Neu-Delhi an, man solle den »Faktor 10« doch auch einmal auf das eigene Reiseverhalten anwenden. Elektronische Videokonferenzen, meinte er, könnten die viele Hüpferei von Kontinent zu Kontinent ersparen. So recht er haben mag: Viel Resonanz hat das in Schmidt-Bleeks Club nicht. Was Wunder, denn jeder weiß: Das Essen aus der Küche von Marie-Madeleine Marchal – sie stellt den Besuchern in Carnoules freundlich Gartenhaus, Terrasse und Obstgarten zur Verfügung – würde, virtuell serviert, den Hunger allemal nur steigern, nicht stillen.

Tatsächlich unterscheidet sich das Faktor-10-Konzept von früheren Heilslehren darin, daß es *nicht* den Verzicht und den Wandel des persönlichen Lebensstils ins Zentrum stellt. Vielmehr kommt es als pragmatische Handlungsanweisung für eine offensive Neuorientierung der Wirtschaft daher – mit der sich genauso gut Geld verdienen läßt wie bisher. Wurde seit Beginn der Industrialisierung die Produktivität des Faktors Arbeit durch immer höheren Einsatz von Energie und Rohstoffen laufend erhöht, geht es nun darum, die Produktivität der Ressourcen vergleichbar anzuheben. Langlebige, reparaturfreundlich gestaltete Produkte, Leasing statt Kauf, ressourcensparende Herstellung und Design, Mehrfachnutzen von Produkten – das sind nur einige Stichworte. Professor Franz Lehner, Präsident des nordrhein-westfälischen Instituts für Arbeit und Technik, hält das Ziel der »Dematerialisierung« sogar für den Schlüssel zur überfälligen Modernisierung der Industrie. Schmidt-Bleeks Vision öffne den Horizont. Auf den Müll also mit Debatten über Nullwachstum und Wohlstandsverlust? Es klingt wie die Quadratur des Kreises: Die Wirtschaft kann weiter wachsen und die Umwelt doch gesunden. »Wer hier am weitesten vorne ist, wird auch auf dem Weltmarkt gewinnen«, prophezeit Lehner. Und: »Die Länder, die den Trend verschlafen, werden die neuen Dritte-Welt-Länder sein.«

> 5. Was wir so fürchten:
>   Wenn eines Tages
>   die Welt doch nicht untergeht,
>   arbeitslos und ohne Verdienst,
>   und unsere Story verweht.

Nichts mehr zu tun für den Faktor-10-Club? Das werden die zwei Dutzend meist älteren Herren und die eine resolute Dame nicht mehr erleben. Zu groß sind die Hemmnisse des jetzigen Wirtschaftssystems, die überwunden werden müssen, damit die Ressourceneffizienz das Ex-und-hopp-Prinzip wirklich ablöst.

Eine ökologische Finanzreform ist die zentrale Forderung. Sie soll die Ressourcen verteuern, die Arbeit damit entlasten und Schluß mit den horrenden öffentlichen Subventionen für umweltschädliches und arbeitsplatzvernichtendes Wirtschaften machen. Club-Mitglied Ioannis Paleocrassas, Ex-Umweltkommissar der EU, arbeitet in London zusammen mit dem früheren britischen Tory-Umweltminister John Gummer an einem radikalen Umbaukonzept: »Jeder weiß doch, wie schizophren die Situation im Steuersystem ist. Wir subventionieren den Energieverbrauch und lähmen die Beschäftigung.« Der Kanadier MacNeill nutzt seine Drähte, um endlich ein klares Bild über die weltweit fehlgeleiteten Subventionsströme in Bereichen wie Verkehr, Energie, Landwirtschaft, Forstwirtschaft, Fischerei aufzudecken. Mindestens 1500 Milliarden US-Dollar werden es wohl sein, lautet seine Schätzung.

Und so sitzen die Club-Mitglieder droben bei Bio und erfinden sich – mit diesen und vielen anderen Projekten, mit Kongressen, Buchplänen, Messen, Studien, Technologieprogrammen, Tagungen, Industrieworkshops, neuen Instituten – die Welt neu. Sie setzen auf die Institutionen, auf die guten Drähte zu Unternehmern und Regierungen. Signale, daß die Botschaft gehört wird, gibt es schon. Nicht nur Österreich, Schweden und die Niederlande, auch EU und OECD beschäftigen sich intensiv mit der Dematerialisierung als Wirtschaftskonzept.

Und weil in manchen Kreisen nur die großen Namen zählen, kann der Faktor-10-Club nun auch damit wuchern: Eine Reihe Promis wie Nelson Mandela, Gro Harlem Brundtland oder Klaus Töpfer gehören zu seinen »Zuhörern«. Al Gore, der US-Vizepräsident, auf dessen Unterschrift Schmidt-Bleek ebenfalls gezählt hatte, allerdings gab dem Club einen Korb: »Ich mußte erfahren: Wenn irgendwo das Wort Steuern drin vorkommt, ist es für die Amerikaner tabu.« Und steuern mit Steuern will der Club schon.

> 6. Nichts mehr zu essen
>   und zu trinken,
>   nie mehr Gesang, Wein und Bier,
>   kein Bier
>   Keiner verstand uns,
>   als wir uns streiten,
>   Ist es Faktor 10 oder vier?

Bier? Bier trinkt man nicht in Carnoules. Das Wort brauchte Dichter van Dieren nur als Reimwort für »vier«. Denn *Faktor vier* – und nicht Faktor 10 – heißt, zur allgemeinen Verwirrung, ein Ökobestseller von Schmidt-Bleeks Ex-Chef Ernst Ulrich von Weizsäcker, der inzwischen stolze 150 000mal über die Buchladentheke gegangen ist. Es ist sozusagen die Populärversion des Konzepts der Dematerialisierung, weil, so von Weizsäcker, man ein »verkaufbares Produkt« haben müsse, um die Welt zu überzeugen. Die Machbarkeit von Faktor vier nämlich könne man schon jetzt an vielen plastischen Beispielen zeigen: Energiesparleuchten, »Superfenster«, gemeinsame Waschzentren, intelligentes Bauen mit Holz, elektronische Post, Car-Sharing, Chemikalien-»Vermietung« statt -Verkauf, Pendolino statt ICE ...« Faktor 10 hingegen, das Projekt für die nächsten 30 bis 50 Jahre, braucht den langen

Atem, die geniale, nicht stromlinienförmige Vision. Doch nun Schwamm drüber. Inzwischen hat Emeritus Bio sein eigenes – virtuelles – Institut. Da redet ihm keiner rein. Name? Faktor-10-Institut, was sonst.

3   Wie gut stehen wir da?

Umweltpolitik – zu erfolgreich?

Es ist noch gar nicht lange her, da bot Umweltministerin Angela Merkel in Kassel eine bemerkenswerte Interpretation für die verbreitet festgestellte »Umweltmüdigkeit« an: Wesentlicher Grund für die Schwierigkeit, den Umweltschutz voranzutreiben, sei, so meinte sie, daß die erfolgreiche Umweltpolitik der vergangenen Jahre die Wiederholung von Schreckensaffären mit aufgeregten Fernsehberichten wie etwa Seveso und auch den Brand von Sandoz in Basel verhindert habe. Mit anderen Worten: Die Politik sei so erfolgreich gewesen, daß viele Bürger glaubten, wir hätten nunmehr genug getan, und außerdem seien andere Probleme jetzt wichtiger. Zum Beispiel die Arbeitslosigkeit.[1]

Für mich wirft dies die Frage auf, ob wir ohne Zwanzig-Sekunden-Spots von Katastrophen im Fernsehen überhaupt noch konkrete, praktische Politik in Überlebensfragen machen können und wollen. Ist es überhaupt noch möglich, für die Zukunft zu arbeiten, ohne einen CNN-Bericht zur Lage im Hintergrund?

Die wirklichen Umweltschäden sind schleichender Natur; sie waren es schon immer. Die wirklichen Umweltschäden werden von Menschen zumeist nicht wahrgenommen, entweder weil sie nur wissenschaftlichen Apparaten zugänglich sind, oder weil wir Menschen nicht in der Lage sind, über lange Zeiträume hinweg Veränderungen verläßlich und vergleichend zu beobachten.[2] Die Tatsache, daß ein Drittel des Grundwassers in Deutschland sowie die Flüsse Rhein, Main und Weser mit Pestiziden belastet sind, kann niemand sehen oder riechen.[3]

An manches haben wir uns auch längst gewöhnt und finden es sogar harmonisch. Gepflügte Felder beruhigen die Seele. In Wirklichkeit greift hier der Mensch tief und immer wieder in die Ökosphäre ein, mit weitgehend unerforschten Folgen. Nur die enormen Erosionen kennen wir wirklich, die von der immer rabiater werdenden Bearbeitung der Erdoberfläche stammen. Scarlett O'Hara bemerkt in dem Film »Vom

Winde verweht«, Erde sei »the only thing in the world that lasts«, das einzige auf der Welt, das bleibt. Leider Fehlanzeige.

Trotz aller Erfolge der schadstofforientierten Umweltpolitik, auf die Ministerin Merkel gern stolz sein darf, haben wir uns auf erschreckende Weise daran gewöhnt, die Natur um uns herum umzuwälzen wie Kinder ihre Sandkiste. Auf siebzigtausend Hektar sackt die Erde im Ruhrgebiet in die leeren Kohlestollen ab; siebzigtausend Hektar würden überschwemmt, wenn nicht ständig das einfließende Wasser abgepumpt würde, Tag und Nacht, Jahr für Jahr. In einigen Jahrhunderten wird für das Pumpen so viel Energie verbraucht worden sein, wie man durch die dort abgebaute Kohle einst gewann. In Indonesien vereinten sich im Spätsommer 1997 große Trockenheit und im Wortsinne atemberaubende Kurzsichtigkeit von Politik und Holzwirtschaft zu einer internationalen Katastrophe. Großflächige Brandrodungen gerieten außer Kontrolle, weil der Monsunregen sich verspätete, der sonst die ökologisch und ökonomisch fatalen Feuer alljährlich wieder löscht. Hunderttausende von Hektar Urwald brannten nieder; über sechs Staaten legte sich eine dichte Dunstwolke, unter der das Licht erlosch und eine wohl niemals genau feststellbare Zahl von Menschen starben.

Die Menschen sind dabei, die Klimabedingungen auf diesem Planeten zu verändern – ziellos, ahnungslos und unkontrolliert. Pflanzen in den Alpen wandern Jahr um Jahr weiter nach oben, und sechzig Prozent der Gletscher in den Alpen sind seit der Mitte unseres Jahrhunderts bereits abgeschmolzen, weil es in Europa wärmer wird. Warum werden zwei Jahrhundertfluten in Köln in zwei aufeinanderfolgenden Jahren nicht ernst genommen, obgleich deren kommerzielle und Umweltschäden die von Seveso und Basel zusammengenommen weit übertrafen? Ich weiß, daß es immer wieder Zweifel daran gibt, daß der Mensch das Klima der Erde tatsächlich und heute bereits beobachtbar verändert. Ich weiß auch, daß es für die Jahrhundertfluten der letzten Jahre unter anderem Gründe gibt, die schlicht mit kurzsichtigem Wasserbau und leichtsinniger Siedlungspolitik zu tun haben. Doch selbst wenn wir die Zweifel an der menschengemachten Klimaveränderung einmal akzeptieren, so haben doch die Versuche der Wissenschaft, über diese Zweifel Klarheit zu bekommen, in den vergangenen Jahren die Gewißheit hervorgebracht, daß wir Menschen großräumig nicht nur die Erde unter uns verändern, sondern auch die Atmosphäre über uns und um ums herum. Was das für Folgen hat und haben wird, können wir in weiten Bereichen nur ahnen und mit immer besseren Methoden vorherzusagen versuchen. Aber daß dieser Einfluß existiert, wissen wir längst mit ausreichender Sicherheit. Brauchen wir wirklich eine akute und massive Katastrophe in Europa oder einen verlorenen Krieg, bevor wir wieder einmal der Wirklichkeit ins Auge sehen und rational Prioritäten setzen?

Damit ich nicht mißverstanden werde: Ich habe nicht die Absicht, ein Weltuntergangsszenario an die Wand zu malen, um dann als Retter vor diesem Übel besonders leuchtend dazustehen. Ich möchte mit diesen Beispielen vielmehr darauf hinweisen, daß es nicht genügt, auf punktuelle Erfolge der Umweltpolitik mit sichtbaren Verbesserungen unserer Umwelt hinzuweisen. Einzelerfolge sagen nichts darüber aus, ob wir uns der Zukunftsfähigkeit nähern oder nicht, das heißt, ob wir dabei sind, unseren Umgang mit der Umwelt so zu ändern, daß wir in absehbarer Zeit nicht länger vom vorhandenen Naturkapital leben, sondern, um im Bilde zu bleiben, von den Zinsen. Das Wiederauftauchen von Lachsen im Rhein und in der Themse haben wir mit einem ganz erheblichen Aufwand an Geld, Material und Energie bezahlt. Der blaue Himmel über der Ruhr war auch nicht zu Ausverkaufspreisen zu haben, und darüber hinaus waren dazu enorme Investitionen in Energie und Masse nötig. All diese Anstrengungen waren zweifellos weitaus besser, als wenn nichts geschehen wäre. Trotzdem ist das Bessere eben doch noch immer der Feind des Guten. Und die bessere Umweltpolitik – die neue Vision – hat in Bonn, in Brüssel, in Straßburg und bei der OECD noch zu wenig Gehör. Dabei enthält die klassische und immer noch sehr verbreitete Form der Umweltpolitik aus heutiger Sicht einige zentrale Denkfehler. Erst wenn diese Fehler wirklich verstanden sind, wird deutlich, was das Neue an der Vision ist, die ich in diesem Buch vorstellen möchte.

Dieser Umweltschutz ist zu teuer!

In den frühen siebziger Jahren wurde der Umweltschutz endgültig zu einem politischen Thema. Bedrängt von immer unerträglicheren Verschmutzungen der Luft und der Gewässer erließen viele Industrieländer gesetzliche Vorschriften, um das Entweichen von Gefahrstoffen in die Umwelt einzuschränken. Die Industrie antwortete darauf mit eilig entwickelter zusätzlicher Technik, deren Zweck es war, die vorhandenen Anlagen »abzudichten«. Dazu gehörten Filter, Kläranlagen, Deponieabdichtungen und Katalysatoren für Fahrzeuge.

Ob die Technik der vorhandenen Anlagen gut und richtig war, wurde dabei grundsätzlich nicht hinterfragt. Umweltschutz wurde mit großer Selbstverständlichkeit als Zusatzaufgabe verstanden und behandelt. Auf die altbewährten Maschinen wurden in bester Absicht und in vermeintlichem Interesse der Umwelt zusätzliche »Maschinchen« aufgesetzt, die mit großem Materialaufwand gefertigt waren und die vorhandenen Maschinen um fünf bis zehn Prozent verteuerten. Solche technischen Zusätze sind gemeinhin störanfällig, und ihre Lebenserwartung ist geringer als die der Basistechnik. Die Funktionstüchtigkeit solcher »Saubermacher« muß regelmäßig von Fachkräften überprüft werden, was die Kosten noch einmal erhöht. Kurz: Sie sind Kostenfaktoren, und Kostenfaktoren hat die Wirtschaft noch nie geliebt.

Niemand scheint Anstoß daran zu nehmen, daß wir mit all dem eine »Reinemachewirtschaft« aufgebaut haben, die zwar Arbeitsplätze schafft, deren wesentlicher Zweck aber in nichts anderem besteht, als hinter der Dreck verursachenden Primärwirtschaft her zu putzen, abgesichert durch staatliche Vorschriften. Aus volkswirtschaftlicher Sicht ist das kaum zu verstehen, auch dann nicht, wenn es aus der betriebswirtschaftlichen Sicht der neu entstandenen Unternehmen durchaus erfreulich war.

Die Geschichte der Abfallwirtschaft liest sich ganz ähnlich: Von Jahr zu Jahr mußten größere Anstrengungen für die Abfallentsorgung (und für das Recycling) unternommen werden, die uns immer teurer zu stehen kamen, weil die Abfallberge in den Himmel wuchsen. Sie wuchsen letztlich deshalb, weil die »Basismaschine«, nämlich die gesamte

Güterproduktion, unverändert ihrem Plan folgte, stetig zu wachsen; und der Verbrauch wuchs natürlich unvermindert mit.

Ein vermutlich unvermeidlicher Nebeneffekt dieser Art nachsorgender Umweltpolitik war die Entstehung der Legende vom teuren Umweltschutz. Sie ist heute allgegenwärtig und dient (nicht nur) Politikern und Wirtschaftskapitänen als bequemes Argument, immer dann gegen Umweltschutz zu sein, wenn es andere Sorgen gibt, die besonders drückend sind und derer man sich nur mit großem finanziellen Aufwand entledigen kann. Heute ist es die Arbeitslosigkeit, morgen können es die zerrütteten Staatsfinanzen sein oder der sogenannte Globalisierungsdruck. Und die ärmeren Länder haben sowieso zu wenig Geld, um den »Luxus« Umweltschutz zu finanzieren.

Input statt Output

Spätestens seit der Konferenz der Vereinten Nationen für Umwelt und Entwicklung (UNCED) 1992 in Rio de Janeiro kommt der Schaffung einer zukunftsfähigen Wirtschaft unter stabilen ökologischen Rahmenbedingungen weltweit Bedeutung zu.

Solange sich jedoch die Umweltpolitik auf die Ausgangsseite der Wirtschaft konzentriert, auf die Vermeidung von Emissionen und auf die Wiederverwertung und Entsorgung von Abfall, solange die Qualität althergebrachter Technik nicht grundsätzlich hinterfragt wird, erzeugt der Umweltschutz für jede Leistung, die er erbringt, Zusatzkosten, und die Zukunftsfähigkeit ist in weiter Ferne. Eine zukunftsfähige Wirtschaft muß ein ferner Wunschtraum bleiben, weil es sich als unrealistisch erwiesen hat, alle erkannten Umweltschäden einfach auf eine einzige Ursache zurückzuführen, nämlich darauf, daß unsere Wirtschaft zu viele Reststoffe an Erde, Luft und Wasser abgibt.

Abgesehen davon, daß das ständige und niemals beendete Reinemachen am Ende der Wirtschaft Kosten über Kosten verursacht, wird ein Teil der Umweltprobleme damit überhaupt nicht gelindert. Ein entscheidender Anteil der Umweltprobleme rührt nämlich gar nicht von der Umweltverschmutzung her. Diese Umweltprobleme entstehen allein schon deshalb, weil wir natürliche Ressourcen einfach nur benutzen – gleichgültig, ob wir aus ihnen Wohlstandsgüter produzieren oder sie gleich wieder zu Abraumhalden aufhäufen. Allein das Bewegen von Material aus seinen natürlichen Lagerstätten verursacht massive Störungen ökologischer Entwicklungen. Das wichtigste ökologische Problem sind die Stoffströme, die wir mit technischen Hilfsmitteln auf diesem Planeten in Bewegung setzen. Diese Stoffströme aber entstehen am Eingang unserer Wirtschaft, nicht am Ausgang. Wir haben zwanzig Jahre lang darauf geschaut, was hinten aus unserer Wohlstandsmaschinerie herauskommt. Nun wird es Zeit, den Blick auf das zu richten, was diese Wohlstandsmaschinerie vorne in sich hineinfrißt. Dies ist der Ausgangspunkt und eine der zentralen Aussagen dieses Buches.

Wir heben die Welt aus den Angeln und versetzen Berge

Als »Wirtschaftsleben« noch bedeutete, daß weltweit einige Millionen Menschen mit den Händen Löcher gruben, Äcker mit Ochsenkraft bestellten, Schutzwälle anlegten, die Wasserkraft erfanden und den Wind benutzten, um aus Getreide Mehl zu machen, konnte die Erde diese Eingriffe oft noch »verschmerzen«; ihre natürlich ablaufende Veränderungsdynamik wurde kaum gestört. Und dennoch tragen Nordafrika und das frühere Jugoslawien noch heute die Spuren menschlicher Verwüstung aus weit vorindustrieller Zeit. Rom, als es noch den Mittelmeerraum beherrschte, brauchte die Kraft der Mutterböden in Nordafrika auf, um das Brot für seine Soldateska zu besorgen. Dort ist jetzt Wüste. Und Venedig holzte die Höhen des westlichen Jugoslawien ab, um seine Handelsflotten zu erbauen. Dort ist jetzt Karst.

Seit aber das Genie James Watt den Weg vorzeichnete, mit täglich wachsender Maschinenmacht in die Eingeweide der Erde einzugreifen, hat sich Grundlegendes verändert im Verhältnis von Mensch zur Ökosphäre. Kaum ein Quadratkilometer Erdoberfläche verbleibt, der nicht »bewirtschaftet« wäre oder sonstwie verändert durch Technik. Der Mensch verändert diese Erde großräumig und dramatisch, und allzu oft weiß er nicht einmal, was er da tut. Mit Hilfe moderner Techniken beeinflußt er das ökologische Umfeld in vierfacher Weise:

1. Er bewegt und entnimmt der Erde immer größere Mengen fester Stoffe und Wasser: zur Energiegewinnung, um Infrastrukturen anzulegen und Gebäude zu errichten, Wasser zum Trinken, zum Reinigen und Kühlen in Haushalt und Industrie, zum Bewässern von Feldern und zur Gewinnung von Wasserkraft. Die Mengen, die der Mensch tatsächlich benutzt, sind nur ein Teil der Berge von Material, die er dabei bewegt, und der Berge von Stoffen, die er dabei zurückläßt, zum Beispiel als Abraum ohne jeglichen Marktwert.

   Mit Hilfe moderner Techniken wird auf den Kontinenten mehrfach so viel Masse bewegt, wie auf natürliche Weise durch geologische Kräfte. Die natürlichen Kräfte wie Wind und Wasser haben den Vorrang bei der Formung des Planeten verloren; der Mensch hat sie mit seinen technischen Hilfsmitteln überholt. In den Vereinigten Staaten veranschlagt man, daß auf künstlichem Wege knapp achtmal soviel Masse bewegt wird wie auf natürlichem.[4]

   Dabei werden zum Teil giftige Stoffe freigesetzt, die Luft, Böden und Gewässer verseuchen, zum Beispiel Asbeststaub, Zyanide bei der Goldgewinnung, Ablagerung von Kadmium und anderen Schwermetallen in Flüssen oder Abwässer im Kohlebergbau, die sauer sind wie Schwefelsäure.

2. Der Mensch belegt täglich mehr Fläche dieser Erde, um Straßen und Industrieanlagen zu bauen, Landwirtschaft zu betreiben und Wohnhäuser zu errichten.

3. Alle in der Industrie verwendeten Rohstoffe werden vom Menschen denaturiert, um materiellen Wohlstand zu erzeugen. Mit Hilfe von Energie werden sie physikalisch und chemisch verändert. Dabei werden auch absichtlich Gifte produziert, etwa Chemikalien für die Landwirtschaft, organische Lösungsmittel wie Azeton zum Entfernen von Nagellack oder Stoffe, die unter gewissen Umständen giftig wirken können, wie Medikamente.

4. Das meiste, was wir der Umwelt entnehmen, geben wir ihr in Form von Abfall zurück. Wenn man von alten Bauwerken wie den Pyra-

miden in Ägypten, Tempelanlagen in Indien und Asien, von Wällen, Burgen und Schlössern einmal absieht, bleibt wenig vom Menschen Geschaffenes über lange Zeit brauchbar erhalten.

Alles zusammengenommen, verbrauchen wir, wie erwähnt, allein in Deutschland pro Kopf jährlich 80 Tonnen Natur – also ohne Biomasse, Wasser und Luft –, und davon verbleiben nur etwa 20 Prozent länger als ein Jahr in unserer Technosphäre (dem Bereich der Ökosphäre, der alle vom Menschen hergestellten und veränderten Dinge umfaßt).[5] Mehr als 50 Prozent der in Deutschland technisch gebrauchten Massen werden aus verschiedenen Ländern importiert.

Der Abfall bewirkt bei seinem Übergang zurück in die »Wiege« der »Mutter Natur« erneut Veränderungen in der Ökosphäre, deren Art und Größenordnung uns unbekannt sind.

Großräumige Folgen menschlichen Handelns

Unser Wissen über die großräumigen und teilweise globalen Folgen unseres Handelns erschöpft sich meist in Einzelergebnissen punktueller Analysen. Auch die Geschwindigkeit, mit der sich die von uns verursachten Änderungen vollziehen, bleibt uns zumeist verborgen. Häufig stellen wir viel zu spät fest, wie massiv die Auswirkungen unseres Tuns sind. Viele Veränderungen gehen zudem so langsam vor sich, daß ein Menschenleben nicht ausreicht, sie zu bemerken. Veränderungen dieser Art sind nur wissenschaftlichen Meßverfahren zugängig. Doch was für den Menschen unmerklich langsam ist, kann für die Ökosphäre eine Geschwindigkeit haben, die ihre Anpassungsfähigkeit überfordert.

Beispiel 1: Aus präzisen Messungen wissen wir, daß die Anlage von Staudämmen nahe dem Äquator zur Veränderung der Erdumdrehung führt, und zwar heute schon, nicht erst morgen. Auch ist uns inzwischen bekannt, daß große Staudämme Erdbeben bis zur Stärke 5 auf der Richterskala bewirken können. Die verheerenden Schäden, die der

Bau des Assuanstaudamms in Oberägypten auslöste, sind gut dokumentiert.

Beispiel 2: Welche Auswirkungen das Umleiten von Flüssen oder die unkontrollierte Entnahme großer Wassermengen aus Binnengewässern haben kann, zeigt das Beispiel des Aralsees in Kasachstan. Unter den roten Diktatoren hatte Moskau befohlen, mit seinem Wasser Baumwollfelder zu bewässern. (Bedenkt man, daß pro Kilo Baumwolle mehr als 40 000 Liter Wasser benötigt werden, kann man Baumwolle nicht ohne weiteres als ökologisch wünschenswertes Produkt betrachten.) Der Aralsee versandet. Einstmals groß wie Bayern, ist sein Wasserspiegel um 90 Prozent gesunken, mit weitreichenden, in ihrem Ausmaß noch nicht abschätzbaren Umweltveränderungen.

Beispiel 3: Das Kaspische Meer, mit mehr als 400 000 Quadratkilometer Fläche der größte abflußlose See der Erde, dessen Südküste zum Iran und dessen übrige Teile zu GUS-Staaten gehören, erlebt seit dem Zerfall der Sowjetunion einen neuen Boom in der Erdölförderung. Die Hauptakteure sind die USA, Japan, Rußland und der Iran. Aus der ökologischen Gefährdung des Kaspischen Meers, dessen Fläche größer als Deutschland ist, kann eine größere Umweltkatastrophe hervorgehen als durch Tschernobyl und den benachbarten, versiegenden Aralsee.[6] Der Wasserspiegel ist in 18 Jahren um drei Meter gestiegen und steigt weiter; annähernd 2,5 Millionen Hektar Boden sind bereits überflutet. Besonders bedroht sind die Gebiete mit intensiver Erdöl- und Erdgasförderung samt den Pipelines und Deponien. Jährlich werden acht Milliarden Kubikmeter hochgiftige Stoffe aus den Industrieanlagen in das Kaspische Meer geleitet, darunter 550 000 Tonnen Quecksilber. Seit 1992 breitet sich östlich von Baku ein schwimmender Ölteppich aus. Da in Kasachstan der gesamte atomare Zyklus – von der Uranförderung bis zu den Atombombentests – ablief, sind Wasser Luft und Böden weiträumig radioaktiv verseucht. Die wasserführenden geologischen Schichten neigen sich dem Kaspischen Meer zu.

Beispiel 4: Der Abbau von Braunkohle im Tagebau westlich von Köln zwingt den Betreiber, die Rheinbraun AG, Tochter der Rheinisch-Westfälischen Elektrizitätswerke, RWE, die größten Löcher der Welt zu graben – bis zu mehr als 400 Meter tief. Diese ohnehin schon schädigende massive Bewegung von Erdmassen ist nur unter der Bedingung möglich, daß rings um die Gruben das Grundwasser aus großer Tiefe weg und in nahe Flüsse gepumpt, also »entsorgt« wird. Etwa 8,5 Tonnen Wasser pro Tonne Kohle werden dabei abgepumpt, so viel wie der tägliche Trinkwasserbedarf eines Dorfes mit dreitausend Einwohnern. Das Grundwasser aber hat die Funktion eines natürlichen Schmierfilms in der Tiefe für den ständig in Bewegung befindlichen Untergrund. Gerade an dieser Stelle westlich von Köln, in Garzweiler, bricht die sogenannte eurasische Kontinentalplatte langsam auseinander. Wenn das Grundwasser fehlt, nimmt die Reibung zu, die Gesteinsschollen verzahnen sich, und in der Folge bauen sich ungeheure Spannungsfelder auf. Sie können sich in Form von Erdbeben entladen.

Tatsächlich hat die Erde in dieser Gegend seit den fünfziger Jahren schon mehr als siebzigmal gebebt. Zum Glück waren die Schäden bis jetzt klein. Wird später – irgendwann im nächsten Jahrhundert – das Abpumpen von Grundwasser eingestellt und werden die Löcher gar mit Rheinwasser aufgefüllt, kann die neu eindringende »Schmiere« zu ruckartigen Entspannungen führen, also größere Erdbeben verursachen. Experten nennen dies »induzierte Seismizität«.

Nun ist »Garzweiler II« geplant, das große Braunkohleloch der Zukunft mit einem Investitionswert bei geschätzten 20 Milliarden Mark. Die zuständige Landesregierung hat ihre Zustimmung bereits gegeben. Die Grünen, die jetzt in Düsseldorf mitregieren, versuchen, das Projekt zu stoppen. Zu Recht – aus ökologischen Erwägungen jedenfalls, denn die Verstromung dieser Kohle ist ökologisch um ein Vielfaches aufwendiger als die Nutzung von zum Beispiel Erdgas als Wärmequelle.

Der Geologe und Erdbebenforscher Prof. Ludwig Ahorner von der Universität Köln hat auf Kosten der Betreiber ein Gutachten erstellt, in dem er zu dem Schluß kommt, daß das Erdbebenrisiko für Garzweiler gering sei, und zwar auch dann, wenn »Garzweiler II« gegraben wird – mit Maschinen, die so groß sind wie zehnstöckige Mietskasernen. Das Gutachten ist schon deshalb schwer zu widerlegen, weil das notwendige Wissen hierzu einfach fehlt. Es fehlt allerdings genauso für die Vermutung der Experten, die Gefährdung sei gering. Vierzig Jahre Er-

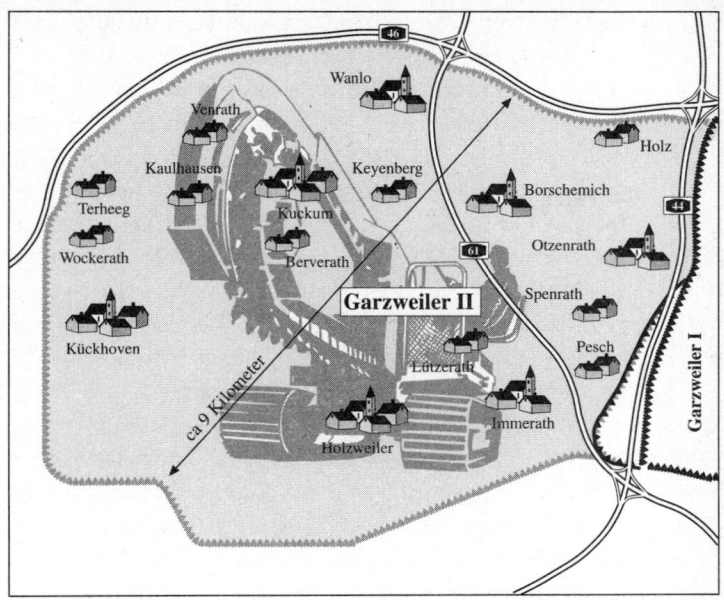

Abbildung 1: Geplanter Braunkohletagebau Garzweiler II. Das Gebiet grenzt an Garzweiler I an. Die Flächen sind etwa gleich groß: Wir graben die Erde um wie Kinder ihre Sandkiste.

fahrung mit Garzweiler sind – gemessen an den sich über große Zeiträume erstreckenden tektonischen Verschiebungen – ein viel zu kleiner Zeitraum.

So stehen wir vor einer wichtigen Entscheidung, bei der es um den Schutz der Ökosphäre geht; es ist eine in erster Linie politische Entscheidung, die weit in die Zukunft wirkt. Das seit den frühen siebziger Jahren regierungsamtlich verkündete Prinzip des vorsorgenden Umweltschutzes allerdings verlangt eindeutig, das Wagnis nicht einzugehen, zumal andere Wege offenstehen. Dazu gehört zum Beispiel der Weg der Dematerialisierung der Wirtschaft. Sie führt – wie wir sehen werden – automatisch zur Abnahme des Energiebedarfs und ist ökologisch ohnehin notwendig. Nach unseren Daten am Wuppertal Institut würde eine Abnahme des natürlichen Ressourcenverbrauchs auf ein

Zehntel – eine Dematerialisierung um den Faktor 10 – den in Deutschland erforderlichen Energieaufwand auf etwa ein Fünftel reduzieren. Dies bedeutet, daß wir in einigen Jahrzehnten nur noch 20 Prozent des heutigen Energiebedarfes hätten. Unter diesen Umständen weiterhin Braunkohle zu verstromen, wäre dann ein offener politischer Skandal. Natürlich muß man bei einer Entscheidung für oder gegen Garzweiler II auch die Arbeitsplätze berücksichtigen. Nach gegenwärtigen Schätzungen könnten dort 5000 verlorengehen, also 0,1 Prozent der Arbeitsplätze in Deutschlands größtem Bundesland Nordrhein-Westfalen. Offenbar sind gewisse Politiker bereit, ihre Verantwortung für die Umwelt für diese 5000 Jobs auf Eis zu legen. Ich will hier nicht zynisch werden. Für die Betroffenen kann das sehr bitter werden. Langfristige Vorplanungen sollten es aber möglich machen, daß sich Menschen nach anderen Möglichkeiten des Broterwerbes umsehen und man ihnen hilft, dabei auch erfolgreich zu sein. Eine zerrüttete Umwelt wird jedenfalls auch sie oder ihre Kinder hart treffen.

Doch immer noch hört man aus dem Munde von Politikern, Wirtschaftswissenschaftlern und Unternehmern wortreiche Erklärungen dafür, warum es unerläßlich ist, weiterzumachen wie bisher. Wissen diese Menschen, was sie da sagen? Sie wollen uns weismachen: Wir können uns die Rettung der Umwelt ökonomisch nicht leisten!

Der wichtigen Frage nach den Konsequenzen der Dematerialisierung für den Arbeitsmarkt wollen wir in einem besonderen Kapitel in diesem Buche nachgehen (siehe Kapitel »Strukturwandel – Unternehmen und Arbeit«). Hier sei nur vermerkt, daß es sehr nachdenklich stimmen muß, wenn in Deutschland und einigen anderen Ländern, die sich der Marktwirtschaft verschrieben haben, anstehende Strukturänderungen regelmäßig mit Hilfe massiver Subventionen verzögert oder gar vermieden werden. Der Kohlebergbau ist dafür nur ein besonders klares Beispiel. Ein Wandel der täglichen Praxis in der Wirtschaft weg von hohem Ressourcenverbrauch und hin zu Techniken, Produkten, Verfahren und Dienstleistungen, die schonend mit den Ressourcen der Erde umgehen, wäre aber eine massive Strukturveränderung, und vieles deutet darauf hin, daß diese Strukturveränderung nicht nur aus ökologischen Gründen notwendig ist.

Aus ökologischer Sicht wäre folgendes Szenario attraktiv: die Rheinbraun AG übernimmt so bald wie möglich die Abdichtung und Modernisierung der russischen Erdgasleitungen. Nach Zeitungsberichten gehen zur Zeit mindestens 30, möglicherweise aber bis zu 70 Prozent des eingespeisten Erdgases während des Transportes verloren. Dies ist nicht nur ein enormer ökonomischer Verlust. Das ausgetretene Gas trägt auch in extremem Maße zur Veränderung des Erdklimas bei. Dabei könnte es, würde man es nutzen, genau das Gegenteil tun. Ein modernes, mit Erdgas gefeuertes Gas- und Dampfkraftwerk (GuD-Kraftwerk) ist im Hinblick auf den Naturverbrauch dem Braunkohlekraftwerk um fast einen Faktor 50 überlegen; die Bewegung enormer Wassermengen beim Braunkohletagebau ist dabei nicht einmal eingerechnet. (Ich werde auf den Vergleich noch ausführlich zurückkommen.) Wenn nun die Rheinbraun AG mit den für Garzweiler II eingeplanten Mitteln die Arbeiten in Rußland gegen eine langfristig garantierte Lieferung von Erdgas finanzieren würde, so könnte ein vierfacher Gewinn entstehen: Arbeitskräfte werden gebraucht, Rußland erhält ein verläßliches Transportsystem, eine der Ursachen für die Veränderung des Erdklimas wird gemildert, und bei der Stromproduktion entstehen um den Faktor 50 weniger Umweltbelastungen.

Beispiel 5: Jeder aufmerksame Zeitungsleser weiß, daß die Menschheit dabei ist, die Lufthülle der Erde zu verändern. Durch die Verbrennung von Kohle, Erdöl und Gas und aus anderen Gründen steigt der Gehalt an Kohlendioxyd. Dadurch ändern sich die Klimaverhältnisse. Die Zusammenhänge werden seit Jahren intensiv erforscht. Weil sie von grundlegender Bedeutung für unsere These sind, daß eine Dematerialisierung unserer Wirtschaft unvermeidbar ist, hier einige Fakten und Überlegungen dazu.

Eine halbe Milliarde Jahre haben die Sonne und das Ökosystem Erde gebraucht, die irdischen Lagerstätten an fossilen Brennstoffen zu schaffen. In diesen Lagerstätten sind enorme Mengen Kohlenstoff gebunden und somit dem Kreislauf des Lebens und des Klimas entzogen. Fünf Milliarden Tonnen Kohlenstoff aus diesen Lagerstätten verwandelt der Mensch pro Jahr in Gas – durch Verbrennung, um seinen anscheinend unersättlichen Hunger nach Energie zu stillen. Dies führt dazu, daß sich in der Lufthülle der Erde der Anteil des dort auch natürlich vorhandenen Gases Kohlendioxyd (CO_2) um etwa ein halbes Prozent pro Jahr erhöht. Seit Anfang der industriellen Revolution haben wir die Konzentration von CO_2 auf diese chemisch-technisch primitive Weise schon um mehr als 30 Prozent erhöht. Nun ist die Lufthülle ein Teil des ganzen Ökosystems der Erde, und menschlich verursachte Änderungen in ihr führen zu einer unbekannten Zahl von Reaktionen völlig unbekannter Art und Größenordnung. Es ist grundsätzlich unmöglich, alle Zusammenhänge zu erfahren. Wie die Klimadiskussion aber zeigt, sind die Forscher zumindest einer wichtigen Veränderung auf die Spur gekommen. Sie ist in sich komplex und keineswegs in allen Einzelheiten berechenbar.

Das Deutsche Klimarechenzentrum in Hamburg (DKRZ) führt die beobachtete globale Erwärmung um 0,7 Grad Celsius seit 1860 mit fünfundneunzigprozentiger Sicherheit auf den Einfluß des Menschen zurück. Eine Gesamterwärmung der Erde um 1,5 bis 3 Grad Celsius bis Mitte des nächsten Jahrhunderts wird nicht mehr vermieden werden können, so schätzt das DKRZ. Als Folge werden sich Klimazonen verschieben, werden fruchtbare Gebiete »wandern« oder veröden, wird der Meeresspiegel mit Sicherheit steigen. Schon jetzt beobachten wir, wie das Wetter »verrückt spielt«. Weltweit nehmen Dürren, Stürme und Überschwemmungen zu, und ein wichtiger Hinweis darauf, daß die Beobachtungen objektiv sind, ist die Tatsache, daß Lloyd's, die größte Vereinigung privater Einzelversicherer, die Prämien drastisch erhöht hat. Schäden von mehreren hundert Milliarden Mark pro Jahr weltweit darf man erwarten. Das aber können die voraussichtlich am härtesten betroffenen Entwicklungsländer gar nicht bezahlen, wodurch der finanzielle Druck auf die industrialisierten Länder erheblich steigen wird. (Eine Einschränkung des letzten Arguments muß allerdings erwähnt werden: Die Menschheit errichtet immer wertvollere Kulturgüter an gefährdeten Stellen, etwa an Flußufern, an Küsten und in steilen Bergregionen. Außerdem wird immer mehr versichert. Dies ist ebenfalls ein ganz wesentlicher Grund für die bei den Versicherungen registrierten, gestiegenen Schadenssummen.)

Angesichts dessen, daß rund zwei Milliarden Menschen auf dieser Erde noch immer ohne Strom leben, also nie in den Genuß dieser von ihnen »ökologisch mitbezahlten« Energie gekommen sind, erscheint dies pervers.

Nun gibt es Vorstellungen, man könne des Anwachsens der Kohlendioxydkonzentration in der Atmosphäre dadurch Herr werden, daß man massenweise photosynthetisch aktive Pflanzen kultiviert, die aus Kohlendioxyd Stärke, Zucker, und Zellulose produzieren, und ihnen die passenden Algen und Bakterien zugesellt.

Nein, sagen andere Experten. Obschon man in Treibhausversuchen nachgewiesen habe, daß sogenannte C3-Pflanzen wie Weizen, Reis und Sojabohnen mit einem Überschuß an CO_2 schneller wachsen, sei die Hoffnung auf eine globale Lösung auf diesem Weg nicht realistisch. Zum einen fehlten im Freiland die notwendigen Nährstoffe wie Stickstoff, Kalium, Schwefel und Phosphor, um ein besseres Pflanzenwachstum zu unterstützen. Kohlendioxyd allein macht eben noch kein besseres Wachstum. Zum anderen würden schnell wachsende Pflanzen schneller absterben und beim Verrotten, oder wenn sie verbrannt, verfüttert oder verzehrt würden, ihren Kohlenstoff in gasförmiger Form schnell wieder freigeben. Kurzum, auf biologische Weise könne auf der Erde maximal 20 Prozent zusätzliches CO_2 gebunden werden, und möglicherweise sei die Sättigung sogar bereits erreicht. Darüber hinaus aber ist nicht bekannt, wie das System Biosphäre auf Veränderungen in dieser Größenordnung reagieren würde. Es ist keineswegs gesagt, daß die Natur unsere mit Megatechnik begangenen Fehler stets gnädig und menschenfreundlich ausgleicht.

Beispiel 6: Viele Großstädte der Welt kommen längst nicht mehr mit ihren natürlichen Wasservorräten aus. Entweder ist das natürliche Grund- und Oberflächenwasser verdreckt und verseucht, oder es reicht nicht aus für die Zahl der Menschen, die daran teilhaben wollen. Also wird Wasser von weit her geholt. Das gilt für Stuttgart – die Stadt deckt einen großen Teil ihres Bedarfs aus dem Bodensee –, das gilt aber vor allem für Los Angeles. Acht von zehn Einwohnern der kalifornischen Stadt müßten sich einen anderen Wohnort suchen, wenn sie auf die örtlichen Wasservorräte angewiesen wären. Das sagte der Wasserbauingenieur Jerry Gewe der »Herald Tribune« (17.5.1997).

Die Folgen müssen die Menschen im 350 Kilometer entfernten Owenstal tragen. Um die Jahrhundertwende kaufte die Stadt das ganze Tal samt einem See, dem Owens Lake. Heute nennt man diesen See Owens Dry Lake. Schon in den zwanziger Jahren hatte Los Angeles ihn leergetrunken, leergeduscht, leergesogen für Schwimmbäder und Gartenbau, Industrie und Haushalt. Die Hälfte ihres Wassers holt die Stadt bis heute aus dem Tal.

Dort aber erheben sich aus dem ausgetrockneten Bett des Sees immer mal wieder Wolken feinsten Staubes, der den Himmel verdunkelt und sich in die Lungen setzt. Die Verschmutzung der Luft mit Staubpartikeln ist die schlimmste in den USA, Atemwegserkrankungen sind häufig. Los Angeles aber weigert sich derzeit anzuerkennen, daß die menschengemachte Trockenheit gesundheitsgefährdend ist und etwas dagegen unternommen werden muß. Die Umsetzung vorliegender Pläne würde bis zu umgerechnet 170 Millionen Mark kosten.

Beispiel 7: Der an seiner Krone 475 Meter lange und 216 Meter hohe Glen-Canyon-Damm im Norden von Arizona, USA, verwandelte die einst durch den Grand Canyon tosenden Fluten des Colorado River in einen stetig dahinfließenden Wasserlauf (je nach Jahreszeit nur noch zwischen 200 und 500 Kubikmeter pro Sekunde) und mithin in eine biologische Wüste. Als aber im Frühjahr 1996 zum ersten Mal seit zweiunddreißig Jahren zwei Wochen lang eine bewußt herbeigeführte, aber dosierte Sturzflut von 900 Millionen Kubikmeter Wasser aus den Wehren hervorschoß, lebte der Grand Canyon wieder auf.[7] Neue Sandstrände entstanden, Nährstoffe wurden freigesetzt, Biotope wurden neu belebt. Das wissenschaftliche Experiment war ein derartiger Erfolg, daß der zuständige US-Minister Babbit spontan beschloß, die Stromerzeugung werde ab sofort nicht mehr Vorrang vor den ökologischen Bedürfnissen haben. Die Strömung unterhalb des Dammes werde künftig den natürlichen saisonalen Zyklen angepaßt.

Übrigens: Die amtliche Verfügung zugunsten der Umwelt kam rechtzeitig zur Präsidentenwahl.

Komplexe Gebilde sind sensibel

»Mit der Verbrennung von Fossilien verändern wir das Klima *unab*-sichtlich, warum verändern wir es nicht absichtlich in die gewünschte Richtung?« So fragt – ganz ernsthaft – Gregg Marland vom Oak Ridge National Laboratory in Tennessee. Mit seiner Idee, die vom Menschen bewirkten Veränderungen der Ökosphäre durch gigantische Ingenieursleistungen zu korrigieren, steht Marland nicht alleine da. In der Veröffentlichung *Engineering Response to Global Climate Change*[8] wird eine ganze Reihe von möglichen Projekten vorgestellt, die durch massive Eingriffe in die Umwelt Fehler der Vergangenheit aufheben sollen.

Obschon die technischen Antworten auf ökologische Fehlleistungen der Technik allesamt zum High-Tech-Bereich gehören, nehmen sie sich oft ganz simpel aus. So schlagen die Technikoptimisten vor, die durch CO_2-Emissionen verursachte Erwärmung der Erde dadurch um die Hälfte zu reduzieren, daß 0,5 Prozent der natürlichen Sonneneinstrahlung technisch ausgeblendet werden. Man könne etwa riesige Sonnensegel in Erdumlaufbahnen schießen. Schon 55 000 Segel von jeweils 100 Quadratkilometer Fläche seien ausreichend.

Solche Ideen entspringen dem menschlichen Wahn, die Natur ganz verstehen und deshalb auch beherrschen zu können. Es ist wundersam, daß sich solche Vorstellungen heute noch halten können. Sie sind übriggeblieben aus einem rein technisch orientierten Zeitalter, das wir doch längst überwunden glaubten, weil es die Technik so maßlos über- und die Komplexität natürlicher Regelmechanismen so maßlos unterschätzte.

Die Ökosphäre ist ein hoch komplexes Gefüge, in dem alles gleichzeitig von vielem abhängt und es daher unmöglich ist, alle Zusammenhänge zu erfahren. Gebilde dieser Art nennt die Wissenschaft »nichtlinear« und meint damit: Wenn ein kleiner Eingriff in dieses Gebilde eine kleine Reaktion auslöst, so heißt das noch lange nicht, daß ein etwas größerer Eingriff eine etwas größere Reaktion auslöst. Es kann genausogut sein, daß diese zweite Reaktion weitgehend anders und schwerwiegender ist. Je komplexer das System, desto weniger wissen wir das.

Es ist daher unmöglich, alle Querverbindungen in diesem Gebilde zu begreifen oder auch nur zu erfahren. Menschliche Eingriffe verursachen eine unbekannte Zahl von Reaktionen unbekannter Art und Größenordnung. Damit will ich nicht sagen, daß der Mensch sich nur noch zurücklehnen und aus vorsichtiger Distanz die Wunder der Natur beobachten sollte. Wir leben mitten in dieser Ökosphäre, verändern sie permanent und werden das auch weiter tun. Aber mit technischen Mitteln bewußt oder unbewußt großräumige oder sogar globale Veränderungen zu provozieren, ist ein Experiment am lebenden Objekt – am Objekt Erde mit all ihren Lebewesen, der Menschheit eingeschlossen.

Die Erkenntnis, daß komplexe Systeme nicht durch Analyse verstanden werden können, war der große Schock für die Naturwissenschaften im 20. Jahrhundert. Der Physiker Heinz Pagels vermerkte in seinem Buch *The Dreams of Reason*[9]: »Die Wissenschaft hat den Mikrokosmos und den Makrokosmos erforscht. Die große unerforschte Grenze ist die Komplexität.« Die Eigenschaften der Teile eines komplexen Gebildes sind für sich allein betrachtet unerheblich; sie lassen sich nur im Kontext mit dem ganzen System verstehen, und sie erhalten quantitative Bedeutung nur im Gesamtzusammenhang. Damit hat sich die über einen Zeitraum von mehr als vierhundert Jahren als gültig betrachtete Auffassung des französischen Philosophen René Descartes, daß das Ganze durch die Summe seiner Teile erklärbar sei, als falsch erwiesen. Wenn wir auch die isolierten Teile noch so gut verstehen, sobald sie in einer bestimmten Weise zu einem Ganzen zusammengefügt sind, entsteht etwas Neues, das nur als Ganzes zu verstehen ist und das auf seine Teile zurückwirkt. Die Eigenschaften der Teile lassen sich dann wiederum nur aus der Organisation des Ganzen verstehen. Sie gehen aus den Wechselwirkungen und Beziehungen zwischen den Teilen hervor. Diese Eigenschaften verschwinden, wenn das System in »Salamischeiben« zerteilt wird, theoretisch oder physisch, politisch oder institutionell. Das Ganze unterscheidet sich in seinem Wesen, in seinem Verhalten und in seinen Reaktionen auf Einflüsse von außen stets von dem Verhalten der Einzelteile, oder auch von der Summe seiner Teile.

Das cartesianische Paradigma hat in vielen Bereichen überlebt. Es hat sich in den Köpfen festgesetzt, so auch bei Umweltpolitikern und vielen der sie beratenden Experten – einschließlich vieler Toxikologen und Umweltökonomen. Unbeirrt glauben sie, aus punktuellen Analysen, aus vielen einzelnen Wissensbruchstücken über das Verhalten einzelner Teile der Umwelt lasse sich ein Bild der ökologischen Veränderung im ganzen herleiten – wenn nicht schon heute, dann irgendwann in der Zukunft. Aus dieser Auffassung ziehen sie den Schluß, es müsse mehr Wirkungsforschung und Ökonometrie betrieben werden, je mehr, desto besser für den Umweltschutz.

In der Tat haben die Ergebnisse der Wirkungsforschung eine wichtige Funktion in der politischen Auseinandersetzung um Sinn und Unsinn des punktuellen Umweltschutzes. Wo Wirkungsketten bekannt sind, läßt sich nicht nur politisch und moralisch einfacher argumentieren. Dort besteht darüber hinaus zumindest eine Chance, auch im engeren Sinne ökonomische Konsequenzen von unterlassenem (oder eben nicht unterlassenem) Umweltschutz quantitativ anzugeben, so unzureichend dies aus der Sicht eines weiter gefaßten Verständnisses von Umweltschutz auch sein mag.

Ich will also gar nicht abstreiten, daß man mit einer konsequenten Wirkungskettenforschung in bestimmten Bereichen eine erfolgreiche Schadensverhinderungspolitik betreiben kann, jedenfalls soweit es um Schäden durch Schadstoffe geht. Sie nützt jedoch herzlich wenig, wenn es darum geht, eine entwicklungsfähige Symbiose zwischen unserer Wirtschaft und der Ökosphäre zu stiften.

Was soll man zum Beispiel von einem Abgaskatalysator für Personenwagen halten, der zwar Schadstoffe vernichtet, aber mit einem enorm hohen Aufwand hergestellt wird: Etwa drei Tonnen natürlicher Rohstoffe verschlingt die Produktion eines einzigen Katalysators! Bedenkt man, daß allein in Deutschland pro Jahr etwa sechs Millionen Fahrzeuge vom Band rollen, sind das nahezu zwanzig Milliarden Tonnen Umwelt, die hierbei verbraucht werden. Statt Fahrzeuge von Grund auf anders zu konstruieren, wird Zeit, Geld und »Umwelt« in ein ökologisch außerordentlich teures »Aufsatzmaschinchen« investiert.

Kommen wir zurück zu unserer Feststellung, daß die Ökosphäre ein komplexes Gebilde ist, das wir nie ganz verstehen werden können. Daß unser Wissen unvollständig ist und auch bleiben wird, heißt jedoch nicht, daß wir nicht handeln können. Wir wissen aus leidvoller Erfahrung genug, um handeln zu können, vor allem wenn es darum geht, bestimmte Dinge *nicht* zu tun. Die Beispiele dafür heißen Waldsterben, Erosion von Böden, Fischsterben und Umkippen von Seen.

Dies sind dramatische Ereignisse. Die schleichenden, langfristigen Veränderungen sind viel schwieriger zu orten, weil sie mit Auge, Ohr und Nase nicht unmittelbar erfahrbar sind und wir es bisher in der Regel versäumt haben, intelligente Frühwarnsysteme einzurichten.[10]

Auch die menschliche Wirtschaft ist ein komplexes und nichtlineares Gebilde. Will sagen: Alles hängt gleichzeitig von vielem ab. Es ist nicht möglich, alle Zusammenhänge zu erfahren, und Eingriffe erzeugen eine unbekannte Zahl von Reaktionen unbekannter Art und Größenordnung. Dies bedeutet aber nicht, daß wir nicht dennoch vieles aus Erfahrung wissen und danach handeln können, vor allem, wenn es darum geht, bestimmte Dinge *nicht* zu tun. Eingriffe in die freie Wirtschaft sind zum Beispiel unvermeidlich, wenn weniger begabten, schwächeren und kranken Menschen eine Chance bleiben soll. Das ist das Wesentliche an der sozialen Marktwirtschaft. Sie läßt das freie Spiel der Kräfte zu und gewährt dennoch den Bedürftigen Schutz vor Ausbeutung.

Wirtschaft und Ökosphäre – diese beiden komplexen, nichtlinearen Gebilde sind auf Gedeih und Verderb aneinandergekoppelt. Zwischen ihnen findet ein ständiger Austausch von Materie, Energie und Fläche statt. Dies ist unvermeidlich und kann auch gar nicht anders sein. Eine »umweltfreundliche« Wirtschaft, die die Natur nicht antastet und nicht verändert, gibt es nicht. Was sollten wir essen? Womit sollten wir handeln? Woraus sollten wir Kleidung, Wohnung, Transportmittel fertigen? »Umweltfreundliches« Wirtschaften ist eine Schimäre. Unsere einzige Wahl ist, die enge Verknüpfung zwischen Wirtschaft und Ökosphäre zu akzeptieren und in unser Handeln einzubeziehen. Unsere einzige Wahl ist, so in die Ökosphäre einzugreifen, daß sie die Dienstleistungen, die sie für uns erbringt und auf die wir existentiell angewiesen sind, nach unseren Eingriffen weiter erbringen kann. Unser Handeln darf die Ökosphäre nicht so verändern, daß für uns und unser Wirtschaften in ihr kein Platz mehr ist.

Wir müssen versuchen, einen »koevolutiven« Zustand zu erreichen. Sowohl Wirtschaft wie Ökosphäre müssen sich weiterentwickeln können, jedes der beiden Systeme sowohl für sich allein wie auch zugleich im engen Kontakt mit dem anderen. Die Wirtschaft braucht ständig neue Ideen, neue Produkte, neue Märkte, und dies geht nicht, wenn die Ökosphäre es nicht mehr schafft, die dazu nötigen Ressourcen zur Verfügung zu stellen. Die Ökosphäre auf der anderen Seite muß sich ebenfalls »evolutionär« weiterentwickeln können, muß neues Leben gebären und neue Arten hervorbringen können, die an veränderte ökologische Bedingungen angepaßt sind. Das kann sie aber nicht in ihrer eigenen Weise, wenn der Hunger der Wirtschaft sie als unerschöpfliches Vorratslager behandelt, das es so schnell und so effizient wie möglich in Produkte und Rendite zu verwandeln gilt.

Um ein Bild aus der Biologie zu verwenden: Die menschliche Wirtschaft ist Parasit der Ökosphäre Erde. Nur durch sie und mit ihr als Gastgeber kann unsere Wirtschaft funktionieren. Mit unseren Ansprüchen an Fläche, Material und Energie hängen wir vollständig von ihr ab, und *nur* solange das Umfeld auf der Erde für uns als biologisch anspruchsvolle Lebewesen passend bleibt, werden wir hier weiterexistieren können. Wenn wir aber durch parasitäre Ansprüche den Gastgeber

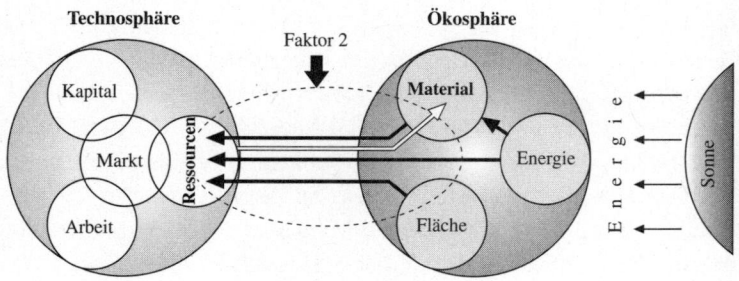

Abbildung 2: Die Wirtschaft (links unter Technosphäre) und die Ökosphäre bilden eine Symbiose. Die Wirtschaft ist der Parasit, die Ökosphäre der Wirt. Wir erhalten von ihr alles zum Leben und geben nur Abfall, Emissionen, Einleitungen und gefährliche Stoffe an sie zurück.

zu sehr strapazieren, wird er sich diesem Druck durch Änderung entziehen. Das heißt, das Umfeld wird sich ändern, und wir werden die Verlierer sein. Menschen, Elefanten und Eichen werden dann wohl den Bakterien, Viren und Insekten weichen müssen. Wir bleiben als aussterbende Fossilien zurück – es sei denn, wir hätten inzwischen gelernt, die eigene Evolution lebenserhaltend und in der richtigen Richtung zu beschleunigen. Das aber scheint mir äußerst unwahrscheinlich und im übrigen ein zutiefst beunruhigender Gedanke.

Heute bezweifelt niemand mehr, daß die westlichen Industrieländer längst dabei sind, die Ökosphäre über ein erträgliches Maß hinaus zu strapazieren.

Über erneuerbare und nicht erneuerbare Ressourcen

Wie zu Beginn dieses Kapitels betont, rührt ein entscheidender Anteil der Umweltprobleme nicht von der Umweltverschmutzung her, sondern schon von der Nutzung natürlicher Ressourcen – was die angeführten Beispiele auch deutlich werden lassen.

Wenn heute in der Umweltpolitik die Rede von Ressourcen ist, dann geht es fast immer darum, daß wir mit ihnen sparsam umgehen sollten, sie schonen müßten, um künftigen Generationen nicht die Lebensgrundlage zu entziehen. Gewisse Umweltexperten fordern sogar, die Verwendung »nicht erneuerbarer« Rohstoffe möglichst umgehend einzustellen. Das beträfe dann wohl zum Beispiel auch Sand und Erze, Kalkstein und Granit. Ich halte diesen Ansatz für falsch. Nicht die »Schonung« von Ressourcen in ihren natürlichen Lagerstätten ist das Ziel, sondern die möglichst schnelle Minimierung der technisch verursachten Stoffströme. Das heißt, die natürlichen Rohstoffmengen, die von Menschen tagtäglich in Bewegung gesetzt und physikalisch oder chemisch verändert werden, müssen verkleinert werden. Sie sind – in mehrfacher Hinsicht – die Auslöser von ökologischen Veränderungen. In diesem Punkt aber besteht grundsätzlich kein Unterschied zwischen nicht erneuerbaren Rohstoffen und solchen, die biologisch nachwachsen oder, wie Wasser, über natürliche Kreisläufe wiederkehren (solange die von Menschen verursachte Klimaveränderung solche Kreisläufe nicht stört). Plakativ ausgedrückt: Die Menge an umgesetzten Rohstoffen ist das Problem, nicht die Art der Rohstoffe.

Man denke etwa an das Beispiel des Aralsees, dessen Wasser für den Baumwollanbau verschwendet wird. Riesige Stoffmengen werden auch beim Rapsanbau in Deutschland bewegt: Für jede Tonne Raps werden mehr als drei Tonnen Erosion in Kauf genommen. Früher nannte man das »die Rechnung ohne den Wirt machen«. Bei uns jedoch zählen Baumwolle und Raps noch immer zu den sogenannten umweltfreundlichen und deshalb wünschenswerten Produkten, nur weil sie nachwachsen, ungeachtet der Störung des Gleichgewichts der Ökosphäre.

Wenn es also darum geht, die Grenzen einer umweltverträglichen Nutzung von *nicht* erneuerbaren Ressourcen – einschließlich der Energieträger – festzulegen, dann ist das entscheidende Kriterium *nicht*, daß diese Stoffe zu einem bestimmten Zeitpunkt erschöpft sein werden, sondern es sind vielmehr die Veränderungen der Ökosphäre, die mit ihrer Gewinnung und mit ihrem Verbrauch verbunden sind. So ist etwa zu erwarten, daß sich durch die Verbrennung von Kohle und Erdöl ökologische Gleichgewichte dramatisch verschieben werden, schon lange bevor die Lagerstätten erschöpft sind; schon die bekannten Einschätzungen zur Entwicklung des Treibhauseffekts lassen dies offenbar werden.

Will man meßbar machen, wo die Grenzen einer nachhaltigen Nutzung von Böden liegen, dann sind entscheidende Kriterien zum einen die Vermeidung von Erosionen und zum anderen die Erhaltung ihrer ökologischen Funktionstüchtigkeit. Die Böden müssen ihre Aufgabe als Wasserspeicher zur Dämpfung von Temperaturunterschieden zwischen Tag und Nacht und zur Speisung von Quellen und Grundwasserstraßen erfüllen können. Dies wird durch die Versiegelung von Böden unmöglich gemacht, und es wird deutlich eingeschränkt durch Bodenverdichtung mittels riesiger Land- und Forstmaschinen. Zur Erhaltung der ökologischen Funktiontüchtigkeit von Böden gehört auch die Erhaltung der geeigneten Mischung von Nährstoffen und Mineralien für das Wachstum von in einer Region heimischen Pflanzen.

Will man die Grenzen für eine nachhaltige Nutzung von Biomasse – Pflanzen und Tieren – festlegen, dann ist das entscheidende Kriterium, wo immer möglich nur standortgerechte Produkte zu erzeugen und nicht mehr davon zu ernten, als unter naturnahen Bedingungen nachwachsen kann. Wozu Überdüngung und das Ausbringen zu großer Güllemengen führen können, ist oft beschrieben worden. Darüber hinaus ist aber der Ressourcenverbrauch pro Tonne aus Biomasse gewonnener Produkte von ausschlaggebender Bedeutung. Er soll so gering wie irgend möglich sein. Dies bedeutet zum Beispiel, daß, gemessen an den eingesetzten Mitteln, Ackerboden mit möglichst geringen Erdbewegungen und Verdichtungen vorbereitet und bearbeitet wird und Produkte möglichst effizient verarbeitet, gelagert und verpackt werden. Wir nennen es: Die Ressourcenproduktivität der eingesetzten Mittel soll maximiert werden.

Heute aber geht nach Analysen von Gunter Pauli[11] bis zu 90 Prozent der Biomasse, die auf landwirtschaftlich genutzten Böden und insbesondere Plantagen produziert wird, verloren – eine enorme Vergeudung von Ressourcen. Man schaue sich zum Vergleich hierzu die Erdölindustrie an. Dort ist das Verhältnis genau umgekehrt: Mehr als 90 Prozent des eingesetzten Rohöls wird zu verkaufbaren Produkten. Dabei gäbe es durchaus chemische und biochemische Verfahren, mit denen Biomasse effizienter genutzt werden könnte. Dieser Aspekt ist besonders wichtig, weil er in Diskussionen über »Grüne Revolution«, Gentechnik und Chemikalien in der Landwirtschaft bisher unberücksichtigt bleibt. Im Grunde ist das Problem gar nicht die Produktion von immer mehr Biomasse, sondern die intelligente Nutzung des ohnehin Verfügbaren. Pauli nennt Beispiele: Viele Bäume werden nur geschlagen, weil man die Zellulose zur Papierherstellung braucht. Doch Zellulose macht nur 35 Prozent der Holzmasse aus; der Rest wird zu Abfall. Bei der Bierproduktion enden 90 Prozent des verwendeten Wassers niemals in der Bierflasche, und Biomassereste werden deponiert oder allenfalls als Viehfutter verwendet. Paulis Fazit: »Das ist die neue Grüne Revolution: aus der gleichen Menge mehr herstellen.«

Einem Szenario des Weltenergierats zufolge könnte sich für den Fall eines »günstigen« Wirtschaftswachstums – im Sinne des noch vorherrschenden Paradigmas – der Weltenergieverbrauch bis zum Jahr 2020 verdoppeln. Nimmt man an, daß drei Viertel davon mit fossilen Energieträgern gedeckt werden, würden pro Tag rund 14 Milliarden Liter Rohöl verbraucht. Diese Menge entspricht ungefähr dem Dreifachen der heutigen OPEC-Förderung. (Sie wäre aus den Lagerstätten durchaus verfügbar.)

Mit der Nutzung dieser fossilen Rohstoffe wären unabsehbare Folgen für die Umwelt verbunden, etwa eine Erhöhung des CO_2-Ausstoßes auf das Doppelte. Allein dies würde mit an Sicherheit grenzender Wahrscheinlichkeit zu einer extremen Destabilisierung des Weltklimas führen. Plausible Abschätzungen des für Klimafragen zuständigen Expertengremiums der Vereinten Nationen, des Intergovernmental Panel on Climate Change, IPCC, stufen den heutigen CO_2-Ausstoß schon als unverantwortlich hoch ein; das Gremium fordert eine Halbierung der derzeitigen Emissionen spätestens bis zum Jahr 2050.

Kreislaufwirtschaft:
Das Pferd von hinten aufgezäumt

Das oberste umweltpolitische Ziel der Bundesrepublik Deutschland ist, die Wirtschaft ökologisch zukunftsfähig zu gestalten. Es stellt sich die Frage, ob ein Gesetz, das unserer Wirtschaft vor allem vorschreibt, Stoffströme im Kreis zu führen, sinnvoll sein kann. Dies ist das wesentliche Ziel des »Kreislaufwirtschaftsgesetzes«. Meine Antwort lautet: Nein. Wenn man den Sturzbächen von Ressourcen, die gegenwärtig in unsere Güterproduktion fließen, nicht Einhalt gebietet, sondern sie in Kreisläufe zwingt, die zusätzlichen Transport verlangen, neue Ressourcen verschlingen und noch mehr Energie brauchen, werden wir letzten Endes eine materielle »Verstopfung« der Wirtschaft erleben – mit nicht abschätzbaren ökologischen Folgen.

Gegen eine Kreislaufführung als oberstes Prinzip spricht schon die Tatsache, daß, wie schon erwähnt, etwa 70 Prozent der derzeit vom Menschen verursachten Ströme fester Materialien technisch gar nicht im Kreis geführt werden können, weil ein Großteil davon niemals in den

Produktions-»Kreislauf« eintritt, sondern einfach Abraum, Bodenaushub oder anderes ist, was bei der Gewinnung der Stoffe, die nachher genutzt werden, bewegt, aber nicht genutzt wird. Man spricht von Material-Translokationen. Darüber hinaus aber werden viele Stoffe während ihres Gebrauchs fein verteilt in die Umwelt verbracht, etwa Farben und Lacke, und Energieträger wie Kohle und Erdöl werden zu Gasen verbrannt. Beides macht eine Kreislaufführung unmöglich, zumindest in wirtschaftlich und ökologisch vernünftigen Grenzen.

Außerdem ist ja bekannt, daß in der Praxis sowohl Abfälle wie auch teuer gewonnene, kreislaufgeborene »Wertstoffe« legal und illegal über die deutschen Grenzen verschwinden. Heinrich von Lersner, der Gründungspräsident des Umweltbundesamtes in Berlin, sagte mir einmal am Anfang unserer Arbeit im Jahre 1974: »Wer Umweltschutz über Abfall betreibt, bekommt es mit der Mafia zu tun!«

Sehen wir uns die Welt des werkstofflichen Recyclings etwas genauer an. Zunächst kann man für viele Fälle zeigen, daß diese Art des Recyclings im Hinblick auf den Ressourcenverbrauch »ökologisch sehr teuer« ist; dies ist eines der Ergebnisse von Berechnungen mit Hilfe des MIPS-Konzepts, das im Kapitel »Kosten, Preise, Produktivität« erläutert wird. Zum Beispiel ist dies bei Polyvinylchlorid (PVC) und Polyäthylen (PE) der Fall.[12]

Außerdem muß man beim Recycling immer in Rechnung stellen, daß bei jeder Kreislaufführung mehr oder weniger viel Masse verlorengeht, weil kein technischer Recyclingprozeß hundert Prozent der eingesetzten Masse zurückgewinnen kann. Die Effizienz liegt also immer unter hundert Prozent. So gehen selbst beim Aluminiumrecycling, das oft als Beispiel für hohe Effizienz der Rohstoffwiedergewinnung genannt wird, einige Prozent des Aluminiums im Altmaterial beim Recycling verloren. Wenn ein Recyclingprozeß 90 Prozent des Rohmaterials zurückgewinnt, bedeutet das, daß nach fünfzehnmaliger Kreisführung nur noch etwa 20 Prozent der ursprünglichen Masse verfügbar sind. Hinzu kommt, daß auch die beste Sammelaktion nie alles Material, das ursprünglich in der Wirtschaft eingesetzt wurde, dem Recycling zuführen kann (zumal dann, wenn es wirtschaftlich nicht viel wert ist). Noch nicht einmal Gold kehrt zu hundert Prozent aus dem Recyclingprozeß

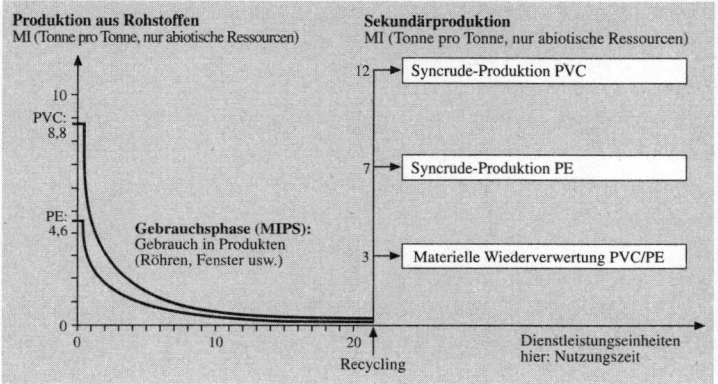

Abbildung 3: Die Abbildung zeigt ganz links, daß für jede Tonne Polyvinylchlorid (PVC), die hergestellt wird, 8,8 Tonnen Materialinput (MI) aus der Ökosphäre nötig sind; bei Polyäthylen (PE) sind es 4,6 Tonnen. Werden daraus nun Produkte hergestellt (Röhren, Fenster) und werden diese Produkte genutzt, dann wird der Materialinput »pro Dienstleistung« (MIPS; Näheres in Kapitel »MAIA, Rucksäcke und Erosion«), in diesem Fall die Zeit, immer geringer, je länger das Produkt genutzt wird. Das veranschaulicht die MIPS-Kurve, die nach rechts abfällt. Am Ende der Nutzungszeit folgt das Recycling. Dazu ist wieder Materialinput nötig, so daß die MIPS-Kurve einen Sprung nach oben macht. Es sind zwei Recycling-Verfahren verglichen: die Herstellung von »Syncrude-Öl« gemäß dem Stand der Technik und die Wiederverwendung als Material. Das Recycling zu neuen Ausgangsstoffen führt in diesem Vergleich zu Produkten, welche ökologisch »teurer« sind als die ursprünglichen Ausgangsprodukte; das sieht man daran, daß der »Sprung« beider Kurven höher endet als der Startpunkt der jeweiligen MIPS-Kurve. Im Gegensatz dazu gestaltet sich die materielle Wiederverwendung günstiger.

zurück. Wenn wir eine Rückführquote von 75 Prozent annehmen, dann sind von der ursprünglich eingesetzten Masse nach fünfzehn Durchläufen fast 99 Prozent verschwunden.

Wenn wir die Wirtschaft zukunftsfähig machen wollen, müssen wir den Durchfluß von Ressourcen langsamer gestalten und unser Wohlstandsniveau dabei dennoch halten. Die Kreislaufführung bewirkt *keine* wesentliche Geschwindigkeitsverringerung der Ressourcenströme durch die Wirtschaft, und werkstoffliches Recyceln ist für die meisten Länder auch gar nicht erschwinglich – es sei denn, die Ärmsten der Armen

59

übernehmen diese Arbeit. Viele Menschen leben von und auf den Müllhalden, auf denen abgekippt wird, was die Reichen übrig lassen. In Djakarta beispielsweise werden Kunststoffe aus dem Müll offiziell angenommen und recycelt; die Stadtverwaltung unterstützt diese Praxis, die vielen Menschen ein bescheidenes Auskommen verschafft. Aber auch dort, wo aus dem Wohlstandsmüll Gegrabenes nicht wieder verkauft werden kann, hat die Weiter- und Wiederverwendung von Industrieprodukten eine lange Tradition. Verpackungsmaterial aller Art – Fässer, Pappkartons, Kunststoffe – werden für alle möglichen Zwecke benutzt, etwa zum Dachdecken. Gemessen an den globalen Stoffströmen ist dieses Recycling jedoch ein Tropfen auf den heißen Stein, zwar wichtig für die Menschen, die davon profitieren, doch auch nur dort möglich, wo die Armut keine Alternative läßt.

Das heißt: Selbst wenn das Kreislaufwirtschaftsgesetz vorläufig eine gewisse Entlastung für die Umwelt bringt, bedeutet es keinen ausreichenden Aufbruch in die Zukunft.

Dennoch ist ein ganz besonderer Teil des neuen Gesetzes aus ökologischer Sicht bedeutungsvoll, nämlich die Rücknahmeverpflichtung für Hersteller von technischem Gerät. Leider haben die deutschen Automobilhersteller diesen Schritt jedoch mit ihrer »Selbstverpflichtung« relativiert, die zu vieles von der Verpflichtung ausschließt.

So muß nach dieser Selbstverpflichtung zum Beispiel jeder Hersteller nur Fahrzeuge seiner eigenen Marke zurücknehmen. Der letzte Besitzer muß dafür einen den »marktüblichen Konditionen« entsprechenden Preis bezahlen. Kostenlos werden nur Pkw zurückgenommen, die nach Inkrafttreten der Selbstverpflichtung im Jahre 1997 in Verkehr gebracht wurden und mindestens zwölf (!) Jahre alt sind. Die kostenlose Rücknahme beginnt also frühestens im Jahre 2009. Weitere Einschränkungen bestimmen, daß das Auto nicht wesentlich beschädigt, vollständig und rollfähig sein muß, und das sind noch nicht alle einschränkenden Details.

Die Hersteller verpflichten sich in der Erklärung unter anderem, eine Infrastruktur zur Annahme von Altautos und Autoteilen aufzubauen und Autos so zu konstruieren, daß sie sich besser recyceln lassen. Heute müssen noch rund 25 Prozent des Gewichts jedes Autos nach dem

Gebrauch zur Deponie gefahren werden; der Rest ist Metall, das schon heute wiederverwertet wird. Bis zum Jahr 2002 wollen die Hersteller den Anteil nicht recycelbarer Stoffe auf 15 Gewichtsprozent reduzieren, und bis 2015 auf 5 Gewichtsprozent.

Eine Alternative zum Produzieren immer neuer Produkte mit den damit verbundenen Abfallströmen ist das Verleihen und Vermieten; warum und weshalb, will ich im Kapitel »Ökointelligente Dienstleistungen« ausführen. Die Verantwortlichen in Politik und Wirtschaft sollten jetzt überlegen, ob in Europa der Verkauf bestimmter Güter wie Autos, Yachten und Kopiergeräte nicht durch gesetzliche Regelungen Schritt um Schritt zugunsten der für Hersteller und Händler durchaus lukrativen Verleihung oder Vermietung dieser Güter erschwert wird. Das brächte eine ganze Reihe von Vorteilen für die Umwelt; und außerdem würde der Verbraucher hierdurch erhöhte Flexibilität gewinnen.

Auf den Punkt gebracht

Die vergangene und gegenwärtige Umweltpolitik geht in eine falsche Richtung und wird das Ziel der Zukunftsfähigkeit verfehlen, da sie sich zu sehr mit Einzelproblemen befaßt und die Hauptproblematik nicht erkannt hat. Diese Hauptproblematik liegt in der Bewegung von Stoffströmen. Eine Wirtschafts- und Umweltpolitik, die zukunftsfähig sein will, muß sich proaktiv mit dem Problem der Stoffströme befassen und darf sich nicht ausschließlich bei Einzelanalysen und dem Recycling von Stoffen aufhalten.

Die alte Umweltpolitik funktioniert nach dem Prinzip: Die Menschen produzieren, essen, trinken, waschen, fliegen – mehr oder minder unbekümmert. Und am Ende fangen Kläranlagen, Filter und Katalysatoren für viel Geld einen Teil der Schadstoffe ab.

Umweltpolitik des neuen Stils funktioniert anders: Die Menschen verbrauchen von Anfang an weniger Wasser, Rohstoffe und Energie – und das nicht, weil sie sich einschränken und auf Lebensqualität verzichten, sondern dank effizienterer Technik, guter Ideen und neuem Produktdesign.

Die Wirtschaft ist ein Parasit der Ökosphäre. Ohne ihn kann sie nicht sein und wird sie niemals sein können. Wenn der Parasit zu gierig ist, dann zwingt er den Wirt zu nicht vorhersagbaren Veränderungen. Die können das Aus für den Menschen bedeuten.

Ein kleines Beispiel dafür, wo neue Ideen gebraucht werden

Wenn Sie von Wuppertal nach Paris und zurück mit dem Zug fahren, dann stellt Ihnen das Euro Lloyd Reisebüro hierfür 9 (neun) Stücke Papier zur Fahrtberechtigung und Platzreservierung aus, Halbkarton, etwa 6 x 20 Zentimeter. Dazu einen Fahrplanausdruck für die Hinreise und einen für die Rückreise, je etwa 12 x 20 Zentimeter. Das macht insgesamt ein Stück Halbkarton der Größe von 78 x 20 Zentimeter. Wenn wir annehmen, daß die Bundesbahn täglich 100 000 Fahrgäste hat, die mit solchen Dingen ausgerüstet werden, dann ergibt sich eine Gesamtstrecke von etwa 80 Kilometer Halbkarton, 20 Zentimeter breit. Bei einem Gewicht von etwa 10 Gramm Papier pro Fahrgast sind das etwa 1000 Kilogramm oder eine Tonne. Wie wir noch sehen werden, muß man dieses Gewicht mit dem »Materialinput« (MI) von Papier multiplizieren, um die Gesamtmenge von natürlichen Ressourcen zu ermessen, die hierfür aufgewendet werden. Der Materialinput von Papier ist 15 Tonnen pro Tonne Papier. Das macht insgesamt für Fahrkarten der Deutschen Bahn etwas weniger als 3500 Tonnen im Jahr, was etwa dem Gewicht von 3500 VW-Golfs entspricht.

Es sollte wohl nicht sehr schwer fallen, diese Situation um den Faktor 10 zu verbessern. Fluggesellschaften könnten da Rat geben, obschon auch die noch Verbesserungen einführen könnten.

4 Ökointelligente Dienstleistungen

Produkte und Dienstleistungen

Untersuchungen der amerikanischen National Academy of Engineering[1] zufolge werden in den USA 93 Prozent der abgebauten Ressourcen niemals in verkäufliche Produkte umgewandelt, 80 Prozent aller Produkte nach einmaligem Gebrauch weggeworfen und 99 Prozent der in den Produkten enthaltenen Stoffe innerhalb von sechs Wochen nach dem Verkauf zu Abfall – ein gigantischer Kostenfaktor für die Wirtschaft und die Natur.

Die Wurzel dieses Problems liegt darin, daß eine Massenproduktion von Gütern für gesättigte Märkte vom Absatz billiger Wegwerfgüter lebt. Billig sind sie als Resultat der Massenproduktion; kurzlebig müssen sie sein, damit die Massenproduktion aufrechterhalten werden kann. Das System hat seine eigene Logik; doch wo bleibt in dieser Logik der Käufer? Und wo die Ökologie?

Natürlich ist an den Käufer gedacht: Produkte müssen gekauft werden, sonst hat die ganze Massenproduktion keinen Sinn. Weshalb kaufen wir uns etwas? Wir kaufen ein Produkt, um einen Nutzen davon zu haben oder einfach, weil es schön ist – wozu sonst? Fragt sich, ob diese Bedürfnisse nicht auch mit weniger Aufwand an Material verwirklicht werden können, ganz abgesehen von der Logik der Massenproduktion. Wir kaufen eine Waschmaschine, weil wir gern saubere Wäsche haben. Selbstverständlich könnten wir die Wäsche auch im Waschsalon waschen oder waschen lassen, doch wir leisten uns eine eigene Waschmaschine, weil wir unsere Wäsche dann waschen möchten, wenn es uns gefällt. In unserer Küche steht ein Kühlschrank, weil wir unsere Lebensmittel kühl halten wollen, und wir haben uns eine Schlagbohrmaschine angeschafft, damit wir dann und wann ein Loch in die Wand bohren können, um sie mit einem Bild zu schmücken. Einmal in der Woche holen wir unseren Turbostaubsauger in Ferrarirot hervor, um den Teppich »fasertief« zu reinigen. Er ist ein Meisterwerk von Technik und Design. Daß dieses Meisterwerk dazu verdammt ist, den weitaus überwiegenden Teil seiner Existenz hinter dem Vorhang oder im Schrank zu verbringen, und in seinem ganzen Leben durchschnittlich nur weniger als 150 Stunden arbeitet, ist uns nicht bewußt.

Der Nutzen, den wir haben wollen, besteht in der sauberen Wäsche, den gekühlten Lebensmitteln, dem Loch in der Wand und dem reinen Teppich. Doch wir kaufen nicht diesen Nutzen direkt, sondern wir kaufen ihn uns indirekt, über die Geräte. Dabei wissen wir weder, was dieser Nutzen uns wirklich kostet, noch kennen wir die Menge Natur, die hierfür aufgewendet wird.

Auch unsichtbare Dinge wie Strom kaufen wir nicht, weil wir sie unbedingt besitzen wollen, sondern weil wir abends Licht zum Lesen brauchen oder weil wir uns eine warme Mahlzeit zubereiten möchten. Kurz: Wir kaufen ein Produkt primär wegen der Dienste, die es leisten kann.

Anders ausgedrückt: Wir leisten uns den Service eines Produkts, wir lassen uns bedienen. Im Vordergrund steht die Leistung des Produkts, mit der eine bestimmte, von uns gewünschte Funktion wie »schmutzige Wäsche waschen«, »staubsaugen«, »ein Loch in die Wand bohren« oder »von A nach B gelangen« erfüllt wird. Solche unmittelbar nützlichen Dienste bilden nur einen Ausschnitt aus dem Spektrum möglicher Funktionen von Produkten. Schmuck und Bilder etwa kaufen wir aus Freude am Schönen oder als Wertanlagen; und mit dem neuen Kleid, Anzug, Parfüm oder Auto möchten wir unseren individuellen Lebensstil zum Ausdruck bringen, uns von den anderen unterscheiden. Ein Produkt, das unser Prestige anhebt, leistet uns damit auch einen Dienst.

Aus dieser Perspektive betrachtet, nehmen wir eigentlich unablässig Dienste in Anspruch, die Dienste materieller Güter, die uns nützlich sind: die warme Dusche am Morgen verdanken wir der Heizanlage, die Fahrt zur Arbeit dem Fahrrad, Auto oder Bus, und beim Vorlesen einer Gute-Nacht-Geschichte für unsere Kinder am Abend leistet uns das Buch einen erfreulichen Dienst. Die Lampe auch.

Ich habe gerade den Begriff »Dienstleistung« neu definiert. So verwendet, unterscheidet er sich vom herkömmlichen Verständnis dessen, was

Dienstleistungen sind. Er erweitert den herkömmlichen Begriff erheblich. Bisher denken viele beim Begriff Dienstleistung eher an die Arbeit des Krankenpflegers, des Flugzeugpiloten, des Bankangestellten, des Verkäufers, des Friseurs oder des Unternehmensberaters, also an den Dienst, den ein Mensch für einen anderen erbringt. Die Tätigkeit des Dienstleistens wird noch immer als »nichtmaterielle Leistung« definiert, die Menschen für andere Menschen erbringen und deren Ziel nicht die Herstellung eines materiellen Produkts ist, sondern Hilfe, Beratung und Organisation.

Diese Leistungen gelten traditionell als nicht übertragbar, nicht lagerfähig und nicht transportabel. Doch das ist – genauer betrachtet – ein Irrtum. Auch diese Dienstleistungen können »transportiert« werden, zum Beispiel über Telefon oder – auf neuen Wegen – über das Internet. Und selbstverständlich erbringen Produkte Dienstleistungen auch ohne menschliche Hilfe. Das merken wir spätestens, wenn der Fahrkartenautomat für die U-Bahn oder S-Bahn versagt.

Halten wir fest:

Das Wichtigste an einem Produkt ist der Dienst, den es uns leistet, indem es ein Bedürfnis oder eine Funktion erfüllt.

Erich Jantsch war einer der ersten, der die Bedürfnisbefriedigung mit der Orientierung an einer Funktion in Zusammenhang brachte. Er traf einen Unterschied zwischen Funktionen einerseits und materiellen Produkten sowie immateriellen Dienstleistungen andererseits, die diese Funktionen erfüllen können:

Bei den Funktionskriterien geht es also darum, wie gut ein gegebenes Produkt eine Funktion erfüllt, verglichen mit zur Wahl stehenden anderen Produkten, die vielleicht ganz andere Technologien verwenden, und wie sich seine Einführung auf das System des menschlichen Lebens auswirkt – zum Beispiel welchen Einfluß die Technologie des Kraftfahrzeugs auf das Leben in Großstädten ausübt, verglichen mit Untergrundbahnen, Einschienenbahnen, Fahrrädern, rollenden Bürgersteigen oder anderen Formen und Kombinationen der städtischen Verkehrstechnologie.[2]

In diesem Zitat stecken weitere wichtige Gedanken.

Erstens: Wenn es nicht auf das Produkt an sich ankommt, sondern darauf, welchen Zweck es erfüllt, dann ist klar, daß wir unter verschiedenen Produkten, die im Prinzip dieselbe Funktion erfüllen, dasjenige wählen können, welches diese Aufgabe für uns am besten und billigsten erfüllt.

Zweitens: Sofern wir über entsprechende Informationen verfügen, können wir bei dieser Wahl berücksichtigen, welches Produkt am umweltfreundlichsten arbeitet und am umweltfreundlichsten hergestellt wurde, also möglichst ökointelligent ist.

Drittens: Aus all dem geht hervor, daß es nicht wesentlich ist, ob wir ein Produkt besitzen. Das eigentlich Wichtige ist die Funktion, nicht der Besitz eines Produkts, das die Funktion erfüllt.

Der griechische Philosoph Aristoteles wußte dies bereits vor mehr als zweitausend Jahren. Aber in der Zwischenzeit scheint dieses Wissen irgendwann verlorengegangen zu sein. Aristoteles schrieb:

Der wahre Reichtum liegt im Gebrauch von Gütern, nicht im Eigentum.[3]

Beispiel: Ein neues Motorradschloß

Sie wohnen in Paris oder in einer anderen Stadt und fahren ein Motorrad. Um ihr Zweirad vor Diebstahl zu schützen, schließen Sie es beim Parken mit einer Spezialkette ab. Sie ist fast zwei Meter lang, aus gehärtetem Stahl, hat etwa 6 Millimeter dicke Glieder und steckt in einem Plastikschlauch. Mit ihr läßt sich das Motorrad sicher an Laternen, Metalltoren oder -geländern anschließen. Die Kette ist mehr als zehn Kilogramm schwer, fast immer dreckig und unbequem. Das ärgert Sie. Sie denken sich eine intelligente Lösung für dieses Problem aus, doch leider ist Ihnen die Firma RID Jouvin zuvorgekommen. Sie bietet etwa zum gleichen Preis wie die billigere Sorte der langen Ketten eine U-förmige enge Klemme mit eingebautem Schloß und einem Stahlstift an, der durch eines der Löcher an der Scheibenbremse des Zweirads paßt. Dieses Schloß, das Sie beispielsweise in Paris beim BHV am Rathaus kaufen können, leistet die gleichen Dienste wie die Kette und bietet mehr Komfort. Sie können es in die Tasche stecken, denn es wiegt weniger als ein Kilogramm. Die Firma Jouvin verdient gutes Geld und hat der Ökosphäre einen Gefallen getan (worüber die Erfinder des Schlosses wahrscheinlich gar nicht nachgedacht haben). Sie hat eine Dienstleistungserfüllungsmaschine nicht nur bequemer gestaltet, sie hat das Motorradschloß auch gleichzeitig um etwa einen Faktor 10 dematerialisiert.

Das Beispiel zeigt, daß sich mit der Erhöhung der Ressourcenproduktivität von Produkten Geld sparen und Geld verdienen läßt. Das dürfte als Anreiz für die Wirtschaft sehr interessant sein, vor allem für kleine und mittlere Betriebe, die nach Innovationsmöglichkeiten suchen.

Ökologischer Gewinn durch Funktionsorientierung

Wer Produkte, aber auch Prozesse, Materialien und Infrastrukturen unter dem Aspekt der Funktionen betrachtet, vollzieht einen Wahrnehmungswandel; ja, er übernimmt sogar eine völlig neue Denkweise. Betrachtet man nämlich Produkte durch die Brille der Funktionsorientierung, ist es möglich, ihr unterschiedliches Dienstleistungsvermögen mit dem jeweiligen Energie- und Materialaufwand zu vergleichen, mit dem sie hergestellt wurden und funktionieren. Man könnte beispielsweise die Fahrt mit dem Auto ins Büro unter dem Gesichtspunkt des Ressourcenverbrauchs direkt mit der Straßenbahnfahrt dorthin vergleichen, und zwar ganz exakt, unter Berücksichtigung aller Faktoren. Bisher war das ganz und gar unüblich. Man konnte sich allenfalls ungefähr ausrechnen, daß es billiger kommen würde, mit der Straßenbahn zu fahren.

Die Alternative ist nun, systematisch neue Möglichkeiten aufzuzeigen und zu gestalten, um vorgegebene Funktionen mit weniger Material-, Energie- und Flächeneinsatz zu erfüllen.

Bei dieser Suche nach alternativen Möglichkeiten, Dienstleistungen bereitzustellen, kann man allerdings den entscheidenden Fehler schon beim ersten Schritt machen. Es wäre falsch, an den Anfang die Frage zu stellen, wie ein vorhandenes Produkt ein ökologisch ansprechenderes Aussehen bekommen oder sein Funktionieren »ökologisiert« werden könnte. Damit wären bereits die entscheidenden Chancen verschenkt. Wichtig ist, sich von vorhandenen Produkten mindestens gedanklich zu lösen und schon vorher anzusetzen. Ziel muß sein, nach den ökologisch und ökonomisch wirksamsten Wegen zur Erfüllung einer bestimmten Funktion, zur Befriedigung eines bestimmten Bedarfs zu suchen. Dies ist umweltpolitisch von entscheidender Bedeutung, weil es aus der simplen und fruchtlosen Alternative »Kaufen oder Verzichten« herausführt und zur Suche nach Möglichkeiten anregt, die aufzeigen, wie vergleichbare Dienstleistungen (Funktionserfüllungen) mit wesentlich weniger Ressourcenaufwand bereitgestellt werden können.

Nehmen wir als Beispiel die Funktion »Rasen pflegen«. Zur Pflege des Rasens kann man sich einen Rasenmäher kaufen und dafür mehr oder weniger Geld ausgeben, je nachdem, ob er von einem Elektro-, einem Benzinmotor oder gar von menschlicher Muskelkraft angetrieben wird. Statt ein solches Gerät zu kaufen, kann man aber auch einen Gartenpflegebetrieb beauftragen, den Rasen zehnmal pro Jahr zu schneiden. Der Gärtner bringt dann das Firmengerät mit, dessen Nutzung im Preis inbegriffen ist. Eine dritte Möglichkeit ist, sich mit Nachbarn zusammenzutun und ein »Rasenmäher-Sharing« zu betreiben. Schließlich gibt es als vierte Möglichkeit die sogenannte »Nulloption«, nämlich das Gras mitsamt seiner Blumenpracht einfach wachsen zu lassen und es allenfalls zweimal – im Spätsommer und im Spätherbst – mit der Sense zu schneiden.

Die vier möglichen Alternativen zur Erfüllung der Funktion »Rasen pflegen« sind, gemessen am Verbrauch von natürlichen Ressourcen, völlig unterschiedlich zu bewerten. Die erste Möglichkeit ist die nach wie vor verbreitetste und die mit dem bei weitem höchsten Ressourcenverbrauch. Bei der zweiten Möglichkeit wird das Gerät durch den Gartenpflegebetrieb intensiv genutzt, seine »Nutzungsintensität« ist vergleichsweise hoch. Daran ändert auch die Tatsache nichts, daß solche Profigeräte im allgemeinen stabiler und schwerer gebaut sind und deshalb mehr Material enthalten. Dafür leben sie aber auch länger. Dementsprechend ist der Materialeinsatz pro Quadratmeter geschnittenen Rasens bei einer angenommenen Lebensdauer des Geräts von zehn Jahren um etwa einen Faktor 20 bis 30 geringer als im ersten Fall. Bei der dritten Möglichkeit, dem Rasenmäher-Sharing, ist, wenn sich fünf Familien ein Gerät teilen, der Materialeinsatz pro Quadratmeter geschnittenen Rasens im Vergleich zur ersten Möglichkeit um etwa einen Faktor 5 geringer; die tatsächliche Zahl liegt unter 5, da durch die häufigere Nutzung zusätzlich Treibstoff oder Strom verbraucht wird.

Wichtig ist, auf welche Weise jeweils erreicht wird, den Materialaufwand bei gleichem Nutzen zu senken. Während bei der zweiten und dritten Problemlösung die Nutzung der eingesetzten Ressourcen (die Ressourcenproduktivität) dadurch verbessert wird, daß das Gerät besser genutzt wird (die Nutzungsintensität erhöht wird), das heißt durch organisatorische Maßnahmen, liegt die vierte Problemlösung auf einer anderen Ebene. In diesem Fall verbessert sich die Ressourcenproduktivität durch eine persönliche Entscheidung für ein verändertes Verhalten. Die Materialintensität pro Quadratmeter geschnittenen Grases ist (wenn die Sense etwa hundert Jahre hält) gegenüber dem eigenen Rasenmäher um rund einen Faktor 250 geringer! Diese vierte Möglichkeit nannten wir Nulloption. Natürlich setzt diese auch eine andere Betrachtungsweise voraus: Wer einen englischen Rasen als »Muß« ansieht, vielleicht gar nicht einmal, weil er ihn schöner findet als eine bunte Blumenwiese, sondern weil er glaubt, damit sein Ansehen bei den Nachbarn pflegen und anheben zu können, der wird sich kaum eine Blumenwiese leisten. Und Eltern von kleinen Kindern mögen eine solche Wiese als schlechten Spielplatz empfinden, denn das hochwachsende Grün erholt sich von den Spuren des Spiels wesentlich schlechter als ein kurzgehaltener Rasen.

Die Nulloption zeichnet sich immer durch eine äußerst hohe Ressourcenproduktivität und finanzielle Einsparungen aus. Das ist aber nicht ihre einzige positive Eigenschaft. In unserem Fall ist es außerdem die Erhaltung der Artenvielfalt von Blumen, Schmetterlingen und Insekten.

Beispiel Messebau: Wie man die Konkurrenz überflügelt

Herr Wilhelm Hardeweg von der international operierenden »Wilhelm Hardeweg GmbH« ist Spezialist für Messebau. Von Haus aus Schreiner, hat er in den letzten Jahren ein Firmenkonzept aufgebaut, das man als »gutes Geschäft mit möglichst wenig Ressourcenverbrauch« bezeichnen kann. Er hat konsequent ein System ausgetüftelt, bei dem er praktisch alle Materialien immer wieder benutzen kann und dennoch auf jeden Wunsch der Aussteller einzugehen in der Lage ist. Dazu kauft er vom Lieferanten präzise die Anzahl von Stücken an Metallröhren, Holzplatten, Teppichen usw. ein, die er braucht. Zum Zusammenbau nimmt er raffinierte Verbindungsstücke, die ihm vielfältige Kombinationen erlauben. Er hat sozusagen den Mechanikbaukasten wiedererfunden. Um damit erfolgreich zu sein, hat er eine »Bad Point Analyse« entwickelt, nach der alle Materialien – auch nach ökologischen Gesichtspunkten – bewertet werden. Wenn man so will, hat er seinen eigenen Produktpaß erfunden. Damit kann er dann auch Planungen für Messen komplett durchführen. Wann immer möglich, verkauft er nach der Messe alle Materialien fast neuwertig, zum Beispiel um Transportkosten zu sparen. Durch einen Artikel über dieses System in der Tagespresse wurde die Frankfurter Messe aufmerksam. In Zukunft möchte sie sich an solchen Gewinnen beteiligen.

Währenddessen werfen die meisten Konkurrenzfirmen nach alter Messegewohnheit die eingesetzten Materialien unmittelbar nach Gebrauch in den Sperrmüll.

Neuerdings bewertet Wilhelm Hardeweg seine Materialien auch nach dem MIPS-Konzept.

Der Wandel des Wertbegriffs

Im Rasenmäherbeispiel habe ich darauf hingewiesen: Die »Nulloption« unterscheidet sich von den anderen dadurch, daß sich grundlegend etwas am Verhalten ändert. Diesem veränderten Verhalten liegt eine veränderte Sichtweise zugrunde, und damit auch ein anderer Wertbegriff: Die Blumenwiese ist mir mehr »wert« als ein Rasenteppich. Ästhetische Werte wie dieser haben sich in der Kulturgeschichte immer mal wieder geändert. Dabei können die Folgen für die Ökologie drastischer sein als jede Änderung technischer Art, allerdings sowohl positiv wie negativ.

Doch es ändert sich noch ein weiterer Wertbegriff. Was ich bisher ausgeführt habe, muß in der Konsequenz zu einer Dienstleistungsgesellschaft führen. In einer Dienstleistungsgesellschaft ändert sich auch der wirtschaftliche Wertbegriff.

Während in der industriellen Ökonomie die Frage lautet: »Was ist der Geldwert eines Produkts zum Zeitpunkt seines Verkaufs?«, heißt die Frage in einer zukunftsfähigen Dienstleistungswirtschaft: »Welches ist der Nutzwert eines Produkts; welche Dienste zur Erfüllung bestimmter Funktionen leistet es mit welcher Qualität, für wie lange und zu welchen Gesamtkosten während seines gesamten Lebenszyklus?«

Mit anderen Worten:

Die Bezugsebene für die Messung des ökonomischen Werts ist nicht länger das Produkt zum Zeitpunkt des Verkaufs, sondern seine Nutzungsmöglichkeiten und ihre Qualität während der gesamten Produktlebensdauer.

In unserer gegenwärtigen Wirtschaft liegt die höchste Priorität auf der Entwicklung von Produktionssystemen, die immer mehr leisten und die Herstellung ständig größerer Warenmengen auf immer billigere Weise möglich machen. (Allerdings werden die Erträge unserer Produktionssysteme schon seit längerer Zeit immer geringer.[4]) Auch die Dienstleistungswirtschaft, wie wir sie hier entwerfen, strebt Wohlstand und mehr Lebensqualität an, aber sie tut es mit anderen Prioritäten:

- der Verbesserung der Produktivität, Leistungsfähigkeit und Qualität von Dienstleistungsfunktionen, und
- der Maximierung/Optimierung des Gebrauchswerts von Systemen während ihrer gesamten Lebensdauer unter Berücksichtigung der Gesamtkosten.

Unter »Systemen« ist in diesem Zusammenhang eine Einheit von Produkten und Dienstleistungen zu verstehen.
Während in der Produktionsgesellschaft der Fokus auf dem Produkt liegt, wird in der Dienstleistungsgesellschaft der von dem Produkt geleistete Nutzen im Mittelpunkt der Betrachtung stehen.[5] Denn Produkte, Prozesse und Infrastrukturen versorgen Menschen mit Funktionsmöglichkeiten und Dienstleistungen. Ökonomisch gesehen ist es also nicht der Materialwert, die physikalische Objekthaftigkeit, die den wirtschaftlichen Wert ausmacht, sondern der Nutzungs- oder Servicewert. Die Produkte, Prozesse, Stoffe und Infrastrukturen sind Träger objektiver Eigenschaften beziehungsweise abrufbarer Dienstleistungen.
Aus diesem Grunde kann es für Unternehmen sehr wohl profitabel werden, nicht primär das Sachgut selbst zu verkaufen, sondern seine Nut-

zung, und mit Hilfe des Faktors Zeit einen finanziellen Nutzen zu erzielen. Nicht mehr der schnittige Sportwagen wird verkauft, sondern die Dienstleistung, mit ihm fahren und vielleicht imponieren zu können. Der finanzielle Nutzen wird durch stunden-, tage- oder monatsweise Vermietung erzielt. Dies setzt voraus, daß der Nutzer eine mehr am Ergebnis als am Eigentum orientierte Beziehung zu Sachgütern entwickelt. Und damit sind wir bei einem weiteren wichtigen Punkte angelangt.

Verfügungsrechte – ökologisch betrachtet

Wir suchen den Nutzen, aber wir kaufen ein Produkt. Warum tun wir das? Ganz einfach: Wir wollen bestimmen, wann und in welcher Form der Nutzen eintritt. Dazu müssen wir über das Produkt verfügen können, uneingeschränkt und zu jeder Zeit. Die einzige Form, über ein Produkt verfügen zu können, ist, so meinen wir, es zu kaufen. Das aber stimmt nicht.

Wenn Sachgüter durch Dienstleistungen »ersetzt« werden, verändert sich – wirtschaftsrechtlich gesprochen – das Verfügungsrecht über das Gut. Verfügungsrechte (Nutzungsrecht, Gewinnaneignungsrecht, Veräußerungsrecht, Veränderungsrecht, Recht des Ausschlusses Dritter) an der Dienstleistungserfüllungsmaschine können aber zwischen dem Anbieter und dem Nutzer einer Dienstleistung frei aufgeteilt werden.

So können beispielsweise alle Verfügungsrechte beim Nutzer liegen, wie dies beim Kauf von Sachgütern der Fall ist, oder es können fast alle Verfügungsrechte, außer einem zeitlich und sachlich bestimmten Nutzungsrecht, beim Anbieter bleiben; dies ist der Fall der »reinen« Dienstleistung. Der Kauf eines Sachguts und eine »reine« Dienstleistung markieren also aus Sicht der verfügungsrechtlichen Struktur die beiden Enden eines Fächers, zwischen denen eine Fülle von Möglichkeiten liegt.

Wie die Verfügungsrechte und -pflichten aufgeteilt sind, ist entscheidend dafür, ob die Anbieter und ihre Kunden einen Anreiz haben, Ressourcen einzusparen und die Material- und Energieintensität einer

Dienstleistung zu minimieren.[6] Zum Beispiel kann es eine Rücknahme-verpflichtung für den Hersteller geben, auf freiwilliger Basis oder gesetzlich vorgeschrieben.

Ein Beispiel: Frau Meier kauft sich einen schicken neuen Pkw. Alle Verfügungsrechte gehen auf sie als Käuferin über. Betrieb, Wartung und Entsorgung des Autos sind ausschließlich ihre Sache. Sie zahlt das Auto in Raten ab, was sie gleich nach dem Kauf mit ihrer Bank so geregelt hat, daß sie nicht Monat für Monat an die Überweisung der nächsten Rate denken muß. Die Versicherungsbeiträge und die Steuern zahlt sie in größeren Abständen, zum Beispiel vierteljährlich, wird also an sie ebenfalls nicht täglich erinnert. Ihr Auto allerdings nutzt sie fast täglich. Sie weiß zwar, daß jede Fahrt Geld kostet; schließlich muß sie regelmäßig tanken. Doch daß dies nur ein Teil der Kosten ist – meist weniger als die Hälfte –, sieht sie nicht. Kreditkosten, Versicherung und Steuern haben kaum Einfluß darauf, wie oft und für welche Strecken sie ihr Auto nutzt, da sie diesen Kostenanteil nicht für jede Fahrt extra bezahlen muß. Dies führt dazu, daß Frau Meier ihr Auto auch mal eben zum Zigarettenholen nutzt, was den Preis pro Zigarette um fünf oder zehn Pfennig verteuern kann, also extrem teuer und damit nicht nur ökologisch, sondern auch ökonomisch absolut ineffizient ist.

Auch die Autohändlerin, Frau Schmitz, hat bei dieser verfügungsrecht-lichen Struktur wenig Anreiz, die Material- und Energieintensität ihrer Ware zu verbessern. Ist sie zur Rücknahme nach Ablauf der Nutzungs-dauer nicht verpflichtet, hat sie verständlicherweise auch kaum Interesse daran, daß das Auto von vornherein so gebaut wird, daß es leicht, schnell und kostengünstig entsorgt werden kann. Solange Frau Schmitz nur vom Verkauf von Autos lebt, kann sie auch an Langlebigkeit ihrer Produkte nicht interessiert sein. Die Langlebigkeit eines Sachguts wird nur dann zum Gestaltungsprinzip, wenn der Anbieter, in dem Fall Frau Schmitz, an diesem Zusatznutzen beteiligt wird, zum Beispiel in Form höherer Produktpreise oder geringerer Garantieverpflichtungen.

Wenn Frau Meier sich dagegen ein Auto mietet, hat sie nur ein zeitlich und sachlich bestimmtes Nutzungsrecht. Wichtige Aufgaben wie die Wartung und Entsorgung des Autos sind Sache von Frau Schmitz, der Händlerin oder Anbieterin. Dies kann ökonomisch wie auch ökologisch

Vorteile haben. Frau Schmitz kann dieselbe Dienstleistung ökonomisch effizienter und mit geringeren Umweltbelastungen erbringen, das heißt, mit besserer Nutzung der im Auto steckenden Ressourcen, weil neben Frau Meier auch andere Mieter das Auto nutzen.

Frau Meier wird nun sehr viel direkter über die fixen Nutzungskosten des Autos informiert, da sie sie anteilsmäßig mit der Mietgebühr bezahlt, und zwar dann, wenn sie das Auto gerade wirklich braucht und nutzt. Damit sind diese Kosten auch besser kalkulierbar. Im Grunde ist das nichts anderes, als wenn Frau Meier sich eine Bahnfahrkarte besorgt. Sie kauft sich ja auch nicht gleich einen Bahnwaggon.

Liegt das Veränderungsrecht für das Sachgut ausschließlich beim Anbieter, also bei Frau Schmitz, so hat diese damit auch die dauerhafte Funktionstüchtigkeit der Dienstleistungserfüllungsmaschine zu garantieren (Qualitäts- und Nutzungsgarantie). Damit hat sie einen Anreiz, nur Fahrzeuge mit hoher Wertbeständigkeit, Wartungsfreundlichkeit und Haltbarkeit anzubieten.

Liegt auch das Veräußerungsrecht am Ende der Vertragslaufzeit bei Frau Schmitz, so kann damit zusätzlich eine Entsorgungspflicht für sie verbunden sein. Wird das Recht zum Ausschluß Dritter von der Nutzung so angewendet, daß neben Frau Meier mehrere andere eine Dienstleistung gemeinsam in Anspruch nehmen, so erhöht dies die Nutzungseffizienz des Sachguts weiter.

Der Verkauf von Nutzen bedeutet eine automatische Rücknahmeverpflichtung des Herstellers beziehungsweise Bewirtschafters für seine Produkte; Eigentum und Verantwortlichkeit verbleiben bei ihm. Der Hersteller hat damit ein Eigeninteresse, Produkte so zu gestalten, daß sie mit möglichst geringem Schadensrisiko genutzt werden können (vgl. dazu auch den Abschnitt über produktbegleitende Informationssysteme im Kapitel »Prosumenten und Produzenten«), mit wenig Aufwand vor Ort repariert bzw. Komponenten (auch von Konkurrenzprodukten) wiederverwendet werden können. Ein modulares Systemdesign unter Verwendung von standardisierten Komponenten erleichtert und verbilligt das Reparieren, Aufarbeiten und Nachrüsten von Gütern beträchtlich. Die durchschnittliche Verlängerung der Nutzungsdauer spart, im Vergleich mit der Entsorgung und Neufertigung des gleichen Gutes, rund 50 bis 75 Prozent der Energie, braucht 25 bis 50 Prozent mehr Arbeitsleistung und oft höher qualifizierte Arbeitskräfte. Reparieren ist somit eine Substitution von Energie durch (Fach-)Arbeit und eine Substitution von zentraler Fabrikfertigung durch örtliche oder regionale Werkstätten. Die Wirtschaftlichkeit von Reparaturen hängt somit direkt zusammen mit dem relativen Preis von Energie und Arbeit – ein Preisverhältnis, das zunehmend in Bewegung kommen wird.[7] (Siehe auch das Kapitel »Strukturwandel – Unternehmen und Arbeit«.) Der Übergang zu einer zukunftsfähigen Dienstleistungswirtschaft geht einher mit einer Regionalisierung der Wirtschaft, weil personenabhängige Dienstleistungen im Gegensatz zu Sachgütern nicht lagerbar sind, aber rund um die Uhr am Ort der Nachfrage erbracht werden müssen. Der Notfalldienst eines Krankenhauses ist ein typisches Beispiel dafür, aber auch der Servicedienst eines Verkäufers von Transport und Schlüsseldiensten. Die Firma Hewlett-Packard Europa hat beispielsweise ihr europäisches Demontage- und Re-Marketing-Zentrum für zurückkommende Altgeräte in Grenoble Anfang 1995 auf fünf Zentren verteilt. Bei einigen Gütern unterscheidet der Hersteller nicht mehr zwischen der Neuanfertigung und der Aufarbeitung. Beides geschieht in einem Arbeitsgang, auf dem gleichen Arbeitsband, in der gleichen Fabrik. Hochmoderne Produkte können mehr als 80 Prozent aufgearbeitete und geprüfte neuwertige Komponenten enthalten.

Zum Beispiel Mercedes: Verkauf von Transportkapazität

Stellen wir uns vor, ein Möbelhersteller mit Sitz in Norddeutschland möchte seine Kunden schnell und preiswert beliefern. Statt sich einen eigenen Lieferwagenpark anzuschaffen, kann er folgendes preiswerte Angebot eines Automobilherstellers nutzen:

Unter dem Namen ›CharterWay‹ bietet Mercedes Transportkapazität für den Güterverkehr auf der Straße mit firmeneigenen Fahrzeugen verschiedener Größen an. Der Nutzer unterrichtet Mercedes über seine Zeitpläne und seinen jeweiligen Kapazitätsbedarf. Der Hersteller-Besitzer kümmert sich darum, rechtzeitig die passenden Fahrzeuge bereitzustellen, und ist für den einwandfreien Zustand der Fahrzeuge, die Wartung, Pflege, die TÜV-Überprüfungen, Steuer und Versicherung verantwortlich. Er fungiert also als Flottenmanager. Werbeslogan von Mercedes: »Nur fahren müssen sie noch selber.«

Der Nutzer beansprucht die Fahrzeuge nur dann, wenn er Transportbedarf hat, zahlt aber innerhalb eines Langzeitmietvertrags pro Kilometer. Auf diese Weise bezahlt er bedeutend weniger, als wenn er im Bedarfsfall jeweils ein passendes Fahrzeug anmieten würde. Sowohl aus ökonomischer wie ökologischer Sicht können auf diese Weise die in den Fahrzeugen steckenden Investitionen (Geld und natürliche Ressourcen zur Herstellung und Bereithaltung) ideal genutzt werden.

Der Kauf eines Sachguts, etwa eines Lkw, und die »reine« Dienstleistung, etwa das Vermieten der Transportkapazität eines Lkw, sind also die beiden Enden des Kontinuums der verfügungsrechtlichen Struktur. Zwischen ihnen gibt es eine Fülle von Variationsmöglichkeiten.

Beispiel Leasing: Anzeige in der Frankfurter Allgemeinen Zeitung

»Lease Plan nimmt Ihnen jede Menge Arbeit ab ... befreien Sie sich von allem, was Ihr Fuhrpark an Arbeit mit sich bringt. Wir managen ihn von A bis Z – Sie haben wieder Zeit für ein Leben nach dem Büro ... Lease Plan. Damit es unterm Strich stimmt.« (6.4.97)

Auf den Punkt gebracht

Wir kaufen Produkte nicht in erster Linie, um sie zu besitzen, sondern weil sie uns nützlich sind, uns Dienste leisten. Aus dieser Tatsache lassen sich ökologische und wirtschaftliche Gewinne ziehen, denn wenn nur der Nutzen von Produkten verkauft wird (durch Vermieten), werden sie effizienter genutzt, es werden weniger Güter gebraucht und produziert und diese werden aus eigenem Interesse sowohl der Händler oder Vermieter wie der Nutzer langlebiger sein.

Beim Materialeinsatz sparen statt beim Personal, und dafür mehr Dienstleistung anbieten – auf diese Weise wird die Wirtschaft wegen der geringeren Kosten wettbewerbsfähiger, und gleichzeitig werden Jobs geschaffen. Nicht Autos verkaufen, sondern Mobilität, heißt das neue Motto.

Halten wir an dieser Stelle einige Begriffsdefinitionen fest:

- *Dienstleistende Geräte* (z.B. der Staubsauger) sind »Dienstleistungserfüllungsmaschinen«.

- *Dienstleistende Menschen* (z.B. der Friseur) setzen Dienstleistungs-erfüllungsmaschinen (die Schere) und zusätzliche Ressourcen (z.B. Haarwaschmittel) ein, um Nutzen zu stiften (eine neue Frisur zu zaubern).
- *Produzierende Maschinen* (z.B. Roboter in der Automobilindustrie) erzeugen Dienstleistungserfüllungsmaschinen (nämlich Autos) – oder Bestandteile davon (vielleicht den Kotflügel) – unter Einsatz von Ressourcen (Metall usw.) und Inanspruchnahme von Dienstlei-stungen (etwa von Energie und Design).
- *Produzierende Menschen* (z.B. Maurer) erzeugen Dienstleistungser-füllungsmaschinen (ein Haus) – oder deren Bestandteile (den Roh-bau) – unter Inanspruchnahme von Ressourcen (Baumaterialien) und Dienstleistungen (Anlieferung der Baumaterialien, Energie).
- *Ökointelligente Produkte* sind Gegenstände, Geräte, Maschinen, Ge-bäude und Infrastrukturen, die bei marktgängigen Preisen und bei Minimierung von Material, Energie, Fläche, Abfall, Transport, Ver-packung und gefährlichen Stoffen über ihre gesamte Lebensdauer hinweg möglichst lange und möglichst viele verschiedene Dienst-leistungen erbringen.
- *Eine ökointelligente Dienstleistung* ist die Befriedigung eines defi-nierten Bedarfs – oder eines Bedarfsbündels – zu marktgängigen Preisen mit Hilfe ökointelligenter Produkte (Dienstleistungserfül-lungsmaschinen).
- *Ökointelligente Prozesse (Verfahren)* sind technische Abläufe, die bei Kosten, die vergleichbaren Prozessen ähnlich oder günstiger sind, mit Hilfe des Einsatzes ökointelligenter Geräte (Produkte) und unter Minimierung von Material- und Energieaufwand unter weitest-gehender Vermeidung von Abfall und unter maximal möglicher Ver-meidung gefährlicher Stoffe geführt werden.
- Menschen, die ihr Wohlbefinden und ihre Sicherheit durch eine pas-sende Mischung der Leistungen von dienstleistenden Maschinen, dienstleistenden Menschen, produzierenden Maschinen und produ-zierenden Menschen sicherstellen, nennen wir *Endnutzer*; sie profi-tieren von all dem.
- *Ökointelligente Endnutzer* nennen wir Menschen, die ihr Wohlbefin-

den und ihre Sicherheit durch eine an maximalem Nutzen orientierte Mischung dieser Leistungen sicherstellen. Sie nutzen Leistungen von ökointelligenten dienstleistenden Maschinen, von dienstleistenden Menschen, die nur ökointelligente Produkte und möglichst geringe Mengen von Ressourcen nutzen, von produzierenden Geräten, die nur ökointelligente Produkte herstellen, und von produzierenden Menschen, die nur ökointelligente Produkte erzeugen.

In dieser letzten Definition steckt eigentlich alles, worum es mir in diesem Buch geht.

5   Ökologische Rucksäcke und der Faktor 10

Menschen kaufen also, wie wir bereits gesehen haben, Produkte eigentlich nicht wegen der Produkte selbst, sondern wegen der Dienstleistungen, die diese Produkte ergeben. Aus ökologischer Sicht wäre es ideal, wir könnten Dienstleistungen pur kaufen, ohne jede materielle Hilfe. Wir würden so die Umwelt überhaupt nicht belasten. Wenn ich mir ein Buch in der Bibliothek leihe, statt es zu kaufen, und zur Bibliothek auch noch zu Fuß gehe oder mit dem Fahrrad fahre, belaste ich die Umwelt fast nicht. Es gibt auch Wege, die Umwelt nicht eigenhändig zu belasten, aber dennoch eine Dienstleistung zu bekommen, zum Beispiel dann, wenn ich mir keine Bohrmaschine kaufe, um gelegentlich ein Loch in die Wand zu bohren, sondern dazu einen Handwerker bestelle oder mir die Bohrmaschine ausleihe.

Aber an diesem Beispiel wird deutlich, daß auch Dienstleistungen mit Ressourcenbedarf verbunden sind, und zwar fast immer. Die Bohrmaschine, die ich nicht kaufe, muß der Handwerker kaufen. Er kauft eine robustere, langlebigere, und er nutzt sie fast täglich. Das ist in sich schon ein ökologischer Gewinn, denn es beläßt der Umwelt all die Ressourcen, die nötig wären, die vielen Bohrmaschinen zu produzieren, die in Hobbykellern verstauben und nur ein- bis zweimal im Jahr für ein bis zwei Löcher benutzt werden. Aber die Bohrmaschine des Handwerkers muß produziert werden, und auch die Bibliothek, in der ich mir das Buch leihe, muß gebaut und mit Büchern, Regalen und technischem Gerät ausgestattet werden.

Auch eine Dienstleistungsgesellschaft braucht also natürliche Ressourcen. Sie sollte diese Ressourcen so produktiv wie nur eben möglich einsetzen. Dazu aber muß sie zwei Dinge wissen, denen ich mich in diesem Kapitel zuwende.

Erstens muß bekannt sein, wie stark ein Produkt oder eine Dienstleistung die Umwelt belastet. Diese Information wird gebraucht, damit verschiedene Produkte und Dienstleistungen vergleichbar werden und damit man sieht, wo eine technische Optimierung ansetzen kann. Nur wenn der Bohrmaschinenproduzent weiß, daß für jedes Gramm Kupfer, das in der Maschine verarbeitet ist, 500 Gramm natürliche Ressourcen bewegt werden müssen, kommt er auf die Idee, am Kupfer drastisch zu sparen. Und nur wenn der Handwerker weiß, daß in einer elektronisch gesteuerten Bohrmaschine elektronische Bauteile enthalten sind, die in der Regel mit sehr hohem Ressourcenaufwand hergestellt werden, kommt er auf die Idee, darüber nachzudenken, ob es nicht auch eine Maschine ohne Elektronik tut. Greifbar werden diese Informationen in dem, was ich den »Ökologischen Rucksack« nenne. Differenziert werden sie in dem später eingeführte Begriff MIPS.

Zweitens brauchen wir ein Ziel für unsere Sparbemühungen. Wieviel Ressourcenverbrauch ist zu viel? Diese Information ist wichtiger, als sie auf den ersten Blick scheint. Warum sollten wir nicht drauflossparen, so gut es geht? Die Antwort heißt: Weil wir dann möglicherweise drastisch am Ziel vorbeischießen, in welcher Richtung auch immer. »Zuviel« zu sparen würde der Umwelt zwar nicht schaden, aber vielleicht müßten wir uns dazu so einschränken, daß wir niemals auf einen Kurs kämen, der sich auf Dauer durchhalten läßt. Näher liegt die Gefahr, daß wir uns beim Schonen der Ökosphäre zu früh zurücklehnen, weil wir denken, wir hätten genug getan. Noch schlimmer: Wer seine Ziele bescheiden steckt, realisiert möglicherweise eine Reihe von Möglichkeiten, auf einfache Weise die Natur zu entlasten, ohne dabei zu merken, daß er sein Ziel nicht erreicht. Wenn eine umweltbewußte Familie weiß, daß sie ums Doppelte zuviel Ressourcen verbraucht, dann schafft sie vielleicht das Zweitauto ab und kauft Busfahrkarten. Damit kann das Ziel im Bereich Transport bereits erreicht sein. Weiß die Familie jedoch, daß sie ums Zehnfache zuviel Ressourcen verbraucht, führt diese einfache Lösung nicht zum Ziel. Dann wird es nötig, sich sehr grundlegende Gedanken über den eigenen Lebensstil und die Art der benutzten Technik zu machen.

Dies aber ist der entscheidende Punkt. Wenn wir das Ziel einer zukunftsfähigen Lebens- und Wirtschaftsweise erreichen wollen, dann müssen wir wissen, ob es genügt, zu den Lösungen zu greifen, die in unsere bestehenden Strukturen und Gewohnheiten in Wirtschaft, Verkehr und Freizeit hineinpassen, oder ob wir diese Strukturen und Gewohnheiten ändern müssen. Trifft letzteres zu, dann müssen wir von vornherein anders an die Aufgabe herangehen. Tun wir es nicht, dann besteht die Gefahr, daß wir uns jahrelang um viele kleine Verbesserungen im Umgang mit natürlichen Ressourcen bemühen, viel Zeit und Kraft investieren und uns am Ende eingestehen müssen, daß die Ökosphäre um uns herum weiterhin degeneriert. Was dann geschieht, kennt jeder Bergsteiger: Der Gipfel, den man erklimmen wollte, rückt in unerreichbare Ferne, wenn man stundenlang dachte, man sehe ihn bereits vor sich, und dann, dort angekommen, feststellen muß, daß man auf einem kleinen Vorhügel steht, der die Sicht auf das eigentliche Ziel verdeckt hat.

Um wieviel zu groß ist der Ökologische Rucksack der Wirtschaftsweise der Industriestaaten? Um wieviel müssen sie dematerialisieren? »Faktor 10« heißt meine Antwort, die ich im zweiten Teil dieses Kapitels gebe. Wir tun gut daran, dieses Ziel von Anfang an fest ins Auge zu fassen. Es ist anspruchsvoll, aber nicht unerreichbar.

Ökologische Rucksäcke

Die Idee der Rucksäcke kam mir, als ich darüber nachdachte, wie man rechnerisch am besten vorgehen könne, um die Menge an Natur zu erfassen, die in jedem Sachgut steckt. Das Problem ist, daß das Gewicht einer Mausefalle wenig darüber aussagt, wieviel Holz aus dem Wald geholt werden mußte, um das Brettchen zu schneiden. Und das Gewicht der Stahlfeder gibt mir keine Auskunft über den Abraum, welcher aus seinem geologisch gewachsenen Platz bewegt werden mußte, um das Erz verfügbar zu machen, wieviel Transport nötig war und wie viele natürliche Ressourcen für den Bau der Hochöfen für die Stahlgewinnung nötig war. Und das ist erst ein Teil der Geschichte.

Man kann aber alle Prozeßschritte von der Mausefalle zurück zu dem Punkt verfolgen, an dem die natürlichen Rohmaterialien ursprünglich gewonnen wurden, also »bis zur Wiege« des Produkts. Man kann diesen Weg »materiell« zurückverfolgen, also die Prozeßketten aufrollen.

Man kann ihn zusätzlich auch »geographisch« nachvollziehen, also fragen, aus welchem Land oder aus welcher Gegend die einzelnen Materialien kommen.

Für die Praxis ist es sinnvoll, zwischen Ökologischen Rucksäcken und dem Materialinput, abgekürzt MI, zu unterscheiden. Außerdem müssen wir bei Berechnungen darauf achten, ob es um Werkstoffe wie Stahl, Holz oder Brennstoffe geht oder um Produkte, die aus diesen Werkstoffen hergestellt werden. Nur die Produkte kann der Kunde nutzen, nur sie leisten also Dienste.

Der *Materialinput (MI)* ist die Summe aller aufgewendeten natürlichen Rohmaterialien von der Wiege bis zum verfügbaren Werkstoff oder zum dienstleistungsfähigen Produkt. Er wird angegeben in Tonnen pro Tonne Werkstoff oder Produkt (oder in Kilogramm pro Kilogramm, oder in Gramm pro Gramm).

Der *Ökologische Rucksack* ist definiert als die Summe aller natürlichen Rohmaterialien von der Wiege bis zum verfügbaren Werkstoff oder zum dienstleistungsfähigen Produkt in Tonnen pro Tonne, abzüglich dem Eigengewicht des Werkstoffes oder Produktes selbst, gemessen in Tonnen, Kilogramm oder Gramm.

Der Materialinput ist also die Summe aus Ökologischem Rucksack und Eigengewicht. MI gibt uns eine Information darüber, wieviel Rohmaterialien insgesamt in einem Werkstoff oder Produkt verarbeitet wurden. Der Ökologische Rucksack sagt uns, welche Rohstoffmengen zwar zur Herstellung des Produkts der Natur entnommen, im fertigen Produkt aber nicht enthalten sind; er ist also ein Maß für die »Nebeneffekte« des Produkts. Mit welcher Angabe gerechnet wird, hängt vom Anwendungszweck ab; bei Werkstoffen wird jedoch in der Regel mit dem Materialinput gerechnet, da man wissen will, wieviel natürliche Rohmaterialien in dem später aus diesen Werkstoffen hergestellten Produkt enthalten sind. Wenn der Unterschied für die Argumentation nicht von Bedeutung ist, ziehe ich den Begriff »Ökologischer Rucksack« vor, da er anschaulicher ist. Der Unterschied ist insbesondere dann gleichgültig, wenn der Rucksack sehr groß ist. Ob zum Beispiel Kupfer einen Ökologischen Rucksack von 500 Tonnen Umweltressourcen pro Tonne Kupfer hat, oder ob dies der Materialinput ist, ist herzlich gleichgültig.

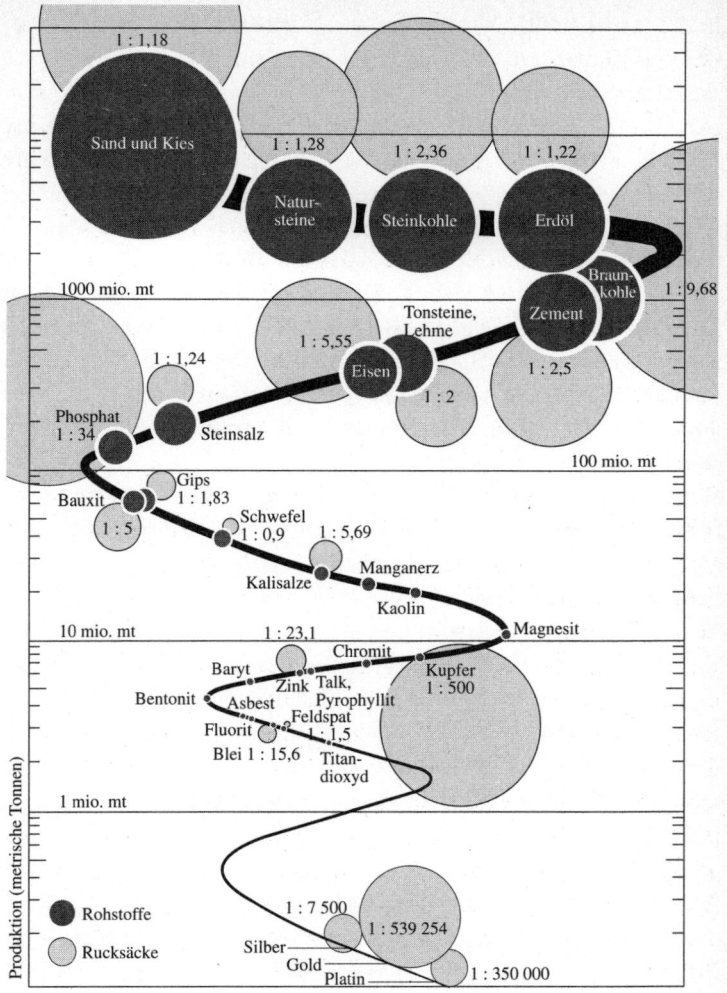

Abbildung 4: Die dunkle Linie und die dunklen Felder zeigen die Weltproduktion verschiedener Wirtschaftsgüter im Jahre 1983, sortiert nach Produktionsmenge (von unten nach oben). An jedem Wirtschaftsgut hängt ein »Rucksack« in Form eines hellen Kreises. Der Rucksack enthält alle Rohmaterialien, die zusätzlich bewegt werden mußten, um den eigentlich nutzbaren Rohstoff zu gewinnen.

Das Eigengewicht einer Tonne Kupfer ist eine Tonne; wir sprechen also von dem Unterschied zwischen 500 und 501 oder 500 und 499, und der ist in der Praxis nicht von Bedeutung und im übrigen wesentlich kleiner als die Genauigkeit, mit der diese Zahl bekannt ist.

Bleiben wir zunächst bei den Werkstoffrucksäcken; mit den Rucksäcken der Produkte befaßt sich das Kapitel »MAIA, Rucksäcke und Erosion«. Die Abbildung 4 gibt einen Eindruck davon, wie stark die Ökologischen Rucksäcke die Massen von Werkstoffen belasten. So ist der Rucksack von Gold 540 000. Das heißt, daß für jedes Gramm Gold 540 000 Gramm natürliche Rohstoffe aus ihren natürlichen Plätzen herausgebrochen werden mußten und damit die ökologische Evolution der Erde unwiederbringlich verändert wurde. 540 000 Gramm ist mehr als eine halbe Tonne. Ihr Fingerring wiegt demnach – ökologisch gesehen – einige Tonnen.

Christa Liedtke hat am Wuppertal Institut zusammen mit ihren Mitarbeiterinnen und Mitarbeitern im Laufe der vergangenen vier Jahre den Materialinput von vielen Werkstoffen erarbeitet. Wir haben die Zahlen im Anhang diese Buches zusammengestellt. Die dort wiedergegebenen Werte sind die Ergebnisse von Informationen aus vielen Ländern. Sie sind Mittelwerte und werden in Zukunft sicherlich noch verbessert werden.

Stefanie Böge[1] ist in ihrer Arbeit der Frage nachgegangen, wo die Ausgangsmaterialien einiger beispielhaft ausgewählter Produkte herkommen. Ihre Joghurtbechergeschichte ist berühmt geworden. Mehr als 9000 Kilometer Transporte kamen zusammen, als sie zusammenzählte, woher die Ausgangsstoffe für einen kleinen Becher Milchprodukt fürs Frühstück herkommen. Abbildung 5 gibt einen guten Eindruck von der industriellen Wirklichkeit unserer Tage. Schon aus dieser Darstellung wird ersichtlich, daß eine Wirtschaft in der Form, wie sie heute praktiziert wird, keine Zukunft hat. Stellen Sie sich einmal die Transport-

Abbildung 5: Die Transportwege eines Erdbeerjoghurts. Bestandteile und Behältermaterialien reisen 3500 Kilometer bis zur Produktionsstätte in Stuttgart. Die Grundstoffe, die die Zulieferer verwenden, werden weitere 4500 Kilometer weit gefahren. Rechts die Alternative: Es würde auch mit wesentlich weniger Transportaufwand gehen.

Transportaufwand bei der Produktion von Joghurt

Effizienz der Transportvermeidung bei lokal begrenzter Produktion

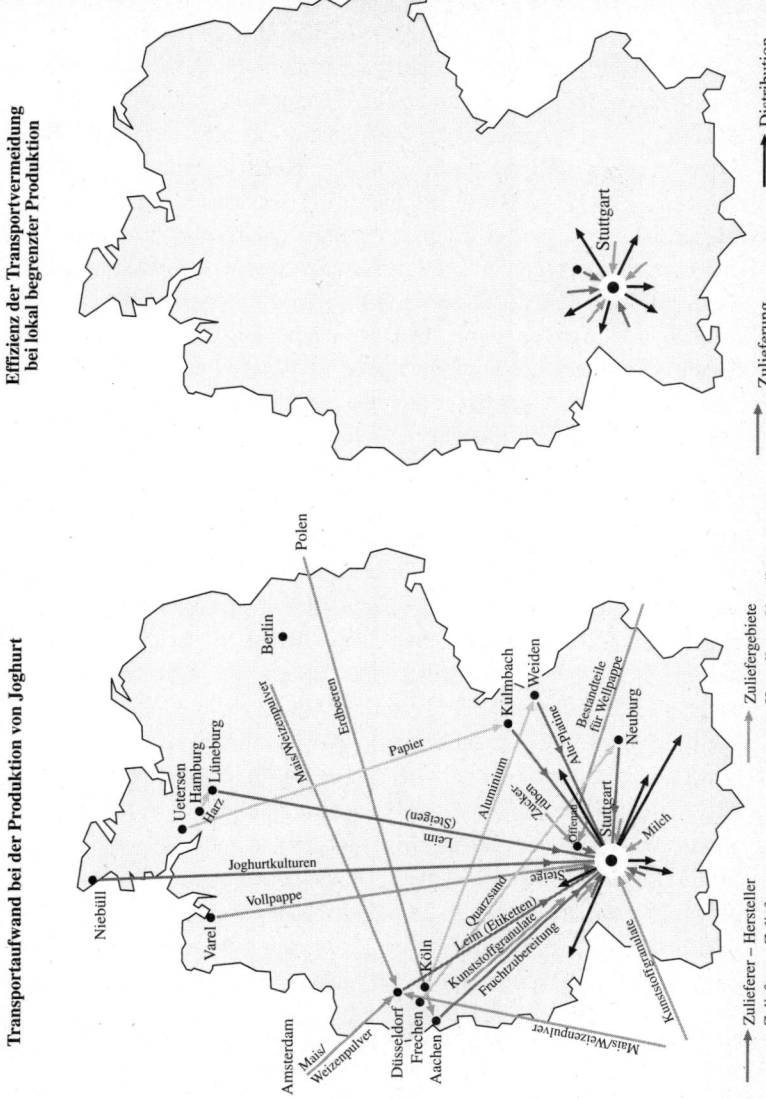

85

situation in China vor, wenn 1,2 Milliarden Chinesen jeden Tag einen auf diese Weise hergestellten Becher Joghurt beanspruchen!

Der Designer oder der Konstrukteur, der sich an die Gestaltung öko-intelligenter Produkte macht, muß zuallererst einmal die »ökologische Qualität« der in Frage kommenden Werkstoffe kennen, aus der das Produkt entstehen soll; das heißt, er muß die Ökologischen Rucksäcke kennen (und selbstverständlich auch die Ökotoxizität der Werkstoffe berücksichtigen). Nur so kann er durch Vergleich aller wichtigen Eigenschaften die bestmögliche Wahl treffen und das Produkt mit dem kleinsten Gesamtrucksack entwerfen.

Ich habe schon davon gesprochen, daß die ökologische Bewertung von Sachgütern zweckdienlich immer »von der Wiege bis zurück zur Wiege« vorgenommen werden sollte, um sonst unvermeidliche Fehler zu vermeiden. Werkstoffe fangen ihr Leben zwar »an der Wiege« – mit natürlichen Rohstoffen aus der Umwelt – an, sie kehren aber als solche zumeist nicht »zur Wiege« – also zur Ökosphäre – zurück. Genaugenommen kehrt zwar ein kleiner Teil von ihnen in Form von Produktionsabfällen, Emissionen und Einleitungen bereits zur Wiege zurück, ehe überhaupt jemand damit anfängt, das Produkt zu nutzen. Der größte Teil aber soll in Form einer daraus hergestellten dienstleistungsfähigen Maschine Nutzen stiften. Das Leben von Werkstoffen reicht also »von der Wiege bis zur Herstellung eines Produktes«. Deshalb bezieht sich der Ökologische Rucksack von Werkstoffen auch nur auf diesen Teil des gesamten Produktlebens. Die im Anhang wiedergegebenen Ökologischen Rucksäcke von Werkstoffen sind so zu verstehen. Warum in der Tabelle von »abiotisch«, »biotisch« usw. die Rede ist, erkläre ich im folgenden Textabschnitt.

In der Tabelle der »Rucksäcke« von Werkstoffen im Anhang fällt auf, daß sekundäre (recycelte) Werkstoffe ökologisch sehr viel günstiger sein können als primäre, deren Ausgangsstoffe der Natur entnommen wurden. Bei Kupfer zum Beispiel verhält sich »primär« zu »sekundär« wie 500 zu 10. Allein das Ersetzen von frischem Kupfer durch recyceltes entspricht also einer Dematerialisierung um einen Faktor 50 (!). Dies setzt allerdings voraus, daß das ursprünglich aus Rohstoffen gewonnene Kupfer seinen »Dienst für die Menschheit« in der ersten Anwendungsphase schon hinter sich gebracht hat. Die im Anhang angegebenen Ökologischen Rucksäcke berücksichtigen auch nicht, daß bei jedem Durchlauf der Recyclingschleife neues Material eingefügt werden muß, um die Verluste beim Einsammeln der Sekundärrohstoffe und im Recyclingprozeß auszugleichen.

Die fünf Kategorien Ökologischer Rucksäcke

Wir haben am Wuppertal Institut die natürlichen Rohmaterialien aus praktischen Gründen in fünf Kategorien eingeteilt. Die Ökologischen Rucksäcke in diesen fünf Kategorien berechnen wir getrennt, und das in diesem Buch vertretene Ziel der Dematerialisierung um einen Faktor 10 muß in jeder Kategorie getrennt erreicht werden. Die Kategorien werden also *nicht* gegeneinander verrechnet. Um zu begründen, warum wir uns und den Konsumenten und Produzenten das Rechnen mit fünf verschiedenen Rucksäcken zumuten, muß ich einen kleinen Einblick in die Werkstatt der Wissenschaft der vergangenen Jahre in der Abteilung »Stoffströme und Strukturwandel« des Wuppertal Instituts geben. Doch hier zunächst die Beschreibung der fünf Rohstoffkategorien:

1. **Abiotische (unbelebte) Rohmaterialien** sind erstens feste mineralische oder unbelebte organische Rohstoffe aus Bergbau, Hüttenwerken und Fördereinrichtungen wie Gestein, Erze und Sand, zweitens fossile Energieträger wie Kohle, Erdöl und Erdgas, die überwiegend zur Energieerzeugung genutzt werden, drittens Gesteins- und Bodenmassen, die lediglich bewegt werden, um abiotische Rohstoffe zu gewinnen, und viertens bewegte Erde, zum Beispiel Bodenaushub. Zum letzteren gehören alle Boden und Erdbewegungen zur Erstellung und Instandhaltung von Infrastrukturen (Gebäude, Straßen, Schienen).

2. Zu den **biotischen (belebten) Rohmaterialien** zählen wir pflanzliche Biomasse aus der Bewirtschaftung des Bodens, also alle geernteten, gepflückten, gesammelten oder sonstigen genutzten Pflanzen. In diese Kategorie gehört auch die tierische Biomasse, die allerdings

zurückgerechnet wird auf die pflanzlichen Inputs, die zu ihrer Gewinnung nötig waren (das Gras, das die Kuh frißt, wird gezählt, nicht die Kuh selbst). Zu den biotischen Rohmaterialien gehört außerdem Biomasse aus nicht bewirtschafteten Bereichen, also wildlebende Tiere, Fische und wildwachsende Pflanzen (auch Bäume).

3. **Bodenbewegungen in Land- und Forstwirtschaft** entstehen durch mechanische Bodenbearbeitung und Erosion. Diese Massen sind wichtig, weil auch die mit Land- und Forstwirtschaft verbundenen Stoff- und Energieströme grundlegende ökologische Veränderungen auslösen. Menge und Häufigkeit der Bodenbewegungen dienen als Indikatoren für den Grad des ökologischen Einflusses. Da das Volumen der pro Ernteperiode mechanisch bewegten Erde (durch Pflügen, Eggen usw.) bezogen auf den Ertrag außerordentlich groß ist (das Verhältnis liegt bei mehr als 100 : 1), benutzen wir in den meisten Fällen für bodenabhängige Produktion die Erosion als Indikator für das Ausmaß der Bodenbewegung in Land- und Forstwirtschaft. Die Bodenbewegung durch Pflügen und Eggen fließt also in diesen Rucksack nicht ein. Das soll aber nicht heißen, daß die mechanische Bodenbearbeitung in der Landwirtschaft ökologisch irrelevant sei. Im Gegenteil: Bodenverdichtung durch schwere landwirtschaftliche Maschinen und anschließendes tiefgründiges Pflügen sind oft gerade die Ursache für Erosion. Dieser Rucksack enthält also strenggenommen nicht einen technisch bewegten Massenstrom – nämlich durch mechanische Bodenbearbeitung –, sondern dessen Folgestrom, die Erosion. Aus diesem und andere Gründen ist auch die Reduktion der durch mechanische Bodenbearbeitung bewegten Erde um den Faktor 10 dringend geboten. Alternative Bearbeitungsmethoden stehen durchaus bereits heute zur Verfügung.[2]

4. **Wasser** wird in der Rechnung immer dann berücksichtigt, wenn es der Natur aktiv, das heißt durch technische Maßnahmen, entnommen wird. Dazu zählt auch das Aufstauen. Wasser, das durch ein Wasserrad am natürlichen Bach- oder Flußlauf fließt, oder das von Schiffsschrauben bewegte Wasser wird also nicht mitgerechnet. Es ist sinnvoll, nach dem Ursprung des Wasser zwischen Oberflächenwasser,

Grundwasser und Tiefengrundwasser zu unterscheiden. Ein Austausch zwischen diesen drei Wasservorräten findet nämlich nur mit Verzögerung statt; außerdem haben sie unterschiedliche ökologische Funktionen. Tiefengrundwasser beispielsweise erneuert sich meist so langsam, daß es nach menschlichen Maßstäben schon fast eine nicht erneuerbare Ressource ist. Für detailliertere Untersuchungen wird auch der Verwendungszweck festgehalten. Hierbei sind die Kategorien Wasser als chemischer Rohstoff, Wasserkraft, Wasser zur Kühlung, Wasser zur Bewässerung, Ableitung oder Umleitung von Wasser, Wasser als Transportmittel und mechanischer Einsatz von Wasser sinnvoll.

5. **Luft,** beziehungsweise ihre Bestandteile, werden dann als Materialinput gezählt, wenn sie vom Menschen aktiv entnommen, in chemische Bestandteile getrennt oder chemisch verändert werden. Dazu gehören im einzelnen die Luft, die zur Verbrennung benötigt wird, und Luft, die für chemisch-physikalische Umwandlungen benutzt wird. Dabei zählt jeweils nur das Gewicht der veränderten Komponenten der Luft, etwa der Anteil an Sauerstoff, der zur Verbrennung gebraucht wurde. Rein mechanisch bewegte Luft (Windräder, Luftkühlung, Preßluft und Belüftung) wird nicht berücksichtigt, obwohl sie, strenggenommen, technisch bewegt wird.

Wer der Meinung ist, mit der Bilanzierung der Luft seien wir über das Ziel hinausgeschossen, und diesen Bilanzposten hätten wir uns nun wirklich sparen können, der sollte sich vor Augen führen, daß atembare Luft schon im London des vergangenen Jahrhunderts knapp wurde und der »Verbrauch« von Luft durch Autos und Industrie in Städten wie Los Angeles und Mexico City die Menschen dort regelmäßig am eigenen Leibe spüren läßt, daß auch diese Ressource knapp werden kann. Außerdem berücksichtigen wir auf diese Weise im MIPS-Konzept die Veränderung des Kohlendioxydgehalts der Atmosphäre, den meistgenutzten Indikator für den Einfluß des Menschen auf das Erdklima. Nicht zuletzt ist es ein Ziel unserer Analyse der Stoffströme, den Verbleib der natürlichen Rohstoffe im Produktionskreislauf zu bilanzieren. Dazu gehört selbstverständlich auch das Verwenden von Luft als »Rohstoff« für Produkte, auch dann, wenn die Luft im Produkt gar nicht auftaucht, wie der Abraum im Bergbau.

Daten für die fünf Kategorien werden gemeinsam erhoben, aber getrennt gespeichert. Insofern kann man auch von fünf verschiedenen Rucksäcken sprechen. In den meisten Fällen werden auch die erhobenen Energiedaten getrennt gespeichert. Bei Industrieprodukten stellt sich oft heraus, daß nur die Kategorien »abiotische Rohmaterialien« und »Wasser« wesentlich zum Gesamtergebnis beitragen.

Und warum nun diese Unterteilung? Die fünf verschiedenen Stoffströme sind für die Umwelt von ganz unterschiedlicher Bedeutung, und außerdem ist die Stärke dieser Stoffströme sehr unterschiedlich. Schon vor fünf Jahren haben wir angefangen, zwischen festen und flüssigen Rohmaterialien zu unterscheiden. Der Anlaß war, daß der Wasserverbrauch für die meisten Industrieprodukte so hoch ist, daß allein durch das Sparen von Wasser der Faktor 10 leicht erreicht werden könnte. Das wäre natürlich nicht unsinnig und durchaus im Sinne des MIPS-Konzepts. Es könnte aber dazu verleiten, sich bei der Entlastung der Ökosphäre auf die Teilstoffströme zu beschränken, die sich recht einfach verringern lassen, wie das beim Wasserverbrauch in vielen Produktionsverfahren der Fall ist. Wir teilen den Ökologischen Rucksack in fünf Teilrucksäcke auf, um sichtbar zu machen, daß auch auf dem Feld der Entlastung der Ökosphäre keine Monokultur wachsen darf, sondern daß die ganze Breite der ökologisch relevanten Eingriffe berücksichtigt werden muß.

Aus Überlegungen dieser Art entstand die Aufteilung der Ströme fester Rohstoffe in die drei Kategorien abiotisch, biotisch und Bodenbewegungen. Die abiotischen Rohstoffe werden bergmännisch abgebaut und vom Ort des Abbaus entfernt, entweder als Rohstoff oder als Abraum. In die Kategorie »Bodenbewegungen« dagegen fallen solche Stoffe, die nicht bewegt werden, weil sie genutzt werden sollen, sondern weil es vor Ort nötig ist. Sie werden auch durch die Bodenbearbeitung selbst nicht, oder nicht weit, von ihrem Ort entfernt – allenfalls später durch die Erosionskräfte. Die biotischen Rohstoffe schließlich wachsen nach und sollten schon deshalb getrennt betrachtet werden.

Der Faktor 10

Im Jahre 1995 hatte ich das Vergnügen, eine außerordentlich intelligente Bürgerin von Hongkong kennenzulernen, eine Musiklehrerin. Selten habe ich in meinem Leben einen Menschen getroffen, der mehr von der Art »Fortschritt« überzeugt war, wie ihn die alten Industrieländer dem anderen, viel größeren Teil der rund sechs Milliarden Menschen auf dieser Erde vorleben. Sie glühte geradezu vor Eifer, uns die atemberaubenden Fortschritte ihrer Stadt bei der Unterbringung von Millionen Menschen in riesigen Wohnblöcken vorzuführen. Die alte Bootsvorstadt Aberdeen mit ihren 40 000 Bewohnern ist über Nacht verschwunden. Wovon die Menschen, die dort einmal gewohnt haben, wohl jetzt auf der zwanzigsten Etage träumen mögen?

Mehr als zwei Milliarden Chinesen, Inder und Indonesier scheinen dabei, den von den klassischen Industrieländern vorgeführten Sprung in den materiellen Wohlstand mit allen ihnen zur Verfügung stehenden Mitteln so schnell wie nur möglich nachzuvollziehen. Was bei uns im Fernsehen angeboten wird, bekommen auch sie per Satellit in ihre Wohnungen geliefert und mit Hilfe von haushohen Reklamewänden bei jedem Stadtbummel eingehämmert. Damit sind ihre materiellen Ziele abgesteckt.

Während bei uns die Zweifel sprießen, ob unsere Wirtschaftsform für das kommende Jahrtausend taugt, sind die Menschen dort noch mit relativ ungebrochenem Enthusiasmus auf dem Weg, es uns nachzutun. Was bleibt ihnen übrig, als dabei mehr oder weniger in unsere Fußstapfen zu treten? Sind ihre Bemühungen aber erfolgreich, wird sich die ohnehin schon nicht zukunftsfähige Belastung der Ökosphäre vervielfachen, denn die Zahl der Menschen, die uns nacheifert, entspricht etwa vier Fünfteln der Menschheit. Das ist die schlechte Nachricht für die Umwelt. Die gute ist: Während in den Industrieländern das Nachdenken über einen zukunftsfähigen Weg des Wirtschaftens auf einem nicht zukunftsfähigen Niveau des Ressourcenverbrauchs beginnt, starten viele der Länder, die wir nicht zu den »alten« Industrieländern zählen, mit einem Pro-Kopf-Verbrauch an Ressourcen, der noch Spielräume offenläßt – Spielräume für Fortschritt im klassischen Sinne, Spielräume aber

1000 Menschen belasten die Umwelt jährlich durch

	in Deutschland	in einem Entwicklungsland	
Energieverbrauch (T)	158	22	(Ägypten)
Treibhausgas CO_2 (t)	13 700	1 300	(Philippinen)
Ozonschichtkiller FCKW (kg)	450	16	(Philippinen)
Straßen (km)	8	0,7	(Ägypten)
Gütertransporte (tkm)	4 391 000	776 000	(Ägypten)
Personentransporte in PKW (Pkm)	9 126 000	904 000	(Ägypten)
PKWs	443	6	(Philippinen)
Aluminiumverbrauch (t)	28	2	(Argentinien)
Zementverbrauch (t)	413	56	(Philippinen)
Stahlverbrauch (t)	655	5	(Philippinen)
Hausmüll (t)	400	ca. 120	
hochgiftigen Sondermüll (t)	100	ca. 2	

Abbildung 6: Die Abbildung zeigt den erstaunlich unterschiedlichen Gebrauch von Ressourcen in Deutschland und in einer Reihe von Ländern des Südens.

auch dafür, den Umweg über die ökologischen Fehler der Industriestaaten von vornherein auszulassen und gleich in eine zukunftsfähigere Richtung zu starten.

Es tut sich eine Spannweite der Möglichkeiten auf, zumindest theoretisch, hoffentlich auch praktisch. Das MIPS-Konzept kann helfen, die ökologisch bessere Alternative auch dort zu finden, wo der Wunsch nach Wohlstand noch viel mit Grundbedürfnissen des Menschen zu tun hat und deshalb die Sorge um die Ökosphäre in den Hintergrund drängt. Aber besonders auf diesem internationalen Feld zeigt sich auch, daß das MIPS-Konzept, wie wir natürlich geahnt haben, kein Allheilmittel ist. In diesem Kapitel wollen wir einigen Facetten der internationalen Bedeutung und auch Begrenzungen des MIPS-Konzeptes nachgehen.

Bei der Gestaltung von Wohlbefinden und Sicherheit der Menschen greifen gegenwärtig verschiedene Länder höchst unterschiedlich auf natürliche Ressourcen zu; selbst innerhalb »armer« Länder können die Unterschiede erstaunlich sein. Immer und überall scheint es Reich und Arm zu geben. Einige der ausgeprägtesten Differenzen begegnen uns

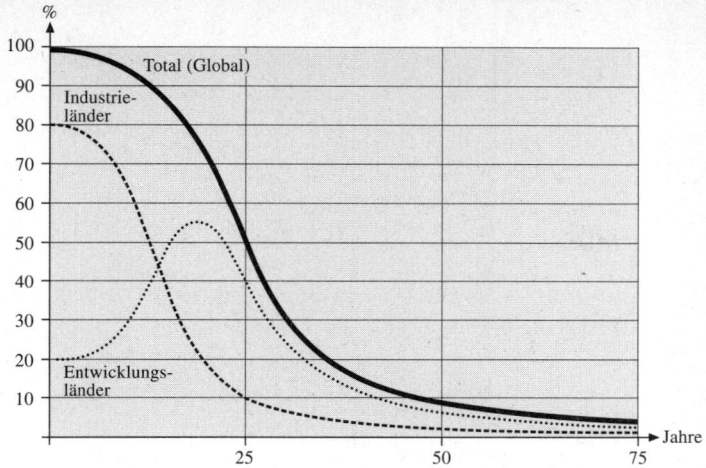

Abbildung 7: So könnte sich der Rohstoffverbrauch auf der Erde verändern: In 25 Jahren hat die Welt den Faktor 2 erreicht (obere, fette Kurve). Die Entwicklungsländer haben einen Nachholschub hinter sich, brauchen aber immer noch mehr als heute (gepunktete Kurve). Damit dies gelingt, müssen die Industrieländer um den Faktor 10 dematerialisieren (gestrichelte Kurve).

heute gerade in den ärmeren Ländern. Die Abbildung 6 demonstriert mit wenigen Strichen, wie weit die Entwicklungsländer hinter den wohlhabenden Industrienationen einherhinken.

Im Faktor 10 sind diese Unterschiede berücksichtigt. In ihm ist bewußt ein gewisser Freiraum für Schwellen- und Entwicklungsländer einkalkuliert, damit diese auf dem Wege zum wirtschaftlichen Wohlstand ihren Pro-Kopf-Konsum an natürlichen Ressourcen noch wachsen lassen können.

Die Zahl 10 kommt durch eine einfache Überschlagsrechnung zustande, die in Abbildung 7 grafisch illustriert ist: Der gegenwärtige Ressourcenverbrauch der gesamten Menschheit zusammengenommen ist nicht zukunftsfähig. Zahlreiche Studien deuten darauf hin, daß eine Halbierung dieses Ressourcenverbrauchs der Ökosphäre eine dringend benötigte Entlastung bringen würde. Das ist die Forderung nach dem Faktor 2. Will man aber den dann noch möglichen Ressourcenverbrauch gleichmäßig auf alle Menschen aufteilen, was ein Gebot der internationalen Gerechtigkeit ist, dann müssen die Industrieländer ihren Verbrauch weit stärker als nur um einen Faktor 2 reduzieren, während arme Länder noch zulegen dürfen. Wie stark müssen die Industrieländer reduzieren? Die Abbildung deutet an, wie die Menschheit im Verlauf der nächsten Jahrzehnte allmählich zu einem zukunftsfähigen Ressourcenverbrauch übergehen könnte: Die Industrieländer reduzieren ihren Verbrauch ab sofort und drastisch im Laufe der nächsten Jahrzehnte, die armen Ländern erhöhen ihren Verbrauch vorübergehend noch. Allmählich schwenken alle auf einen annähernd gleichen Verbrauch ein – und der liegt für die Industrieländer bei rund einem Zehntel ihres heutigen Verbrauchs. Ein Zehntel muß den Reichen reichen. Das ist die Forderung nach dem Faktor 10.

Für China sähe eine grobe Kalkulation etwa so aus: Das Land hat ungefähr so viele Einwohner wie die alten Industrieländer zusammengenommen, etwa zwanzig Prozent aller Menschen. Der Ressourcenverbrauch pro Kopf liegt schätzungsweise bei rund zwanzig Prozent des Verbrauchs in den reichen Ländern. Wenn nun die Reichen ihren Ressourcenverbrauch im Mittel um den Faktor 10 senken, dann könnte China seinen Verbrauch verdoppeln, und das Ziel der Halbierung des Ressourcenverbrauchs weltweit wäre dennoch erreicht – vorausgesetzt, daß andere arme Länder nicht noch ärmer sind als China und deshalb mehr Raum für Wachstum beanspruchen. Denkbar ist auch, daß Entwicklungsländer zunächst den Rahmen sprengen, den der Faktor 10 ihnen für ihren Ressourcenverbrauch setzt, aber im Laufe der dann folgenden Jahre durch Verbesserung der Ressourcenproduktivität auf den ihnen »zustehenden« Anteil zurückfallen, wie das auch in Abbildung 7 angedeutet ist. Da bis heute nur für einige der alten Industrieländer verläßliche Informationen über den jährlichen Ressourcenverbrauch und seine Strukturen vorliegen, ist es nicht möglich, bereits jetzt belastbare Abschätzungen für weitere Länder vorzunehmen.

In jedem Falle wäre es unrealistisch zu glauben, man könne Entwicklungsländer mittels theoretischer Diskussionen davon abhalten, den Weg weiterzugehen, der ihnen den materiellen Wohlstand der »reichen« Länder verspricht. Nur wenn es uns gelingt, in praktischer Weise zu demonstrieren, wie vergleichbarer »Wohlstand« auch mit wesentlich weniger Natur zu schaffen ist, hätten die Menschen in den Entwicklungsländern ein anderes Modell, welches ernst zu nehmen sich lohnte. Sie würden es vermutlich insbesondere dann ernst nehmen, wenn sie den Eindruck bekämen, dies sei der neue, der »moderne« Weg, im Kreis der Wirtschaftsmächte dieser Erde ein wichtiges Wort mitzureden. Vielleicht stellt sich aber schon in naher Zukunft heraus, daß die natürlichen Ressourcen zum großen Sprung in eine Verbrauchsgesellschaft nach westlichem Muster einfach nicht verfügbar sind.

Nachteile von der Dematerialisierung hätten die rohstoffexportierenden Länder. Da der Faktor 10 aber auf einer Einschränkung der Ressourcenströme in die Wirtschaft um global den Faktor 2 basiert, müßten die rohstoffexportierenden Länder insgesamt einen Verlust von 50 Prozent der Exporte hinnehmen, nicht etwa 90 Prozent, was dem Faktor 10 entspräche! Dieser Rückgang der Exporte auf die Hälfte würde sich im Verlauf von Jahrzehnten aufbauen, so daß Zeit sein sollte, sich darauf mit entsprechenden Strukturveränderungen im Inneren und einer Verlagerung der Wirtschaftstätigkeit einzustellen.

Das Unterfangen, den Entwicklungsländern einen neuen, zukunftsfähigen Wohlstand vorzuleben, würde aber auf der Seite der Industrieländer eine fast völlige Abkehr von der heute üblichen Wirtschaftshilfe der OECD-Länder bedeuten. Die gegenwärtige Wirtschaftshilfe besteht darin, Techniken und Produkte der Generation mit hohem Ressourcenverbrauch zu exportieren und die Herstellung solcher Produkte und entsprechender Infrastrukturen voranzutreiben. Das aber ist der falsche Weg. Wie tiefgreifend die nötige Veränderung wäre, wird offenbar, wenn man sich ansieht, wie unsere Massenmedien heute üblicherweise Staatsbesuche bewerten. Je mehr Lokomotiven, Autofabriken, Werkzeugmaschinen und Kraftwerke bei solchen Gelegenheiten verkauft werden, desto jubelnder erklingen die Lobeshymnen auf die Staatenlenker und die mitgereisten Wirtschaftsführer – eine aus ökologischer Sicht geradezu groteske Fehleinschätzung.

Lassen sich so tiefsitzende Verhaltensmuster noch rechtzeitig ändern? Ich weiß es nicht. Weiß das überhaupt jemand? Aber ich glaube daran. Und ich erlebe es, wie mehr und mehr Menschen das MIPS-Konzept ernst nehmen.

In Kapitel 12 dieses Buches findet der Leser die an die Chefetagen in Regierung und in der Wirtschaft gerichtete Erklärung des Faktor-10-Clubs von 1997. Sie faßt in eindringlicher Weise zusammen, warum ein Paradigmawechsel ansteht und warum dieser Wechsel auch wirtschaftliche Vorteile bringen wird.

Es wäre jedoch sehr naiv zu glauben, eine schnelle Veränderung sei in Sicht, nur weil ein neuer Weg in die Zukunft logisch erscheint. Abgesehen davon, daß wohl noch viele Bücher geschrieben werden müssen wie dieses, bevor ausreichend viele Entscheidungsträger vom MIPS-Konzept oder einem anderen praxisnahen Modell für Nachhaltigkeit gehört haben und von seiner Umsetzbarkeit überzeugt sind, kann kein einzelnes Land den Rest der Welt zu einer neuen Art Wirtschaftspolitik bekehren. Internationale Absprachen – zum Beispiel innerhalb der EU – werden nötig sein. Im Januar 1997 hat die schwedische Umweltministerin ihren EU-Kollegen eindringlich nahegelegt, die Umsetzung des Faktor-10-Konzept ernsthaft in Angriff zu nehmen und gemeinsam auf Weltkonferenzen zu vertreten.

Nichts spricht jedoch aus meiner Sicht dagegen, sehr bald einige Milliarden Mark öffentliche Gelder Deutschlands und anderer OECD-Staaten im Jahr dafür einzusetzen, in Ländern wie China, Indien, Indonesien, Mexiko, Brasilien und Chile und – sehr wichtig! – in Zusammenarbeit mit diesen Ländern neuartige Infrastrukturen mit möglichst geringer Materialintensität (»low MIPS«) aufzubauen. Nichts spricht auch aus technischer Sicht gegen ihre Machbarkeit. Infrastrukturen erfordern besonders hohe Ressourceninvestitionen für besonders lange Zeitperioden. Deshalb sollten sie jetzt richtig geplant werden, während diese Länder in einer Aufbruchsphase stecken. Würden deutsche Initiatoren den Aufbau gemeinsam mit Partnern aus dem Land übernehmen, käme jeder Zugewinn an technischem Know-how auf diesem zukunftsträchtigen Sektor auch deutschen Firmen zugute. Allerdings würde dies verlangen, daß sich deutsche Firmen finanziell an solchen Entwicklungen beteiligen.

Vielen Entwicklungsländern kommen ökointelligente Techniken grundsätzlich insofern entgegen, als sie weniger Rohstoffe und Energie, aber mehr menschliche Arbeitskraft besitzen. Umgekehrt gibt es gerade in den nicht industrialisierten Ländern traditionsreiche Beispiele für den effizienten Umgang mit Rohstoffen und Energie, die als Anregungen für Industrienationen dienen könnten.

Im Sinne des MIPS-Konzeptes sind eigentlich die Industrieländer die besonders entwicklungsbedürftigen, da sie mit ihrer naturverbrauchenden technischen Entwicklung nicht nur erheblich über die ökologischen Leistungsgrenzen hinausgegangen sind, sondern unabsichtlich auch dafür gesorgt haben, daß es nur unter größten Anstrengungen gelingen wird, den Rest der Welt von diesem ökosuizidalen Weg abzuhalten.

Auf den Punkt gebracht

Jedes materielle Produkt kann nur hergestellt werden, wenn dazu in die Ökosphäre eingegriffen wird, wenn Stoffströme in Bewegung gesetzt werden. Mindestens muß dazu die Stoffmenge bewegt werden, die in dem Produkt steckt; doch das genügt in aller Regel nicht. Jedes materielle Produkt schleppt einen »Ökologischen Rucksack« mit sich herum, der aus den Rohmaterialien besteht, die zusätzlich bewegt werden mußten, um das Produkt herzustellen. Das gleiche gilt für fast alle Dienstleistungen: Selbst wenn nichtmaterielle Dienste erbracht werden, sind dazu Transporte, Hilfsmittel oder andere materielle Dinge nötig, die mit Stoffströmen verbunden sind. Auch Dienstleistungen tragen daher Ökologische Rucksäcke.

Wir unterscheiden zwischen dem Materialinput (MI) in Werkstoffe, Produkte und Dienstleistungen einerseits und ihrem Ökologischen Rucksack andererseits. Der Materialinput umfaßt alle Rohmaterialien, die für den Werkstoff, das Produkt oder die Dienstleistung bewegt werden mußten, also auch die Materialien, die in Werkstoffen und Produkten stecken. Der Ökologische Rucksack ist der Materialinput, vermindert um das Eigengewicht; er enthält also nur den zusätzlichen Materialaufwand, der letztlich nicht im Werkstoff oder im Produkt verarbeitet wird.

Mit den Ressourcen dieser Erde schonender umzugehen bedeutet, die Stoffströme aus der Ökosphäre in die Welt der Nutzung durch den

Menschen, die Technosphäre, zu verringern. Die Ökologischen Ruck-säcke der materiellen und nichtmateriellen Güter, die wir nutzen, sind zum Teil enorm groß. Hier anzusetzen, erlaubt eine drastische Demate-rialisierung unseres Wohlstands, ohne auf den eigentlichen Nutzen, den wir suchen, verzichten zu müssen.

Die Ökologischen Rucksäcke müssen kleiner werden, und zwar müs-sen die Industrieländer ihre Wirtschaftssysteme um einen Faktor 10 in-nerhalb von dreißig bis fünfzig Jahren dematerialisieren. Wenn die »reichen« Industrieländer von heute dieses Ziel verwirklichen, erlaubt dies den »armen« Ländern von heute, ihren Rohstoffverbrauch sogar noch zu erhöhen, bis sie mit den Industrieländern im Pro-Kopf-Kon-sum gleichgezogen haben, und dennoch die Stoffströme der Weltwirt-schaft insgesamt zu halbieren. Dieser »Faktor 2« weltweit ist das Min-destziel, das erreicht werden muß, um die Weltwirtschaft zukunftsfähig zu machen.

6 Ökointelligente Produktgestaltung, »Prosumenten« und Produzenten

Wenn es stimmt, daß Kunden Produkte im wesentlichen wegen der Dienstleistung kaufen, die die Produkte ihnen leisten, dann muß eine konsequente Umsetzung dieser Erkenntnis unter ökologischen Gesichtspunkten Folgen für die Produkte haben. Aus Käufersicht gehört zu diesen Folgen eine umfassendere Information über die ökologischen Qualitäten des Produkts; aus Herstellersicht werden neuartige Produkte entstehen, werden »Systeme« aus Produkten mit den dazugehörigen Dienstleistungen entstehen, werden Produkte anders geplant und anders entworfen, anders konstruiert und vermarktet werden. In diesem Kapitel beschreibe ich einige der wesentlichen Folgen auf beiden Seiten der Ladentheke. Wichtig ist mir dabei unter anderem, deutlich zu machen, wo schon heute und während des gesamten Prozesses der Dematerialisierung Konsumenten und Produzenten sich aktiv an der Entwicklung beteiligen und Einfluß auf sie nehmen können.

Von der Wiege bis zur Wiege – Der Einfluß der Marktakteure

Eine wichtige Voraussetzung für die ökologische Gestaltung von Gütern ist die Berücksichtigung aller Stufen der Produktionskette: Rohstoffgewinnung, Transport, Herstellung, Verpackung, Verteilung, Gebrauchsphase, Reparatur, Demontage, Wiederverwendung und Entsorgung. Von der Wiege also bis zurück zur Wiege reicht die Spanne der möglichen Verbesserungen. Selbstverständlich kann der einzelne auf diesen Prozeß immer nur begrenzt einwirken. Zwei Teilnehmer allerdings sind in diesem Gewinnspiel besonders wichtige Figuren: derjenige, der die Endmontage macht, und der Endnutzer.
Ein Fahrzeughersteller kann den Preis der angelieferten Teile stark be-

einflussen. Das bedeutet, daß er die Preisgestaltung hinauf bis zur »Wiege« der Rohstoffe beeinflussen kann. In Zukunft wird es auch aus ökologischen Gründen darauf ankommen, diese Möglichkeit zu nutzen, um die Rucksäcke aller angelieferten Rohstoffe und Vorprodukte so klein wie möglich zu halten. Hier zählen alle Ressourceninputs für alle materiellen »Rinnsale«, die in die Entstehung der Vorprodukte eingeflossen sind.

Darüber hinaus aber kann der Hersteller auch den Ressourcenaufwand bis zum endgültigen Ausscheiden seiner Produkte und sogar der einzelnen Teile aus dem Markt beeinflussen. Er ist also Systemspieler – bewußt oder unbewußt.

Der Endnutzer hat auf dem Markt eine traditionell starke Stellung – wenn er sie zu nutzen versteht. Um sich ökologisch sinnvoll verhalten zu können, muß er allerdings sehr viel bessere und genauere Informationen über die Entstehung und die Herkunft der Produkte bekommen als bisher. Der Mangel an solchen Informationen ist derzeit aber auch für alle anderen Beteiligten ein Problem. Der Endnutzer kann jedoch auch durch organisatorische Entscheidungen die Ressourcenproduktivität erhöhen, ohne die Welt der Technik zu verändern. Er kann zum Beispiel das Auto mit einem oder zwei anderen Nutzern teilen oder es vorwiegend als Transportmittel für eine Gruppe von Menschen einsetzen, die den gleichen Bedarf haben. Er kann sogar darauf verzichten, sein Auto zum Zigarettenholen zu benutzen, was wir weiter oben als Nulloption bezeichnet haben. Die »Ressourcenproduktivität des Zigarettenholens per Auto« stiege damit ins Unermeßliche.

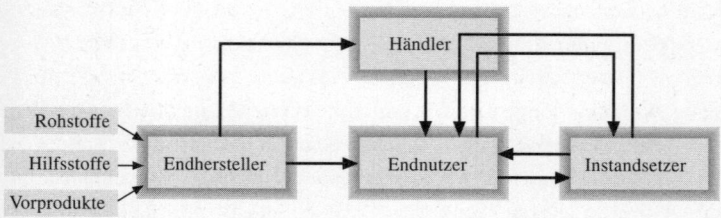

Abbildung 8: Einige wichtige Beziehungen zwischen Marktakteuren. Sie sind alle »Systemspieler«.

Abbildung 8 zeigt einige Warenflußbeziehungen zwischen Akteuren auf dem Markt. Sowohl Hersteller wie auch Werkstätten können Reparaturen defekter Sachgüter ausführen. Zur Zeit wenden sich Endnutzer noch vorwiegend an den Händler, wenn Reparaturen notwendig werden. Nicht selten wird ihnen dort geraten, doch lieber gleich etwas Neues zu kaufen. Die Reparatur sei viel zu teuer und dauere vier oder sechs Wochen.

Sony Europa hat in den letzten Jahren ein System aufgebaut, das es auch für Besitzer kleiner Geräte attraktiv macht, zu günstigen Preisen Ersatz oder Reparaturleistungen zu bekommen. Ökologisch wichtig ist dabei, daß mehr und mehr Geräte entstehen, die aus noch funktionierenden Teilen alter Geräte zusammengebaut werden.

In Zukunft, wenn der Faktor 10 zum Leitbild der Wirtschaft wird, werden Hersteller – aber auch Werkstätten und Firmen, die sich auf die Wartung von Geräten spezialisiert haben – den Endnutzern vermehrt Geräte verleihen wollen. Sie alle werden sich gegenseitig Angebote für gebrauchte Sachgüter – oder Teile davon – machen. So kann zum Beispiel ein Entwicklungslabor, das Filme aus »Wegwerfkameras« bearbeitet, die Kamera zum Einbau eines neuen Films gegen Gebühr an den Hersteller zurückgeben. Das geschieht in der Tat heute bereits, was die »Wegwerfkamera« aus ökologischen Gründen zur ersten Wahl für Gelegenheitsfotografen macht.

Alles in allem werden die Rollen der verschiedenen Marktakteure in der Zukunft weniger klar voneinander zu trennen sein, als dies heute der Fall ist.

Eine wichtige Voraussetzung für die erfolgreiche ökologische Gestaltung von Sachgütern ist deshalb die Beteiligung von Menschen mit ganz verschiedenen Erfahrungshorizonten und Ideen, die schon zu Beginn des Designprozesses für neue technische Lösungen unterschiedliche Aufgaben übernehmen. Das Design und die Herstellung ökointelligenter Produkte ist kein Privileg von Konstrukteuren und Designern. Produktkonzepte sollten von allen innerbetrieblich Betroffenen gemeinsam erarbeitet werden. Mitsprache sollten auch die Mitarbeiter haben, die den Einkauf, das Marketing, die Lagerung, Verpackung und den Transport, die Finanzierung und Versicherung verantworten.

Ein ökointelligentes Gut kann – wie eingangs ausgeführt – nur entstehen, wenn die gewünschte Dienstleistung oder das benötigte Dienstleistungsbündel vorher klar beschrieben wurde. Dazu muß der Hersteller Informationen vom Endnutzer/Prosumenten, aber zuweilen auch vom Vermieter oder Händler einholen.

Beispiel Telefax: Man kann sich verschätzen

Ein Beispiel dafür, daß man sich ziemlich leicht irren kann bei der »freihändigen« Abschätzung ökologischer Vorteile, ist das Faxgerät. Schaut man lediglich auf die Dienstleistung »bedrucktes Papier lesen können«, so scheint der Ersatz des weltweiten Verschickens von Tausenden von Tonnen Papier per Post durch die Bewegung von Elektronen um den Erdball ein außerordentlicher Erfolg der Dematerialisierung zu sein.

Leider sind die Dinge nicht so einfach. Eine grobe und eher zu vorsichtige Abschätzung führt zu dem Ergebnis, daß der Ökologische Rucksack einer Telefaxmaschine etwa 300 Kilogramm schwer ist. Lohnt sie sich trotzdem? Wenn die Post per Schiff transportiert wird, muß man ihr den anteiligen Ökologischen Rucksack des Schiffstransports aufladen. Jede Tonne Material, die per Schiff transportiert wurde, trägt einen Rucksack von sechs Gramm – und zwar pro Kilometer Transportentfernung. Bei 10 000 Kilometer Seetransport werden für eine Tonne Fracht demnach 60 Kilogramm abiotische Rohmaterialien verbraucht. Verglichen mit den 300 Kilogramm des Faxgeräts bedeutet das: Wenn ein Telefaxgerät fünf Tonnen Überseetransport über durchschnittlich 10 000 Kilometer einspart, ist es aus ökologischer Sicht dem Seetransport gerade erst einmal gleichwertig. Eine vergleichbare Abschätzung für Lkw-Transporte über 250 Kilometer mittlere Entfernung liefert das Ergebnis, daß das Faxgerät sieben Tonnen Posttransport ersetzen muß. Es ist wohl ziemlich unwahrscheinlich, daß jemand, der ein Faxgerät nur privat benutzt, solche Massen Telefaxe während seines ganzen Lebens verschickt. Und selbst wenn er es tun würde, käme er in seinem Leben sicher nicht mit einem einzigen Faxgerät aus.

Nicht berücksichtigt ist in dieser Kalkulation, daß ein Telefax zwar den Posttransport und den Papierverbrauch für Briefumschläge einspart, dafür aber die eigentliche Nachricht nun zweimal auf Papier vorliegt, beim Sender und beim Empfänger. Beim Empfänger handelt es sich bis heute sogar meist immer noch um ein nicht recycelbares Spezialpapier.

Nicht berücksichtigt sind auch Zeit- und Kostenfaktoren. Das Telefax ist sofort beim Empfänger, der Brief braucht per Schiff unter Umständen Wochen. Ein kurzes Telefax, innerörtlich verschickt, kostet eine Telefoneinheit, also zwölf Pfennig. Der Brief ist mittlerweile rund neunmal so teuer.

Die wahrscheinlich klügste Lösung des Problems ist die komplette Integration des Faxgeräts in den PC, denn der dafür nötige zusätzliche Materialverbrauch ist gering, und im besten Falle können beide Seiten auf eine Papierkopie der übermittelten Nachricht vollständig verzichten. Allerdings hat das in den PC integrierte Faxgerät erst dann einen Sinn, wenn es nicht zur Folge hat, daß ein kompletter PC heutiger Bauweise mit integrierter aktiver Stereoanlage 24 Stunden am Tag laufen muß, damit eingehende Faxe empfangen werden können. Die Hersteller von PC-Hardware und -Software, so liest man, arbeiten daran ...

Das Produkt aus Kundensicht:
Einfache Antworten auf komplizierte Fragen

Familie Grünbaum hat endlich genug Geld gespart, um sich ein Eigenheim zu bauen. Den Innenausbau übernimmt sie selbst, zusammen mit Freunden und Verwandten. Die Familie möchte möglichst ökologisch unbedenkliche Materialien verwenden. Nun steht Herr Grünbaum im Baumarkt vor hohen Regalen und hat die Qual der Wahl. Natürlich hat er sich vorher über umweltfreundliche Materialien informiert, so gut es ging. Doch diese Informationen sind, wie sich jetzt zeigt, nicht ausreichend. Zu stark differieren Preise, Materialzusammensetzung und Einsatzmöglichkeiten.

Herr Putzbrunn glaubt selbstbewußt zu wissen, was ökologisch richtig ist. Er besorgt im Supermarkt unter anderem eine Kiste mit Orangensaft und wählt den Saft im Pappkarton, um Einwegflaschen zu vermeiden. Seiner Meinung nach trifft er eine ökologisch verantwortungsbewußte Wahl. Doch er weiß nicht, daß Orangensaft in Deutschland zu den besonders ressourcenintensiven Lebensmitteln gehört. Ein Liter Orangensaft »kostet« 25 Kilogramm »Umwelt«.[1] Säfte aus der Region, in der er lebt, würden seiner Familie vielleicht genauso gut schmecken. Doch vor diese Alternative sähe Herr Putzbrunn sich erst gestellt, wenn er über den Ressourcenverbrauch von Orangenplantage bis Supermarktregal Bescheid wüßte.

Frau Gehbauer schafft sich ein neues Auto an. Wie findet sie heraus, welcher Kleinwagen aus ökologischer Sicht der beste ist? Jeder Händler preist sein Modell als das ökologisch vorteilhafteste an. Doch außer der Information, daß ein Abgaskatalysator eingebaut ist und wieviel Treibstoff der Wagen nach DIN verbraucht, kann sie kaum etwas erfahren. Vielleicht hilft ihr zufällig der Vergleichstest eines den Umweltverbänden nahestehenden Automobilclubs. Ansonsten aber kann sie die Entscheidung eigentlich nicht verantwortungsvoll treffen.

Tagtäglich müssen Konsumenten beim Einkauf von Gütern Entscheidungen treffen. Sie erhalten, wenn sie die scheinbar einfache, in Wirklichkeit aber sehr komplizierte Frage nach dem ökologisch verträglichsten Produkt stellen, keine einfache Antwort. Neben ästhetischen oder bei Lebensmitteln geschmacklichen Kriterien eignen sich Preise natürlich besonders gut als Entscheidungshilfe. Sie lassen sich vergleichen und sind zum eigenen Einkommen einfach in Beziehung zu setzen. Doch die Preise »sagen nicht die ökologische Wahrheit« (E. U. von Weizsäcker). Hinter ihnen verbergen sich Umweltkosten für die Herstellung der Güter, die dem Konsumenten unbekannt sind und nicht angemessen in die Höhe der Preise einfließen. Das Bier aus Norddeutschland kostet in Süddeutschland fast das gleiche wie einheimische Biere, und französisches Tafelwasser kann man in Tokio aus dem Automaten ziehen. Der Transport über Hunderte oder sogar Tausende von Kilometern schlägt sich im Verkaufspreis nicht oder kaum nieder.

Wir haben uns in den letzten dreißig Jahren, in denen sich ein ökologisches Bewußtsein auf breiter Basis entwickelt hat, daran gewöhnt, daß es auf solche komplizierten Fragen wie die nach den »wahren« Kosten eines Produkts oder nach seiner Umweltfreundlichkeit keine einfachen Antworten gibt. Wie aber soll ein Designer wissen, was er zu unterlassen, was er zu optimieren hat? Und wie soll der Kunde seine Kaufentscheidung treffen, wenn er zu wenig Informationen hat? Wer weiß überhaupt etwas darüber?

Wenn Kunden ökologisch »richtige« Entscheidungen treffen können sollen, brauchen sie einfach handhabbare Auskünfte über die unter Umständen hochkomplexen ökologischen Beziehungsgeflechte, in denen ein Produkt entsteht. Eine Kennzeichnung von Produkten nach ihrer ökologischen Qualität ist eine der wichtigsten Voraussetzungen für ökologisch »richtige« Kundenentscheidungen im Alltag.

Diese Auskünfte müssen einfach sein, damit sie nachvollziehbar und in der Praxis anwendbar sind. Dennoch aber dürfen sie nicht in die Irre führen. Daher müssen sie bestimmte Bedingungen erfüllen. Im Kapitel »MAIA, Rucksäcke und Erosion« beschreibe ich ausführlich, wie ich mir so eine Auskunft vorstelle und wie sie zustande kommen kann. Wie auch immer solch ein Maß am Ende aussehen wird, wenn es seinen Zweck erfüllen soll, müssen bestimmte Bedingungen gegeben sein. Der folgende Anforderungskatalog für einfache Antworten auf komplexe Fragen ist daher unabhängig vom MIPS-Konzept, auch wenn das MIPS-Konzept auf der Basis dieses Katalogs entstanden ist. Der Katalog aber ist allgemeingültig.

Anforderungen an ein einfaches System der Informationen über die ökologische Qualität von Produkten und Dienstleistungen

1. Ein Informationssystem muß aus technischer Sicht
- sich auf wesentliche Aspekte (Indikatoren) stützen,
- auf meßbaren oder errechenbaren Daten beruhen,
- verläßlich (transparent, reproduzierbar) sein und
- kosteneffizient und zur richtigen Zeit verfügbar gemacht werden können.

2. Ein Informationssystem muß im Hinblick auf seine Akzeptanz
- generischer Natur, das heißt auf alle Fälle anwendbar sein (in unserem Falle auf alle Produkte und Dienstleistungen); außerdem
- richtungssicher,
- glaubwürdig und
- international abstimmbar sein.

Die meisten Akteure in der Wirtschaft brauchen nicht nur einfache Antworten, sie wollen und müssen auch verstehen, wie sie zustande kamen. Konsumenten allerdings werden diese Hintergründe im allgemeinen nicht interessieren.

Doch sollte man die Rolle des Konsumenten nicht unterschätzen. Alvin Toffler hat darauf hingewiesen[2], daß der Hersteller eines Produkts keineswegs nur nach dem Zeitpunkt des Verkaufs auf den Kunden bzw. Nutzer angewiesen ist, sondern längst vorher. Wenn das Produkt Fehler aufweist, nicht richtig funktioniert oder die Versprechungen des Herstellers nicht erfüllt, wird sich der Kunde beim Händler beschweren.

Will der Hersteller den Kunden wirklich zufriedenstellen, wird er im eigenen Interesse also die aktive Zusammenarbeit mit dem Nutzer suchen. Der Nutzer beeinflußt auf diese Weise die Gestaltung nutzbringender Erzeugnisse und hilft sicherzustellen, daß sie nutzergerecht funktionieren. Toffler hat ihn deshalb den »Prosumenten« genannt, den »*Pro*(duzenten-Kon)*sumenten*«.

Die aktive Zusammenarbeit mit dem Prosumenten verschafft – klug genutzt – dem einheimischen Hersteller einen erheblichen Marktvorteil gegenüber dem Importeur, der die Kundenwünsche mangels Kommunikation mit dem Prosumenten nicht so gut kennt.

Auch durch die Selbstbedienung in allen ihren möglichen Formen ist der Prosument an der Produktion von wirtschaftlichem Gebrauchswert beteiligt.[3] Ob er sich nun Waren in einem Supermarkt selbst zusammensucht und mit dem eigenen Wagen nach Hause fährt, oder ob er Möbel kauft, die er selbst zusammenbauen muß, stets setzt er seine eigene Arbeitskraft ein, um einen Teil der Dienstleistung zu erbringen, die nötig ist, damit er das Produkt nutzen kann. Hier produziert der Konsument und erwartet zu Recht eine Gegenleistung in Form niedriger Preise.

Und auch durch Nichtkonsumieren kann der Konsument seine Macht am Markt ausspielen. »So knausern Sie sich reich«, lautet der Untertitel eines Buches von Hannecke van Veen und Rob van Eeden.[4] Die Autoren fordern ihre Leser dazu auf, ihr persönliches Effizienz- und Konsumproduktivitätspotential zu aktivieren. Sie geben Ratschläge, die zum Teil an gestern erinnern, als die Werbung noch nicht willige Wegwerfkonsumenten aus uns gemacht hatte. Doch diese Ratschläge sind nicht von gestern – im Gegenteil. Es lohnt sich, über sie nachzudenken, denn sie helfen sparen und die Natur zu schonen. Denken wir nur einmal daran, daß etwa jeder dritte Autobesitzer in Deutschland eigentlich gar keiner ist, weil in Wirklichkeit das Auto seiner Bank gehört und er auch noch Zinsen für den Kredit zahlen muß. Wenn er, wie es sehr üblich ist, das Fahrzeug nur rund eine Stunde am Tag nutzt, also nur zu fünf Prozent seiner gesamten Zeit, und in dieser Zeit damit im Schneckentempo durch die Stadt fährt, dann ist der Besitz des Autos für ihn ein geradezu fürstlicher, aber wenig nutzbringender Luxus.

Beispiel:
Wohnungstausch – Konsumproduktivität erhöht und Geld gespart

Ein Unternehmensberater aus Köln mußte im Zuge der allgemeinen wirtschaftlichen Flaute einen leichten Rückgang seines Einkommens hinnehmen. Da fragte er sich, warum er die guten Ratschläge zur Rationalisierung, die er Unternehmern gibt, nicht auf sich selbst anwendete. Er überlegte nicht lange und verkaufte sein schickes kleines Ferienhaus im Engadin an eine junge Familie. Seinen Urlaub verbringt er nun in Paris, St.Moritz, Prag und Salzburg – in den Wohnungen von Freunden, denen er im Tausch seine Wohnung in Köln überläßt. Im nächsten Jahr möchte er nach Warschau. Das Tauschgeschäft hat viele Vorteile: Freier Wohnraum wird besser genutzt (die Ressourcenproduktivität des Wohnens wird um einen Faktor 5 oder mehr verbessert), der Bau eines neuen Hauses im Engadin wurde vermieden, die Kosten für Hotels, Zweitwohnungen und die Sicherheitskosten für leerstehende Wohnungen werden eingespart. Und außerdem nimmt die Flexibilität der wohnungstauschenden Freunde zu.

Für den Unternehmensberater aus Köln kam positiv hinzu: Mit dem Erlös aus seinem Haus im Engadin hat er seine Rentenansprüche wesentlich aufgestockt und sein Einkommen in Köln stabilisiert.

Beispiel:
Qualitätsschuhe aus Handwerksbetrieben – erschwinglich für jeden

Nach Kenntnis von Christine Ax von der Handwerkskammer in Hamburg werden in Deutschland etwa 400 Millionen Paar Schuhe im Jahr verkauft, also durchschnittlich fünf Paar an jeden Bundesbürger. Etwa 100 Millionen Paare davon aber passen nicht oder werden aus anderen Gründen nur einmal oder gar nicht getragen. Das sind 25 Prozent aller hier verkauften Schuhe! Ohne Verlust an Nutzen könnte die Konsumproduktivität für Schuhe in Deutschland um 25 Prozent gesteigert und die Ausgaben für Schuhe spürbar gesenkt werden.

Was Christine Ax aber wirklich ärgert, ist der Umstand, daß das Schuhhandwerk in Deutschland seit langem leidet. Während fast alle bei uns verkauften Schuhe fabrikmäßig – und zumeist im Ausland – hergestellt werden, sind die Schuhhandwerksbetriebe in Deutschland nachweislich in der Lage, die Ressourcenproduktivität in der Herstellung von Schuhen um einen Faktor 4 zu steigern und dabei auch noch viele neue Arbeitsplätze zu schaffen. Die Gesamtausgaben für diese handgefertigten Schuhe wären zwar pro Schuhpaar höher, aber auf das Jahr umgerechnet mit den heutigen vergleichbar, wenngleich sie natürlich länger getragen werden müßten und deshalb nicht so leicht modischen Trends angepaßt werden könnten. Im übrigen aber wären handgearbeitete Schuhe aus gesundheitlichen Gründen in vielen Fällen den Fabrikschuhen vorzuziehen.

Beispiel: Frische Kost für Hund und Katze – gesund und preiswert

Gehören Sie auch zu den Tierfreunden, die ihre Hunde und Katzen mit teuren Lebensmitteln aus Konservendosen füttern? Das kostet Sie, wenn Sie ausschließlich Konservenfutter verfüttern, im Monat für einen Hund, je nach Größe, zwischen 20 und weit mehr als 200 Mark, für die Katze zwischen 22 und 140 Mark. Fragen Sie Ihren Metzger nach Schlachtabfällen und den Händler um die Ecke nach Gemüseabfällen. Die sind billig oder kostenlos zu haben. Sie schonen damit nicht nur ihren Geldbeutel, sondern auch die Umwelt, und zwar um den Faktor »unendlich«, denn das Dosenfutter muß damit gar nicht mehr hergestellt werden.

Beispiel: Ökointelligente Zweckentfremdung

Wenn Sie die Schalen von Jakobsmuscheln nach dem Genuß des Inhalts als Seifenschalen oder Backförmchen verwenden, erhöhen Sie die Ressourcenproduktivität der Herstellung von Seifenschalen oder Backförmchen spielend um den Faktor »unendlich«.

Das gleiche gilt, wenn Sie ein Senfglas anschließend als Trinkglas nutzen oder ein ausgeblasenes Ei für die Osterdekoration. Kaskadennutzung nennt man das. Sie kann auch auf Möbel, Bücher, Zeitungen, Kinderkleidung und viele andere Dinge angewandt werden.

Das Produkt aus Herstellersicht: Neue Planungsstrategien

Ich habe bereits darauf hingewiesen: Die Gestaltung ökointelligenter Güter erfordert, daß man nicht in bestehenden Produktkonzeptionen denkt, sondern sich von dem Gedanken an ein existierendes Produkt löst und zunächst die Dienstleistung definiert, die geleistet werden soll – oder besser: das Dienstleistungsbündel, das gebraucht wird. Wer über die Herstellung einer neuen Kaffeemaschine nachzudenken beginnt, hat sich schon wesentliche Innovationsmöglichkeiten verbaut. Die Aufgabe ist, einen möglichst ressourcensparenden Weg zu finden, wohlschmeckenden Kaffee zuzubereiten. Dies ist die Dienstleistung. Beginnt man an diesem Startpunkt, dann können neue und überraschende Ideen entstehen, die den Naturverbrauch im Vergleich zu herkömmlichen Lösungen verringern. Ein Beispiel hierfür ist die FRIA-Kühlkammer, eine Idee, die ich Ursula Tischner in Wuppertal als Diplomarbeit empfahl.

Zwischenruf: Das sicherste Auto der Welt

Kennen Sie schon die Antwort auf die Frage: Welches ist das sicherste Automobil?

Antwort: der Autoskooter auf dem Jahrmarkt. Es ist nämlich das einzige Auto der Welt, mit dem Sie, ohne Angst um Ihr Leben oder Ihre Gesundheit haben zu müssen und ohne die Fahrtüchtigkeit des Fahrzeuges aufs Spiel zu setzen, mit 15 Kilometern pro Stunde frontal gegen ein Ihnen mit gleicher Geschwindigkeit entgegenkommendes gleiches Auto aufprallen können. Das ist so, als wenn Sie Ihr Auto mit 30 Stundenkilometern gegen eine Wand fahren würden.

Stellen Sie sich zweisitzige Stadtautos vor, die nach diesem Konstruktionsprinzip gebaut sind: rundumlaufender Stoßschutz, der die Aufprallenergie absorbiert und natürlich bei allen Fahrzeugen auf der gleichen Höhe montiert ist; alle Autos hätten die gleichen Abmessungen und wären möglichst einfach und reparaturfreundlich konstruiert. Mit ihnen ließe sich automobiler Stadtverkehr um einen Faktor 20 bis 30 dematerialisieren, vorausgesetzt, man baut Citycars, die drei- bis viermal so lange leben wie die heutigen Mittelklassewagen.

Funktionen von Gütern können auf verschiedenen, hierarchisch miteinander verknüpften Ebenen angesiedelt sein. Beispielsweise kann das Bedürfnis, sich in der Stadt fortzubewegen, ganz unterschiedlich befriedigt werden: Am Beispiel der Funktion »Sicherstellen von urbaner Mobilität« läßt sich eine solche Funktionshierarchie exemplarisch folgendermaßen darstellen:

Auf jeder Ebene einer solchen Funktionshierarchie kann man sich für eine bestimmte Problemlösung zur Erfüllung einer gesuchten Funktion entscheiden. Mit der Entscheidung wird zugleich auch ein Bündel von Ressourcenströmen festgelegt. Damit die Ressourcenproduktivität möglichst hoch ist, muß man diejenige Problemlösung auswählen und gestalten, bei der die Ressourcen möglichst effizient eingesetzt sind und die mit möglichst geringen ökologischen Belastungen verbunden

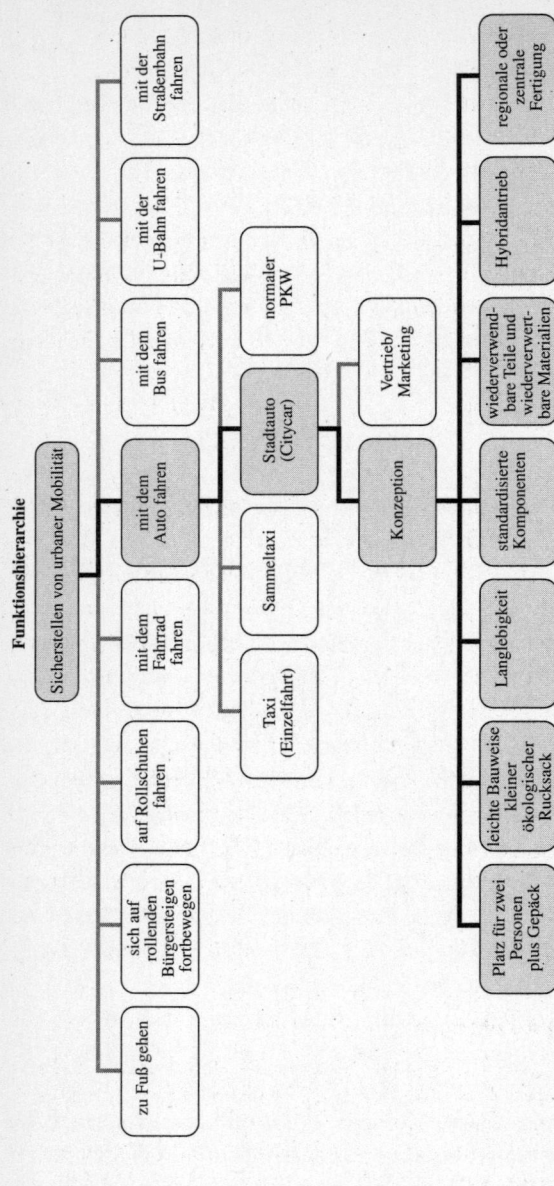

Abbildung 9: Fortbewegung in der Stadt. Das Schaubild zeigt in den grauen Feldern einen möglichen Lösungsweg (von oben nach unten) an. Mit der Entscheidung für einen bestimmten Weg wird zugleich ein Bündel von Ressourcenströmen festgelegt.

ist. Dabei spielen neben technisch-naturwissenschaftlichen immer auch ökonomische und kulturell-sozialpsychologische Aspekte eine Rolle. Wenn man nach allen denkbaren zu befriedigenden Dienstleistungsbedürfnissen fragt, können sehr differenzierte Antworten und damit viele unterschiedliche Spezialprodukte herauskommen. So ist heute ein Fahrrad eben nicht gleich einem Fahrrad. Es gibt Gelegenheits-, Touren-, Trekking-, Mountain-, Rennfahrräder und einiges mehr. Wenn sich nun Menschen für alle denkbaren Zweck alle dafür besonders geeigneten Spezialmaschinen zulegen und jede davon nur wenige Male im Jahr benutzen, handeln sie weder finanziell noch aus der Sicht der Umwelt sehr klug.

Getreu der Forderung, einmal aus der Umwelt geholte Ressourcen so lange wie möglich so viel Nutzen wie möglich stiften zu lassen, muß die erste Gebrauchsphase von Produkten über einen möglichst langen Zeitraum ausgedehnt werden, ehe Recyclingstrategien die eingesetzten Ressourcen mit möglichst geringem Transport, Energie- und Materialaufwand erneut nutzbar machen. Strategien des Mehrfachnutzens oder gemeinsam Nutzens, der Kaskadennutzung (Nutzung nacheinander an verschiedenen Orten, auch für verschiedene Zwecke) und des Vermietens von Gütern oder des Anbietens von Dienstleistungen im klassischen Sinn sind Beispiele für Maßnahmen, die helfen, die real erreichte Lebensdauer von Gütern der potentiellen Lebensdauer anzunähern. Eine solide – ökologisch gestaltete – Massivholzküche beispielsweise (Kambium, Lindlar)[5], die theoretisch hundert Jahre oder länger funktionieren kann, wird so manches Mal schon früher zu »Abfall«, weil sie vom Nutzer nicht mehr gebraucht wird oder sie ihm nicht mehr gefällt. Hier gilt es, Ideen zu entwickeln, wie auf ökonomisch interessante Weise die aktuelle Nutzungsdauer der Küche verlängert werden kann.

Beispiel: Die FRIA-Kühlkammer

Die Dienstleistung des Kühlschranks besteht darin, daß er erlaubt, Lebensmittel kühl aufzubewahren, damit sie lange haltbar bleiben. Angesprochen ist also die Funktion »kühle Aufbewahrung von Lebensmitteln«. Der Kühlschrank ist aber nur eine Möglichkeit, diese Funktion zur Verfügung zu stellen. In Frage kommen auch ein kühler Keller oder eine Speisekammer. Vergleicht man diese drei Möglichkeiten der Problemlösung für die Funktion »kühle Aufbewahrung von Lebensmitteln«, so ist unter dem Aspekt der Ressourcenproduktivität der Kühlschrank bei weitem nicht die beste aller Möglichkeiten. Er verbraucht in einer Lebenszeit von 10 bis 15 Jahren wesentlich mehr Stoffe und Energie als ein Kühlkeller oder eine Speisekammer, die, wie zu Großmutters Zeiten üblich, in die nach Norden ausgerichtete Außenwand eines Hauses oder einer Wohnung eingebaut ist. Ein Kühlschrank braucht etwa 0,85 Kilowattstunden Energie pro Tag, und zu den Materialien, aus denen er gefertigt wird, gehören zum Beispiel Stahl, Aluminium, Kunststoffe, Glas, Gummi und FCKW-geschäumte Dämmstoffe. Die spannende Frage ist nun: Gibt es eine energie- und materialsparende Möglichkeit, die Funktion »Lebensmittel kühl aufbewahren« zu erfüllen? Ursula Tischner hat mit dem Kühlraumkonzept FRIA eine positive Antwort darauf gegeben.[6] Das Konzept sieht einen fest eingebauten Kühlraum vor, ähnlich einer Speisekammer, aber mit mehreren Kammern mit jeweils unterschiedlichem Kälteniveau, beispielsweise einem Kühlfach mit 10 bis 15 Grad, einem Kältefach mit 1 bis 8 Grad und einem Gefrierfach mit minus 18 Grad Celsius. Der fest eingebaute Kühlraum hat den Vorteil, daß seine Lebensdauer etwa der eines Hauses entspricht, also rund hundert Jahre – natürlich abgesehen von der technischen Installation. Deshalb erlaubt es dieses Konzept, die Materialintensität für die Funktion »Lebensmittel kühl aufbewahren« um etwa einen Faktor 7 zu verringern.

Ökologische Ästhetik

Wie wir gesehen haben, sind ökointelligente Güter sozusagen *per definitionem* langlebig. Man sollte sich an ihnen also möglichst nicht »satt sehen«, sondern sie vielleicht liebgewinnen können wie Antiquitäten oder andere wertvolle Dinge. (Denken Sie zum Beispiel an eine alte Schinkenschneidemaschine.) Der Kauf wertbeständiger ökointelligenter Produkte lohnt sich nicht nur ideell, sondern auch finanziell. Das gilt auch für die Reparatur ökointelligenter Produkte.

Wenn das Gebrauchen ökointelligenter Güter, seien es wertbeständige Möbel, Küchenutensilien, Spielzeuge oder auch Kleidung, mehr Spaß macht und sie als Ausdruck eines neuen Lebensstils verstanden werden, sind sie auch für die breitere Bevölkerung erstrebenswert. Dann können sie aus ihrem Nischendasein heraustreten und auch ökonomisch erfolgreicher werden.

Bei bereits gebrauchten Gütern, etwa Möbeln, sollte einem künftigen Besitzer oder Nutzer, der hochglänzende, spiegelglatte Oberflächen schätzt, vermittelt werden, daß eine vorsichtige Aufarbeitung, die nicht alle Spuren des Gebrauchs verwischt, durchaus ästhetisch sein kann. Ich habe dem vormaligen Chef der BMW Entwicklung, dem von mir sehr geschätzten Prof. Dr.-Ing. Hans-Hermann Braess, einmal vorgeschlagen, seine Firma solle für jüngere Kunden eine »Echt-Patina Jeans-Serie« des Dreier-BMW auflegen, ohne jeden Lack. Ökologisch, preis- und begehrenswert! Leider kam es nicht dazu.

Der Verkauf oder das Vermieten gebrauchter oder langlebiger Güter muß für den Kunden attraktiver werden. Hier sind Kreativität und neue Ansätze gefragt. Die Anstrengung, danach zu suchen, zahlt sich letztlich ja auch für den Händler oder Vermieter aus.

Beispiel: Ihr Leergut ist kein Abfall

»Sparen Sie 30 bis 50%« kann man in einer Passage am Hauptbahnhof in Wuppertal lesen. Eine Firma bietet sich an, zum Beispiel Tintenpatronen von Hewlett Packard, Canon und IBM/LEX, oder Tonerkassetten der gleichen Firmen bis zur Hälfte verbilligt zu besorgen. Im Grunde geht es hier um das Recycling von hochtechnischem Verpackungsmaterial – Verpackungen, ohne die man den Inhalt (die Tinte, den Toner) nicht benutzen kann.

Neue Produktideen – Viel Nutzen für wenig Umwelt

Sie planen für den nächsten Winter wieder einen Skiurlaub in dem hübschen kleinen Alpendorf, in dem Sie im letzten Winter zum ersten Mal waren. Sie hatten eine Pauschalreise gebucht und sich vorher um nichts kümmern müssen. Es hat Ihnen dann auch gut gefallen, denn Sie haben sich wohl gefühlt, weil Sie mit dem Hotel und dem Service zufrieden waren und an den Liften nicht allzu lange anstehen mußten.

Damit Ihr Urlaub so erfolgreich werden konnte, haben Dutzende von Menschen in ganz verschiedenen Berufen reibungslos und rechtzeitig miteinander diese Dienstleistung »Skiurlaub« für Sie, den Endnutzer, erbracht. Diese Menschen haben von Hunderten von technischen Einrichtungen an ganz verschiedenen Orten Dienstleistungen abgerufen, um die Serviceleistung vorzubereiten und zu vollbringen. Dazu war es nicht notwendig, daß Sie, die Kundin oder der Kunde, die technischen Einrichtungen besitzen. Sie brauchten sie noch nicht einmal zu kennen. In einer Dienstleistungswirtschaft, wie ich sie in diesem Buch entwerfe, wird es ähnliche Komplettangebote in allen möglichen Lebensbereichen geben. Sie werden noch selbstverständlicher als heute neben die materiellen Güter treten, die wir gewöhnlich als »Produkt« bezeichnen. In den dienstleistenden Branchen ist der Begriff längst erweitert worden; dort wird längst auch ein Skiurlaub, eine Transportleistung oder ein Computerkurs als »Produkt« bezeichnet.

Zur wirtschaftlichen wie ökologischen Optimierung des Angebots werden neue Lösungen organisatorischer und auch technischer Art gebraucht, vor allem solche, an denen viele Glieder der Wertschöpfungskette mitwirken. Man könnte auch sagen, Systemlösungen werden einen bedeutenderen Platz einnehmen als bisher. Soll zum Beispiel die Leistung »automobiler Personentransport« ökologisch so günstig wie möglich erbracht werden, muß jeder Schritt zum fertigen Auto wie auch sein Gebrauch und jeder Schritt zurück zum Recycling und letzten Endes zur Entsorgung von allen Beteiligten unter möglichst geringem Aufwand an Material und Energie und möglichst schadstoffarm gestaltet werden. Denn eine meiner Grundforderungen ist: Aus jeder natürlichen Ressource, die wir uns technisch nutzbar machen und dazu in unsere Technosphäre hineinnehmen, muß so lange wie möglich so viel Nutzen wie möglich gezogen werden. Dies ist eine wichtige Voraussetzung dafür, daß wir insgesamt weniger Ressourcen der Ökosphäre entnehmen, ohne auf Lebensqualität verzichten zu müssen.

Die Forderung nach optimaler Verwertung der Ressourcen gilt natürlich auch für alle Einrichtungen, die das Autofahren überhaupt ermöglichen, angefangen vom Straßennetz bis hin zur Kfz-Verwaltung. Man kann das auch so formulieren: Der Ressourceninput in das gesamte Verkehrssystem muß für jeden Fahrtkilometer so klein wie möglich gehalten werden.

Design von ökointelligenten Produkten – noch gibt es nur erste Ansätze, diese riesige und komplexe Innovationslücke systematisch zu füllen; noch steckt das systematische Design von ökointelligenten Produkten in den Kinderschuhen. Wenn unsere These stimmt, daß die Zukunftsfähigkeit der Industriegesellschaft entweder auf dem Markt gewonnen wird oder gar nicht[7], dann lohnt es sich, hier einige Grundzüge des Designs ökointelligenter Produkte aufzuzeigen[8] – nicht nur, weil wir auf dem Weg über ökointelligente Produkte die Zukunftsfähigkeit erreichen werden. Auf dem Weg über ökointelligente Produkte können auch neue, große Marktvorteile gewonnen werden.

Wer nur in die Fußstapfen anderer tritt, kann nie der erste sein.

Beispiele: Dienstleistung als Komplettangebot

Textilleasing ist im Gastgewerbe, in öffentlichen Toiletten auf Bahnhöfen, Flughäfen usw. schon heute die Regel. Statt Wegwerfhandtücher aus Papier werden Handtuchrollen verwendet, statt Wegwerflaken normale Bettlaken usw. Der Dienstleister stellt die Textilien gegen eine Festgebühr (Miete) zur Verfügung und kümmert sich um das Auswechseln. Die Großwäscherei macht eine wirtschaftliche Optimierung über längere Zeiträume und verwendet normalerweise nur Textilien von hoher Qualität, die reparierbar sind. Im Vergleich zur Wäsche im Haushalt braucht die professionelle Wäscherei 80 Prozent weniger Frischwasser, 65 Prozent weniger Waschmittel und 77 Prozent weniger Energie für das gleiche Resultat.

Ein weiteres Beispiel von Textilleasing ist die Vermietung von Berufskleidung. Sie ist in vielen Industriezweigen weit verbreitet. Dabei garantiert der Dienstleister gegen eine Festgebühr pro Woche die Lieferung von sauberer Berufskleidung an den Kunden oder direkt in den Schrank der Angestellten. Für die Auswahl der Stoffe und die Verarbeitung sind vor allem wirtschaftliche Kriterien, Langlebigkeit und Reparierbarkeit maßgebend; der Dienstleister verdient um so mehr, je länger die Berufskleidung attraktiv und somit vermietbar bleibt. Deshalb werden meist Stoffe erster Qualität verwendet.

Vereinzelt gibt es auch wieder Windeldienste für Babys. Jahrzehntelang waren sie unter Bergen von Wegwerfwindeln verschüttet. Es wäre wohl wert, darüber nachzudenken, Dienstleistungspakete für Neugeborene zu organisieren: Windeln, Wäsche, Betten, Krippen – ja vielleicht sogar einiges Spielzeug. Voraussetzung wäre aber auf jeden Fall, daß lange Transportwege vermieden würden, da sie den ökologischen Gewinn durch die Dienstleistung schnell wieder zunichte machen.

Wie Sie vermutlich wissen, werden schon heute Hochzeiten, Konferenzen, Ausstellungen, Jubiläumsfeiern und Beerdigungen komplett zum Festpreis organisiert.

Öko-Design: Das Spinnennetz

Das Spinnennetz[9] ist ein Hilfsmittel für das Design ökointelligenter Produkte oder für die Verbesserung vorhandener Produkte. Es dient dazu, Verbesserungen an Produkten sichtbar zu machen und auf Verbesserungschancen und -bedarf optisch hinzuweisen. In einer zweidimensionalen Darstellung wird eine kleine Zahl von ökologisch besonders wichtigen Eigenschaften von Produkten graphisch zueinander in Beziehung gesetzt.[10] So lassen sich Vor- und Nachteile alter und neuer Produktlösungen miteinander vergleichen und Fortschritte im Design sichtbar machen.

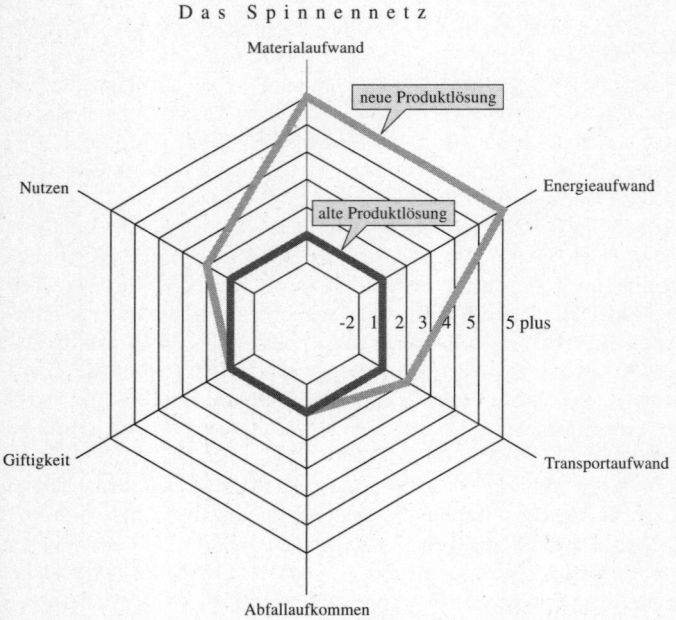

Abbildung 10: Das Spinnennetz läßt auf einen Blick die Unterschiede zweier Produktlösungen erkennen. Je weiter die Abstände auf den Strängen der einzelnen Eigenschaften für das neue Produkt von denen des alten entfernt sind (Zunahme der Pluspunkte), desto ökointelligenter ist die neue Lösung.

Das Spinnennetz kann auf meine »sieben goldenen Regeln« für ökointelligente Produkte[11] angewandt werden.

Die sieben goldenen Regeln für ökointelligente Produkte

1. Jede Bemessung der Umweltverträglichkeit von Produkten muß deren gesamten Lebenslauf einschließen. Die Analyse muß »von der Wiege bis zurück zur Wiege« reichen.
2. Die Nutzungsintensität von Prozessen und Produkten muß wesentlich erhöht werden (Leasing statt Verkauf).
3. Die Materialintensität von Produkten (also alle Materialien, die in die Herstellung einfließen und die Materialströme, die zuvor bewegt wurden, um die eigentlichen Materialien zu gewinnen) muß soweit wie möglich abgesenkt, und die Ressourcenproduktivität muß entsprechend angehoben werden. Das bedeutet, daß in jeder einzelnen Phase des Produktionsprozesses möglichst wenig Abfall entsteht und daß die Produkte der Zukunft langlebiger sind und leichter recycelt werden können.
4. Die Energieintensität von Produkten muß soweit wie möglich abgesenkt, die Ressourcenproduktivität entsprechend angehoben werden.
5. Der Landverbrauch (etwa die Flächenbelegung durch Fertigungsanlagen) muß minimiert werden.
6. Der Ausstoß von Gefahrstoffen muß möglichst eliminiert werden.
7. Der ökologisch zukunftsfähige Einsatz von erneuerbaren Ressourcen muß maximiert werden.

Das Spinnennetz ist ein Vieleck mit beliebig vielen Ecken – Ihre Zahl hängt von der Zahl der Produkteigenschaften ab, die man vergleichen will. Auf den Verbindungslinien zwischen dem Mittelpunkt des Vielecks und den Ecken sind die Produkteigenschaften aufgetragen.

Als Beispiel nehmen wir ein Sechseck für die folgenden sechs Eigenschaften:

- Materialaufwand,
- Energieaufwand,
- Transportaufwand,
- die während der Herstellung und während des Recyclings des Produktes anfallende Abfallmenge,
- ökotoxische Gefährlichkeit für Mensch und Umwelt sowie
- Nutzen.

Die Linien, die den Produkteigenschaften zugeordnet sind, dienen nun als Bewertungsskala. Je besser eine der Produkteigenschaften realisiert ist, desto höher ist die Wertung und desto weiter außen auf der Linie »liegt« das Produkt. Zeichnet man nun für jedes Produkt alle Punkte ein – in unserem Beispiel sechs Punkte – und verbindet diese Punkte, dann erhält man ein großes, ein kleines und manchmal auch ein verzerrtes Vieleck, dann nämlich, wenn einzelne Eigenschaften gut und andere sehr schlecht realisiert sind.

Das »Referenzprodukt«, die bereits existierende technische Lösung, erhält für alle Stränge die Wertung 1. Zum Vergleich werden die Schätzwerte für das geplante Produkt auf den Strängen aufgetragen. Diese Schätzwerte sollten im Dialog mit allen Beteiligten erarbeitet werden, damit möglichst viele verschiedene Ansichten in diese Schätzung einfließen und alle über das angestrebte Ziel und die Strecke, die zurückzulegen ist, informiert sind. Solch ein Dialog, über die Grenzen von Kompetenz- und Zuständigkeitsbereichen hinaus geführt, erweist sich, wenn er im geeigneten Rahmen geführt wird, als äußerst ergiebige Quelle von Ideen, Anregungen und rechtzeitigen Warnungen und hilft, auch die Kompetenz der Mitarbeiter zu nutzen, deren Praxiswissen in traditionellen Entscheidungsstrukturen meist ungenutzt bleibt. Abbildung 10 enthält als Beispiel die geschätzten Werte für die im Kapitel »Ökointelligente Dienstleistungen« erwähnte neue Stahlklammer zur Verhinderung von Motorraddiebstählen. Diese neue Lösung ist der älteren Sicherungskette in einige Bereichen ökologisch ganz wesentlich überlegen.

Ist das neue Produkt dem Referenzprodukt in einer der Eigenschaften unterlegen, so wird hierfür der Wert –2 in das Spinnennetz eingetragen. Dieser Fall kann dann eintreten, wenn zur ökologischen Verbesserung der Gesamtkonstruktion eine der Eigenschaften bewußt ökologisch weniger attraktiv gestaltet wird. So kann etwa eine Energieeinsparung in der Produktion zusätzlichen Transportaufwand rechtfertigen. Wie man Vor- und Nachteile berechnen kann, werde ich im weiteren Verlauf dieses Buches noch erklären.

Ist eine Eigenschaft besser als beim Referenzprodukt, so erhält sie Wertungen von +2 bis 5+. (Fünf plus heißt: Fünf oder besser.) Der Wert 3 für Materialaufwand würde zum Beispiel andeuten, daß das neue Produkt hinsichtlich des gesamten Materialaufwandes – von der Wiege bis zurück zur Wiege – um den Faktor 3 überlegen ist.

Der Material-, Energie- und Transportaufwand für ökointelligente Produkte sowie das Abfallaufkommen und die Giftigkeit sollen so klein wie möglich ausfallen.

Der Gebrauchsnutzen hingegen soll, wo immer möglich, im Vergleich zum Referenzprodukt gesteigert werden. Dies bedeutet:

- Das Produkt soll so lange wie möglich so viele Einheiten »Nutzen« wie möglich (Service- oder Dienstleistungseinheiten) leisten. Zum Beispiel soll ein Auto so viele Kilometer wie möglich fahren können. Wenn allerdings mit dem Alter der Reparaturbedarf oder der Ölverbrauch steigt, insgesamt also der Materialverbrauch pro Kilometer zunimmt, ist das Anlaß, die »ökologische Rentabilität« weiterer Ressourceninvestitionen zu überprüfen. Diese Situation ist sehr ähnlich der Überprüfung der finanziellen Rentabilität alter Autos. Wie ich noch zeigen werde, ist das MIPS-Konzept eine Basis für die ökologische Rechnung.
- Das Produkt soll so benutzerfreundlich wie möglich gestaltet sein. Hier können sich Endnutzer als Prosumenten erhebliche Verdienste erwerben.
- Das Produkt soll verschiedenen Ansprüchen genügen können. Man denke dabei etwa an das Schweizer Offiziersmesser. Allerdings sollte sich die Entscheidung über den Einbau von Funktionen nicht ausschließlich an den technischen Möglichkeiten und dem Erfinderwitz von Konstrukteuren und Designern ausrichten (wie das bei PCs sehr häufig der Fall ist), sondern an wirklichen Bedürfnissen der Endnutzer. Auch bei der Suche nach der richtigen Balance in diesem Bereich ist die Mitarbeit von Prosumenten an der Produktentwicklung hilfreich.

Der Material-, Energie- und Transportaufwand soll so klein wie möglich gestaltet werden, und zwar von der Wiege bis zurück zur Wiege. Wie wir noch sehen werden, hängt der Naturverbrauch für die Stromerzeugung zum Beispiel sehr stark von den hierfür eingesetzten Energieträgern ab. So braucht die Gewinnung von Elektrizität aus Braunkohle um einen Faktor 47 mehr an abiotischen Ressourcen als die Verstromung von Erdgas. Zur Einsparung von Transporten ist aus ökologischen Gründen der Bezug lokaler oder regionaler Erzeugnisse häufig vorteilhaft.

Abfall-, Abwasser- und Abluftaufkommen sollen in allen Stufen des Lebens eines Produktes, von der Herstellung über die Nutzung wie auch Entsorgung, so gering wie nur möglich ausfallen.

Schadstoffe sind grundsätzlich zu vermeiden. Unter Schadstoffen verstehen wir hier alle gesetzlich verbotenen oder in ihrer Anwendung anderweitig beschränkten Stoffe oder Zubereitungen. Im Laufe der Herstellung und bei der Entsorgung von Produkten sollte sorgfältig auf die Einhaltung von Vorschriften geachtet werden. Hersteller tragen aber eine besondere Verantwortung für die körperliche Unversehrtheit der Nutzer ihrer Produkte und für das Verhindern von Schadstofffreisetzungen als Folge der Lagerung und der Nutzung ihrer Produkte. Unsachgemäßer Umgang mit Produkten sollte mit technischen Mitteln soweit wie sinnvoll ausgeschlossen werden.

Im Zusammenhang mit dem Design neuer Produkte war von Dialog die Rede. Hiermit ist der Prozeß angesprochen, der bei der Entwicklung neuer Produkte sowohl innerbetrieblich wie auch mit Menschen außerhalb des Betriebes geführt werden sollte, um sicherzustellen, daß das Produkt den erwarteten Nutzen erbringt und ökologische Belastungen soweit wie möglich ausschließt. Zu den außerbetrieblichen Akteuren gehören Transporteure, Händler, Reparatur- und Recyclingunternehmen, Lieferanten und Endnutzer (Prosumenten).

Erfahrungsgemäß lohnt sich ein innerbetrieblicher Dialog von zwei bis drei Tagen, nachdem Konstrukteure und Designer ihre ersten Überlegungen abgeschlossen haben. Der Dialog kann durch die Inanspruchnahme von externen Fachkräften erleichtert und dadurch auch erfolgreicher gestaltet werden.[12]

Bei diesen Dialogen werden die einzelnen Produkteigenschaften des Spinnennetzes der Reihe nach im Detail besprochen. Die gemeinsam für die aus technischen und ökologischen Gründen am sinnvollsten gehaltenen Vorschläge werden festgehalten und einer Überprüfung im Hinblick auf ihre betriebswirtschaftlichen Folgen unterzogen. Hieraus gehen die zur weiteren Verfolgung ausgewählten Neuerungen hervor. Sie werden im Hinblick auf ihre Vorteile gegenüber dem Referenzprodukt eingeschätzt und auf den Strängen des Netzes vermerkt.

In meinem Beispielspinnennetz habe ich die Flächenbeanspruchung durch das Produkt nicht berücksichtigt. Bei flächenintensiven Produkten muß diese ökologisch wichtige Produkteigenschaft in den Dialog einbezogen werden. Dies trifft insbesondere bei Produkten zu, die ganz oder doch wesentlich auf land- und forstwirtschaftliche Rohstoffe zurückgehen. Hierzu zählen natürliche Fasern und Hölzer jeder Art, aber auch Öle und Fette. Flächenbelegungen müssen auch bei solchen Produkten berücksichtigt werden, die zu ihrer Funktionserfüllung viel Platz beanspruchen, wie etwa Fabrikanlagen, Infrastrukturen und Supermärkte »auf der grünen Wiese«. Zuweilen aber trifft dies auch bei Produkten des täglichen Bedarfs zu. So benötigt ein typischer Staubsauger heute etwa einen Drittel Quadratmeter, was einer Raummiete von sieben Mark im Monat entsprechen kann.

In der im Anhang aufgeführten »Checkliste für Produkthersteller« werden viele Punkte angeführt, die bei der Gestaltung ökointelligenter Produkte Beachtung finden können. Diese Liste sollte jedoch keinesfalls als abschließend hingenommen werden. Sie kann je nach Bedarf ergänzt und abgewandelt werden. Bei den Dialogen zur ökologischen Verbesserung bereits vorhandener Dienstleistungserfüllungsmaschinen sollte auch ganz bewußt nach zusätzlichen Möglichkeiten gesucht werden. So ist zum Beispiel bei Geräten, die einen Bildschirm benutzen, nach der Möglichkeit zu fragen, ob bereits existierende Bildschirme (TV-Geräte) mitbenutzt werden können.

Es ist selbstverständlich, daß nicht alle Produkteigenschaften gleichzeitig verbessert werden können, manche schließen sich sogar gegenseitig aus. Die Beiträge vieler Eigenschaften zur Dematerialisierung des Produktes sind jedoch mit Hilfe des diesem Buche zugrundeliegenden MIPS-Konzepts – und insbesondere mit Hilfe der im Anhang aufgeführten »Ökologischen Rucksäcke von Werkstoffen« – berechenbar, so daß auch unter den Eigenschaften diejenigen erkennbar werden, die im

Einzelfall den größten Beitrag zur Erhöhung der Ressourcenproduktivität bei gleicher oder verbesserter Ertragslage leisten können.

Es fällt auf, daß in der Checkliste der Langlebigkeit eine ganz besondere Bedeutung zukommt. Dies spiegelt die in diesem Buche vertretene Grundthese wider, daß einmal in der Umwelt abgeholte Materie so viele Dienstleistungen so lange wie nur möglich erbringen sollte.

Beispiel: Garantie für Rucksäcke

Die Firma Eastpack gibt auf ihre Rucksäcke, made in USA, eine Garantie für 30 Jahre.

Einige Beispiele für zukunftsweisende Entwicklungen

Produktbegleitende Informationssysteme – genial und preiswert

Ein relativ neues technisches Konzept sieht vor, in Produkte des täglichen Bedarfs preisgünstige Informationschips einzubauen, die über Betriebszustände, ausgewählte Eigenschaften und Komponenten Informationen festhalten. Diese Informationen können bei Bedarf extern abgerufen werden. Es handelt sich also um Kontrollinstrumente hinsichtlich des Zustands und der Behandlung eines Geräts/einer Maschine. Die Instrumente werden vom Hersteller eingebaut. Wir sprechen von produktbegleitenden Informationssystemen. Sie sind in ihrer vorläufigen Form etwas wie eine »Kreuzung« von Fahrtschreibern in Lastkraftwagen (die, vom Fahrer nicht beeinflußbar, ständig die Geschwindigkeit und Betriebszeiten des Fahrzeugs festhalten) und den *black boxes* in Flugzeugen, die eine Fülle von Informationen festhalten. Eine *black box* ist diebstahlsicher und wird bei einem Absturz in der Regel nicht zerstört.

Beispiel: Black box für Reifen

Stellen Sie sich vor, Sie verleihen als Hersteller sehr teure Reifen für schwerste Spezialfahrzeuge. Sie wollen natürlich sicherstellen, daß Ihr Eigentum nicht unsachgemäß behandelt oder für zu viele Kilometer benutzt wird. Sie können selbstverständlich nicht bei Tag und Nacht zugegen sein, wenn das Fahrzeug im Einsatz ist. Der Eigentümer der Spezialmaschine kann das auch nicht. Als Nutzungsanbieter müssen Sie Ihre »Dienstleistungserfüllungsmaschine« jedoch vor einer unsachgemäßen Behandlung sichern.

Das können Sie durch den Abschluß einer Versicherung erreichen. Das ist bei Spezialmaschinen ziemlich teuer, weil der Versicherungsgeber eventuelle Schäden nicht auf viele Versicherte abwälzen kann (das ist übrigens der Grund, warum Leihautos relativ preisgünstig sein können).

Oder Sie bauen einen »Wegbegleiter«, ein produktbegleitendes Informationssystem (PBI) ein, das Ihnen auf Abruf die Eckdaten der Benutzung zur Verfügung stellt.

Dunlop macht zur Zeit Versuche mit produktbegleitenden Infosystemen (Chips) in Großreifen.

Smart materials können »denken«

Die Erforschung von *smart materials* ist eines der neuen und faszinierenden Themen der Materialwissenschaften. Schon heute ist absehbar, daß in der Zukunft »intelligente« flexible Tragflächen an Flugzeugen sich während des Flugs den Strömungsbedingungen anpassen werden wie etwa Fischschwänze dem Wasser; sie verändern eigenständig ihre Form. Brücken und Masten werden »fühlen«, wenn sie an ihre Belastungsgrenze kommen, Warnsignale aussenden und sich selbst automatisch an Schwachstellen verstärken. Wärmetauscher werden ihre Vibrationen selbstständig unterdrücken und Handwaffen werden nur von ihren Eigentümern benutzt werden können. *Smart materials* erkennen Veränderungen in ihrer Umgebung und reagieren darauf, etwa Druck, elektrische Spannung, Magnetfelder oder Temperatur. Einige praktische Anwendungen gibt es bereits, zum Beispiel in Skiern, in denen Vibrationen blitzschnell zur Stabilisierung der Kantenführung korrigiert werden.

Bei der automatischen Überwachung von Brücken kann das etwa so funktionieren: In die Struktur der Brücke werden optische Glasfasern eingelegt, durch die ständig Licht geleitet wird. Schon geringste Dehnungen und Verdrehungen ändern das Lichtsignal am Ende der Faser. Elektronisch gesteuerte Module übersetzen die Veränderungen in ortsspezifische Frühwarnsignale für Veränderungen, die das zulässige Maß überschreiten. Es ist denkbar, daß zu einem späteren Zeitpunkt die Lichtleitungen mit einem System kombiniert werden, das an den erkannten Schwachstellen automatisch verstärkendes Material einspritzt. Experten erwarten, daß in zwanzig bis fünfundzwanzig Jahren eine breite Palette praktischer Systeme eingeführt sein wird, wobei sicherlich solche Bereiche bevorzugt werden, wo *smart materials* menschliches Leben schützen können. Erdbeben- und Orkanwarnsysteme werden dazugehören und Warnsysteme an Hochgeschwindigkeitszügen und Flugzeugen.

Produktbegleitende Informationssysteme und *smart materials* werden der Dematerialisierung in mehrfacher Weise Vorschub leisten: Sie werden Reparaturen und Aufrüstungen zum richtigen Zeitpunkt ermöglichen, sie werden den Mißbrauch und die unsachgemäße Ver- oder Anwendung von Sachgütern erkennen lassen. Eine ganze Reihe von Einsatzgebieten ist denkbar. Zum Beispiel kann mit Hilfe des Einsatzes solcher Systeme die Erprobungsphase von Produkten/Maschinen (*time to market*) erheblich verkürzt werden. Der Einsatz von PBI kann, wie oben angedeutet, den Nutzungspreis herabsetzen. Dies wären wichtige Beiträge zur Verwirklichung einer Dienstleistungsgesellschaft. Insbesondere aber sind sie geeignet, den Weg für Nutzungsgarantien freizumachen. Das wäre ein wahrer Durchbruch für die Preisgestaltung und die Ausnutzung aller grundsätzlichen Vorteile des Prinzips »nutzen statt kaufen«.

Brandaktuell: der Materie-Laser

Eine der aufregendsten Neuentwicklungen in der Physik ist ein Laser, der nicht mit Licht-, sondern mit Materiewellen arbeitet. Wolfgang Ketterle und seine Mitarbeiter vom Massachusetts Institute of Technology (MIT) haben vor kurzer Zeit zuerst darüber berichtet.[13] Materiewellen können noch wesentlich feiner gestaltet werden als Lichtwellen, was ein weites neues Feld der Anwendungen in Richtung dematerialisierter Techniken eröffnet. So könnte es gelingen, bei heute schon üblichen Anwendungen von Laserstrahlen eine weitere wesentliche Dematerialisierung – Verfeinerungen – von praktischen Geräten zu verwirklichen. Das könnte etwa bei CDs, CD-ROMs, Operationsmethoden und der Oberflächenbearbeitung der Fall sein.

Thermoelektrische Elemente

Wenn ein Motor läuft, wird er heiß; wenn eine Glühbirne leuchtet, wird sie zum Heizkörper. Überall dort, wo technische Prozesse Energie von einer Form in eine andere umwandeln und damit nutzbar machen, geht ein Teil der Energie als »Abwärme« verloren. Gelegentlich gelingt es, diese Abwärme wenigstens teilweise zu nutzen, etwa dann, wenn die Abwärme eines Generators zum Heizen genutzt wird.

In jüngster Zeit aber ist es einigen Wissenschaftlern gelungen, auch kleine Wärmedifferenzen wieder in Strom zu verwandeln. Sie nutzen dazu die Eigenschaft bestimmter Kristalle, Strom zu erzeugen, wenn sie erhitzt werden. Thermoelektrische Elemente nennt man die entsprechenden Bauteile. Entdeckt wurden sie schon vor rund dreißig Jahren, doch technischer Aufwand und Kosten schränkten das Anwendungsspektrum stark ein. Die Weltraumsonden Pioneer 10 und 11 hatten zum Beispiel eine Stromversorgung auf der Basis von thermoelektrischen Elementen. Seinerzeit konnte man lediglich natürliche Materialien nutzen, die thermoelektrische Eigenschaften hatten. Einzelne Halbleitermaterialien wie die Telluride von Wismut und Antimon erwiesen sich als besonders vielversprechend. Heute ist es möglich, spezielle thermoelektrisch aktive Kristalle künstlich zu erzeugen; ihr Name ist Skutterudite. Der Aufwand ist noch hoch, doch eröffnet sich hier die Aussicht auf neue Techniken effizienter Nutzung von natürlicher Wärme und technischer Abwärme.

Große Hoffnung setzen Techniker auch in die Umkehrung des thermoelektrischen Effekts. Wo Wärme Strom erzeugt, kann Strom auch Wärme erzeugen: Schickt man durch ein thermoelektrisches Element einen Strom, so transportiert dieser Strom Wärme – die eine Seite des Elements wird warm, die andere kalt. Auf diese Weise könnte man eine neue Art von Kühlschränken bauen, ganz ohne FCKW oder deren Ersatzstoffe.

Der Bumerangeffekt

Nehmen wir an, der Faktor 10 setzt sich in den Industrieländern durch. Unternehmen bieten ihre Produkte und Dienstleistungen grundsätzlich um einen Faktor 10 dematerialisiert an. Produkte mit großen Ökologischen Rucksäcken sind also vom Markt verschwunden oder vergleichsweise teuer. Haben wir damit unser Ausgangsziel erreicht?

Zur Erinnerung: Ökointelligente Produkte und ökointelligente Dienstleistungen jeder Art sind zwar wünschenswert und dringend nötig. Sie sind jedoch nicht das Ziel des MIPS-Konzepts, sondern ein Mittel. Das Ziel ist die Dematerialisierung der Weltwirtschaft. Weltweit muß sich der Ressourcenverbrauch mindestens halbieren, um die Ökosphäre vor dem Kollaps zu bewahren, und das verlangt von den Industrieländern, ihren Ressourcenverbrauch um den Faktor 10 zu verringern. An diesem Ziel aber müssen nicht nur Industrie und Regierungen mitarbeiten, sondern auch der Konsument. Und dazu genügt es nicht, wenn jeder einzelne sich bei jeder Kaufentscheidung für die dematerialisierte Lösung entscheidet.

Jeder Leser und jede Leserin mag sich die Frage selbst beantworten: Was werden Sie mit Ihrem Geld tun, wenn Sie keine Lohn- oder Einkommensteuer mehr bezahlen müssen, aber manche Produkte deutlich teurer sind? Werden Sie mehr von den schönen, nun dematerialisierten Produkten kaufen, die Sie in den Läden anlachen? Werden Sie sich den dematerialisierten Zweit- oder Drittwagen, eine größere, natürlich dematerialisierte Küche und das dematerialisierte Ferienhaus leisten? Werden Sie sich Ihr Leben mit all den dematerialisierten Produkten versüßen, die Sie sich nun leisten können, obendrein auch noch mit ökologisch gutem Gewissen? Wenn Sie das tun, werden Sie zu dem beitragen, was man den Bumerangeffekt nennt: Die aus ökologischer Sicht positiven Anstrengungen von Politik und Wirtschaft schlagen über den Markt als eine neue Kaufwelle zurück. Die Ressourcenströme bleiben die gleichen, sie wachsen möglicherweise sogar, oder sie reduzieren sich zumindest nicht um das gewünschte Maß, den Faktor 10.

Selbst wenn die Dematerialisierung aller Produkte und Dienstleistungen um den Faktor 10 gelingen würde, heißt das eben noch nicht, daß der Ressourcenverbrauch der Menschheit sich um die Hälfte reduziert.

Selbstverständlich wird es Menschen geben, die sich »vernünftig« verhalten. Es werden möglicherweise sogar viele sein, denn der Prozeß der Dematerialisierung wird nur Dynamik gewinnen, wenn er auf breiter Front von vielen Menschen verstanden und unterstützt wird. Doch werden es genug sein? Und wie lange werden diese »vernünftigen« durchhalten, wenn sie täglich sehen, daß andere mit großem Vergnügen »unvernünftig« sind?

Mit diesen Fragen bewegen wir uns auf einem Feld, das weit über Technik, Ökonomie und Steuerpolitik hinausreicht in die Bereiche bewußter oder unbewußter Wünsche und Sehnsüchte, in die Bereiche der Individual- und der Massenpsychologie. Warum konsumieren Menschen, und wie bringt man ganze Gesellschaften dazu, nicht nur Produkte, sondern auch den Konsum zu dematerialisieren? Wie erreicht man die »Revision des Gebrauchs« (Meurer)[14], den anderen Umgang mit materiellen Gütern, und das nicht nur bei wenigen Menschen, sondern so, daß der Konsum in einem ganzen Land, auf der ganzen Welt in absolutem Sinne dematerialisiert wird? Ich kann diese Frage nicht beantworten; sie geht weit über das Thema dieses Buches hinaus, auch wenn die Antwort entscheidend darüber mitbestimmt, ob das Ziel erreicht wird, das ich mit diesem Buch anstrebe. Zahlreiche Wissenschaftler haben sich diesem Thema genähert; nicht zuletzt die Kollegen am Wuppertal Institut, die in einer eigenen Arbeitsgruppe mit dem Titel »Neue Wohlstandsmodelle« nach genau dem suchen: einem Wohlstand, der nicht, wie es heute noch den meisten Menschen unvermeidlich scheint, mit reichlich materiellem Konsum verbunden ist.

Ich will (und kann) hier nur andeuten, in welcher Richtung Antworten zu finden sein könnten, und in welcher nicht.

Daß die Konsumbedürfnisse der Menschen vor allem in den Industrieländern heute die Stabilität der Ökosphäre gefährden, hat im wesentlichen drei Gründe: die Zahl der Menschen, das verfügbare Einkommen des einzelnen Menschen und die Freiheit des Zugriffs auf Produkte, insbesondere die Freiheit, Produkte kaufen und besitzen zu dürfen. Was kann man tun, um an diesen drei Punkten anzusetzen und damit etwas zur Lösung des Problems beizutragen?

- Die Zahl der Menschen wird begrenzt. Auf der Erde leben derzeit rund sechs Milliarden Menschen. Zahlreiche Prognosen der Bevölkerungsentwicklung deuten darauf hin, daß das Wachstum in den ersten Jahrzehnten des nächsten Jahrhunderts zum Stillstand kommen wird. Bis dahin aber wird die Menschheit weiter auf (unter Umständen deutlich) mehr als acht Milliarden anwachsen. Genau in dieser Zeit des Wachstums müßte eigentlich die Dematerialisierung weltweit um den Faktor 2 realisiert werden. Eine Beschleunigung des Trends, also ein schnelleres Abbremsen des Wachstums der Menschheit, scheint kaum realisierbar. Dennoch steht dieses Ziel zu Recht immer wieder auf der Agenda internationaler Tagungen und Konferenzen und ist – langfristig – vielleicht realisierbar. Allerdings muß dabei berücksichtigt werden, daß die Entwicklung von Haushalten mit mehreren Personen (Familie) hin zu Ein-Personen-Haushalten (Singles) eine dramatische Zunahme des persönlichen Ressourcenverbrauchs mit sich bringt.
- Das verfügbare Einkommen wird mit Hilfe der Preise auf das Existenzminimum gedrückt und der Konsum damit drastisch gebremst. In dieser radikalen Form ist das unter demokratischen Rahmenbedingungen nicht realisierbar und kommt deshalb nicht ernsthaft in Frage. Wohlstand ist ja keineswegs gleichzusetzen mit Luxus und einem Leben in Saus und Braus. Zum Wunsch nach Wohlstand gehört auch ein sehr verständliches Verlangen nach Sicherheit – vor Kriminalität und Krieg, vor Hungersnot, vor Hilflosigkeit bei Krankheit und vieles andere. Wohl jeder Mensch, der »Wohlstand« in diesem Sinne erreicht hat, wird nicht mehr darauf verzichten wollen, und das wird ihm niemand verübeln.
- Der Zugriff auf materielle Güter wird eingeschränkt, insbesondere das Recht, materielle Güter zu kaufen und zu besitzen. Auch diese Lösung riecht nach Obrigkeitsstaat und Unfreiheit. Natürlich würde es viele Menschen geben, auch in den reichen Ländern, die eine solche Einschränkung überhaupt nicht bemerken würden. Diese Erde

enthält genug Ressourcen, allen Menschen ein Auskommen und einen gewissen Wohlstand zu ermöglichen. Doch darauf wird es in der Praxis nicht ankommen. Freiheit ist schließlich auch die Möglichkeit, Dinge zu tun, die unvernünftig und – ja, auch das muß erlaubt sein! – unökologisch sind. Millionen von Menschen sind gerade erst einem Staatssystem entronnen, das sich anmaßte, für sie zu entscheiden, was gut und was schlecht war; und Millionen anderen, insbesondere in der sogenannten Neuen Welt, wird der Gedanke an solch wohlmeinende Bevormundung vollends absurd vorkommen.

Eines ist sicher: Die Dematerialisierung wird von den Menschen entweder aktiv unterstützt, oder sie wird nicht stattfinden. Der Faktor-10-Prozeß muß so gestaltet werden, daß er den Menschen die freie Entscheidung läßt und ihnen ein Leben ermöglicht, mit dem sie glücklich sein können und sich vor den Freunden und Verwandten nicht schämen müssen. Und sie wird vor allem nicht als Zwang daherkommen können, sondern ein Angebot sein, das die Menschen deshalb annehmen, weil es attraktiver ist als alle materialfressenden Alternativen. Wie das funktionieren soll, ist weit schwerer zu beschreiben als alle dirigistischen Lösungen zusammengenommen. Wen wundert es? Der Hang zur Autorität »von oben« ist immer schon dem Traum von den ganz einfachen Lösungen entsprungen.

Demokratieverträgliche Lösungen zeichnen sich durch den Respekt vor allen Menschen aus, auch denen, die anders denken und handeln. Sie zu finden, ist die eigentlich spannende und faszinierende Herausforderung. Ich habe in diesem Buch an vielen Stellen auf mögliche Schritte hingewiesen, die uns dem Ziel näherbringen können. Eine der wichtigsten Aufgaben wird sein, in diesem Prozeß die Kreativität und Phantasie der Menschen zu wecken und zu fördern, damit möglichst viele originelle Wege zum Ziel gefunden und gebahnt werden. Vielleicht wird es ebenso wichtig sein, international hoch angesehene Personen von diesen Gedanken zu überzeugen. Boris Becker im Low-MIPS-Haus mit Frau und Kind, oder Helmut Kohl auf dem Bambusfahrrad (oder wenigstens im »Smart« mit Chauffeur) wären gute Fernsehspots.

Wenn die Finanzierung des Staates von der Steuer auf Arbeit weg und auf den Ressourcenverbrauch verlagert wird, dann wird sich der Konsum auf jeden Fall verlangsamen. Das schafft Zeitgewinn. Wenn das Verbrauchen von materiellen Gütern im Vergleich zum Einkommen teurer wird, werden auch weniger materielle Güter verbraucht werden. Der Verbrauch wird sich teilweise verlagern auf nichtmaterielle Güter im weitesten Sinne. Viele davon werden wir im kulturellen Bereich finden: Musik und Tanz, Malerei und Plastik – wenn wir von Monumentalplastik absehen! –, Literatur und sicherlich auch die neuen, computergebundenen Medien, wenn sich denn eines Tages das Tempo der Neuerungen der Computertechnik verlangsamen sollte und die Computer zu langlebigen, modularen, aufrüstbaren Produkten mit kleinen Rucksäcken werden.

Sehr wichtig ist, daß möglichst viele Massenprodukte nicht mehr verkauft werden, sondern verliehen, vermietet oder verleast. Niemand kauft sich einen Eisenbahnzug für die Urlaubsreise, und kaum jemand kauft sich ein eigenes Flugzeug oder Schiff. Man mietet die Dienstleistung des Transports. Es ist nicht einzusehen, warum das nicht auch für den automobilen Straßentransport gelten sollte. Leihwagen können robust und langlebig gebaut werden und werden viel intensiver genutzt als das heute noch übliche private »Stehzeug«, das vielleicht eine von 24 Stunden des Tages in Betrieb ist. Würde ein so genutztes Auto nur zweimal am Tag vermietet, so hätte sich die Ressourcenproduktivität seiner Nutzung bereits deutlich verbessert. Ähnliches kann man für fast alle Haushalts- und Gartengeräte sagen; ich habe darüber an anderer Stelle in diesem Buch ausführlich geschrieben.

Auf den Punkt gebracht

Für die Gestaltung ökointelligenter Produkte genügt es im ersten Dialog-Durchlauf, folgendes zu wissen, um konkurrierende Entwürfe im Sinne der Ressourcenproduktivität vergleichen zu können:

- das von dem Produkt, dem Gebäude, oder der Infrastruktur zu erbringende Dienstleistungsbündel;

- die »Ökologischen Rucksäcke« der im fertigen Produkt enthaltenen stofflichen Anteile. Hierbei kann es sich entweder um bereits recycelte oder um primäre, der Natur entnommene Materialien handeln. Bei der Bemessung der Rucksäcke werden recycelte und primäre Materialinputs (MI) getrennt berücksichtigt und folgende Kategorien unterschieden: abiotische (nicht lebende) Rohmaterialien; biotische (belebte) Rohmaterialien; bewegte Erde; vorwiegend bei Baumaßnahmen sowie in der Land- und Forstwirtschaft: Wasser und Luft. Ziel ist es, in allen fünf Kategorien den Ressourceninput weitestgehend zu verringern;
- bestmögliche Abschätzungen zu den erwarteten primären Materialinputs für Gebrauch, Wartung, Reparatur, Reinigung, Recycling und die ordnungsgemäße Entsorgung;
- die Lebenszeit des Produkts bzw. die Gesamtzahl der erwarteten Dienstleistungs- oder Nutzungseinheiten.

Merke:
- Ohne scharfe Dematerialisierung gibt es keine Zukunftsfähigkeit.
- Ohne Verhinderung des Bumerangeffekts gibt es keine Zukunftsfähigkeit.
- Ohne Beschränkung von Ein-Personen-Haushalten und der Bevölkerungszahl ist die Zukunftsfähigkeit auf lange Sicht hin zumindest fraglich.

7 MAIA, Rucksäcke und Erosion

Und wie berechnet man nun den Ökologischen Rucksack eines Produktes und einer Dienstleistung? Ich habe in den vorausgehenden Kapiteln beschrieben, daß in Produkten Dienstleistungsfunktionen stecken und daß wir Produkte eigentlich wegen dieser Funktionen brauchen. Ich habe beschrieben, daß es sich lohnt, die Dienstleistung, oder das Bündel an Dienstleistungen, genau zu identifizieren, die ein Produkt erfüllt, denn mit Phantasie und technischer und organisatorischer Intelligenz kann man sie meist auch mit deutlich geringerem Anspruch an Umweltressourcen zur Verfügung stellen. Ich habe Konsumenten, Produzenten, Designer, Händler und alle anderen, die am Marktgeschehen beteiligt sind, aufgefordert, die Ökologischen Rucksäcke in ihre Marktentscheidungen einzubeziehen, und ich habe ihnen erzählt, wie sie das machen können: Sie sollen Produkte auch kennzeichnen bzw. auf Kennzeichnungen achten.

Kennzeichnung setzt jedoch Daten und Zahlen voraus, die auf einer soliden Grundlage stehen und nachvollziehbar sind. An dieser Stelle ist die Wissenschaft gefordert. Bisher kann es im Einzelfall noch ein recht aufwendiges Verfahren sein, den Ökologischen Rucksack eines Produktes oder einer Dienstleistung mit ausreichender Zuverlässigkeit zu bestimmen und somit Vergleiche erst möglich zu machen. Die Tabelle der Ökologischen Rucksäcke von Werkstoffen im Anhang dieses Buches zeigt aber bereits, worauf wir hinarbeiten: Eines Tages soll der Designer, der Konstrukteur oder Produzent Standarddaten für die verschiedenen Werkstoffe und Werkstoffkombinationen zur Verfügung haben, mit deren Hilfe er leicht den Ökologischen Rucksack eines geplanten Produktes im voraus abschätzen kann. Die Rucksäcke werden vom Wuppertal Institut im Internet veröffentlicht (http://www.wupperinst.org).

Die Methode der Rucksackberechnung – MAIA

Die Berechnung der Materialintensität (MI) für Werkstoffe, Produkte, Gebäude und Infrastrukturen – oder auch von technikabhängigen Dienstleistungen – wird im MIPS-Konzept als Material-Intensitäts-Analyse, kurz MAIA, bezeichnet.[1] Ich will die wesentlichen Aspekte von MAIA an einem Beispiel erläutern.

Ein Büromöbelfabrikant möchte den Ökologischen Rucksack eines seiner Schreibtischstühle berechnen. Er weiß inzwischen, daß es eigentlich fünf verschiedene Rucksäcke für jedes Sachgut gibt.

Er legt eine Liste an, ähnlich wie in Abbildung 11 dargestellt. In Spalte 1 trägt er alle Materialien ein, die in seinem Stuhl enthalten sind, sortiert nach Primär- und Sekundärmaterialien sowie nach biotischen und abiotischen Materialien; das erste Material im Beispiel ist Oxygenstahl. In Spalte 2 notiert er, wieviel Prozent des Gesamtgewichts des Stuhls die einzelnen Materialien ausmachen. Der Oxygenstahl macht ein Viertel des Gesamtgewichts des Stuhls aus. Der gesamte Stuhl wiegt zwölf Kilogramm. Daraus ergibt sich, wieviel Kilogramm der einzelnen Werkstoffe im Stuhl verarbeitet sind; das trägt er in Spalte 3 ein. Ein Viertel von zwölf Kilogramm sind drei Kilogramm; soviel Oxygenstahl ist im Stuhl verarbeitet worden. Wenn er will, kann er auch die Verpackung und die Gebrauchsanweisung mitberechnen.

In den Spalten 4 bis 8 notiert er sodann die zugehörigen fünf Rucksäcke der Werkstoffe inklusive deren Eigengewicht (also den MI-Wert), wie sie im Anhang dieses Buches aufgeführt sind. (Bei sekundären, also recycelten Werkstoffen wird das Eigengewicht nicht berechnet, sonst hätte man es doppelt in der Bilanz: bei dem Produkt, zu dem der Werksstoff zuerst verarbeitet wurde, und bei dem Produkt, wo er seine Zweitverwertung fand.) So werden zum Beispiel für ein Kilogramm Oxygenstahl knapp sieben Kilogramm abiotische Materialien bewegt. Für jeden Werkstoff getrennt nimmt er nun jede dieser fünf Zahlen mit dem Gewicht in Spalte 3 mal und bekommt die Spalten 9 bis 13. Da jedes Kilo Oxygenstahl einen abiotischen Ökologischen Rucksack von weiteren sechs Kilo mit sich herumschleppt, beträgt der gesamte Materialinput der drei Kilo in dem Stuhl verarbeiteten Oxygenstahls

21 Kilo. Wenn der Büromöbelfabrikant am Ende die Werte der Spalten 9 bis 13 für die jeweiligen Rucksackkategorien zusammenzählt, kann er die fünf verschiedenen Rucksäcke seines Bürostuhles errechnen. Allein die für den Stuhl bewegten abiotischen Materialien wiegen zusammen rund 817 Kilogramm.

In dieser Zahl ist das Eigengewicht des Stuhls enthalten. Die 817 Kilogramm enthalten drei Kilogramm Oxygenstahl und die Gewichte der anderen verarbeiteten Materialien außer dem Kiefernholz, denn das ist ein biotisches Material. Ich habe den Ökologische Rucksack aber so definiert, daß das Eigengewicht des Produktes nicht enthalten ist. Es muß deshalb abgezogen werden.

In dem fertigen Stuhl ist weder von dem Wasser noch von der Luft, die zur Herstellung der Werkstoffe aufgewendet wurden, etwas enthalten. Dies bedeutet, daß die MI-Werte für Wasser und Luft auch die Ökologischen Rucksäcke für Wasser und Luft sind.

Der Anteil abiotischer Materialien, die im Stuhl enthalten sind, setzt sich aus Stahl (3 kg), Aluminium (7,2 kg) und Kupfer (0,36 kg) zusammen, also insgesamt 10,56 Kilogramm, die vom abiotischen Materialinput abgezogen werden; das ergibt einen abiotischen Rucksack des Stuhles von rund 806 Kilogramm.

Entsprechend ergibt sich der biotische Rucksack zu rund 8 Kilogramm abzüglich 1,44 Kilogramm Kiefernholz, verbleiben etwa 6,5 Kilogramm.

Bis jetzt habe ich nur die im Stuhl tatsächlich verarbeiteten Materialien berücksichtigt. Es fehlt der Materialaufwand für die Produktion. Das heißt: Ich habe den Stuhl berücksichtigt, aber nicht das Produktionssystem, das nötig ist, einen Schreibtischstuhl herzustellen. Ich habe nicht systemweit gerechnet. Im System Schreibtischstuhl stecken weitere Materialien.

Beginnen wir mit den Abfällen, die während der Herstellung entstanden sind. Gesetzt den Fall, bei der Holzverarbeitung entstand 50 Prozent Abfall. Dies bedeutet, daß doppelt soviel Holz eingesetzt wurde wie in der Tabelle aufgeführt, also 2,88 Kilogramm anstatt 1,44 Kilogramm. Damit ändern sich auch die anderen Zahlen: MI (abiotisch) 2,88 x 0,86 = 2,48; MI (biotisch) 2,88 x 5,5 = 15,84. Der abiotische

Rucksäcke eines Stuhls

Stuhlmaterial	Gewichts-anteil in %	Gewicht in kg	MI-Werte Werkstoffe*					MI-Stuhl				
			Abiotisch	Boden	Biotisch	Wasser	Luft	Abiotisch	Boden	Biotisch	Wasser	Luft
1	2	3	4	5	6	7	8	9	10	11	12	13
Primärrohstoffe, abiotisch												
Stahl (Oxygen)	25%	3,00	6,97	X	X	44,60	1,29	20,91	X	X	133,80	3,87
Aluminium	60%	7,20	85,38	X	X	1378,62	9,78	614,74	X	X	9926,06	70,42
Kupfer	3%	0,36	500,00	X	X	260,00	2,00	180,00	X	X	93,60	0,72
Primärrohstoffe, biotisch												
Kiefernholz	12%	1,44	0,86	X	5,51	9,97	0,13	1,24	X	7,93	14,36	0,19
Stuhl gesamt	100%	12,00	MI in kg pro Stuhl					816,88	X	7,93	10167,82	75,19
			Eigengewichte Primärrohstoffe					10,56	X	1,44	0,00	0,00
			Ökologische Rucksäcke für Stuhl (12 kg) in kg pro Stuhl (für wertstoffliche Zusammensetzung)					806,32	X	6,49	10167,82	75,19

*Materialinput (MI) = Ökologischer Rucksack plus Eigengewicht

Abbildung 11: Rucksäcke eines Stuhls.

Rucksack des Stuhles erhöht sich daher von 806,32 um 1,24 auf 807,56, der biotische Rucksack steigt auf 13. Die Veränderungen sind deshalb gering, weil der Werkstoff Holz relativ kleine Rucksäcke trägt. Der Ökologische Rucksack kann aber sehr schnell kleiner werden. Ein kluger Büromöbelfabrikant würde z.B. darauf achten, möglichst viele Werkstoffe aus sekundären Prozessen zu verwenden, also recycelte Materialien. Angenommen, er würde im Schnitt 60 Prozent sekundäres Kupfer, 30 Prozent sekundäres Aluminium und rund 20 Prozent Elektrostahl verwenden – das sind durchaus realistische Werte –, dann würde sich der Ökologische Rucksack des Stuhls auf der Seite der abiotischen Materialien um 35 Prozent verkleinern, beim Wasser und bei der Luft um 28 Prozent. Weiter angenommen, der Fabrikant verwendet ausschließlich sekundäre Metalle. Dann wäre der Ökologische Rucksack des Stuhls um einen Faktor 15 bis 20 kleiner! Allerdings darf man nicht vergessen, daß die Recyclingraten begrenzt sind. Ohne eine ständige Zufuhr primärer Rohstoffe kommt die Industrie nicht aus.

Wären hingegen bei der Produktion des Stuhles 50 Prozent Aluminiumabfälle entstanden, würde der abiotische Rucksack auf 1414 Kilogramm steigen, eine offenbar ganz erhebliche Korrektur.

Weiterhin müssen in das System Schreibtischstuhl Transportanteile eingerechnet werden, und zwar für die Anlieferung der Werkstoffe sowie für den Transport des Stuhles zum Händler. In Abbildung 13 auf Seite 141 sind einige MI-Werte für »Tonnen Frachtkilometer« verschiedener Transportsysteme aufgeführt. Hiermit können die Größenordnungen der Transportzuschläge für die Rucksäcke abgeschätzt werden.

Der Stuhlfabrikant hat für die Herstellung des Stuhls Energie, Hilfsstoffe, Reinigung, Maschinenbenutzung, Anlagennutzung usw. aufgewendet. Auch diese Inputs sollten zu den Rucksäcken hinzugezählt werden. Die exakte Berechnung dieser Zuschläge gestaltet sich recht kompliziert. Im Rahmen eines Audits für einen Hersteller von Vollholzküchen haben Christa Liedtke vom Wuppertal Institut und ihre Mitarbeiter solche Rechnungen unternommen.[2] Dem Fabrikanten gaben die Ergebnisse eine Reihe von Hinweisen auf mögliche betriebliche Verbesserungen und Einsparungen. Aus der Arbeit kann aber auch abge-

leitet werden, daß die Rucksäcke der Produkte durch die Berücksichtigung der Rucksäcke des Produktionsprozesses maximal um zehn Prozent nach oben korrigiert werden müßten. Dies gilt allerdings nicht in
solchen Fällen, wo große Anlagen für eine kleine Stückzahl von Produkten benötigt werden, wie zum Beispiel im Schiffsbau.

Damit sind die wichtigsten Punkte der Berechnung von Rucksäcken
dienstleistungsfähiger Produkte von der Wiege bis zum Händler besprochen. Im nächsten Schritt können Konkurrenzprodukte analysiert
und mit dem hier untersuchten Stuhl verglichen werden. Außerdem
kann man Überlegungen anstellen, wie die analysierten Produkte dematerialisiert werden könnten. Die Auswahl der Werkstoffe oder die
Veränderung der technischen Gestaltung wären möglich. Am interes-
santesten aber wäre es, sich die Frage zu stellen, wie die Dienstleistung
»ergonomisch gut sitzen können« mit sowenig Ressourcen wie möglich so langfristig wie möglich befriedigt werden kann. Dabei sollte die
im Kapitel »Prosumenten und Produzenten« vorgestellte und im Anhang abgedruckte Checkliste helfen.

Ein Rechenbeispiel: Ist das »Aluminiumauto« wirklich der kleinere Umweltsünder?

Christopher Manstein vom Wuppertal Institut ist der Frage nachgegangen, ob das von einem großen deutschen Hersteller zu erheblichen Teilen aus Aluminium hergestellte Auto dem schwereren Auto aus Stahl
überlegen ist, wie es von praktisch allen Automachern angeboten wird.
Zuvor hatte ein sehr sorgfältiger Vergleich des Energieverbrauchs eines
Alu-Autos und eines vergleichbaren Stahlautos ergeben, daß das leichtere Aluminiumauto bei etwa 150 000 Kilometer Fahrleistung im gesamten Energieverbrauch für Herstellung und Nutzung günstiger wird
als das etwas plumpere Vehikel aus Stahl. Dieses »Überholmanöver«
gelingt deshalb, weil der Treibstoffverbrauch einer Maschine von ihrer
Belastung abhängig ist. Das leichte Alu-Auto startet mit einem Gewichtsvorteil von knapp 200 Kilogramm und spart bei 150 000 Kilometer Fahrleistung rund 1800 Liter Benzin.

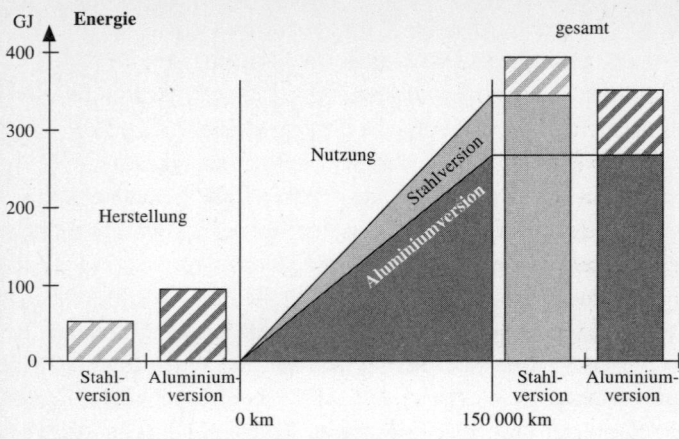

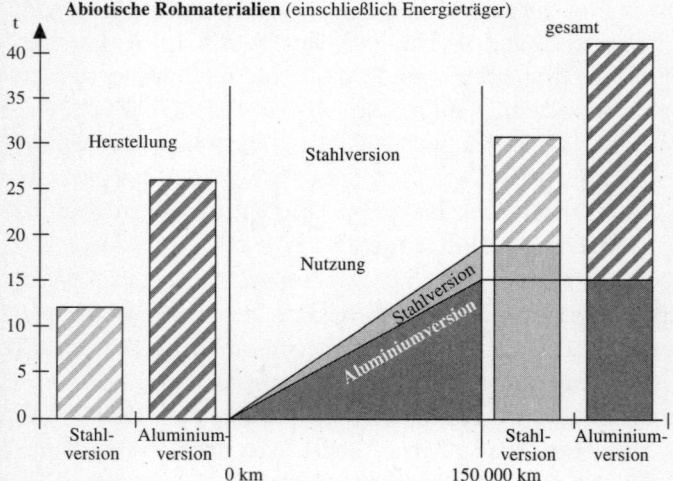

Abbildung 12: Vergleich von Material- und Energieverbrauch eines Alu-Autos mit dem eines konventionellen Autos aus Stahl.

Christopher Manstein hat nun zunächst einmal den gesamten Energieverbrauch beider Fahrzeuge verglichen, den für die Produktion und den in der späteren Nutzung. Das Ergebnis ist in der oberen Hälfte von Abbildung 12 dargestellt.

Da Aluminium einen anderen Herstellungsprozeß als Stahl durchläuft, kommt das Alu-Auto während seiner Herstellung (»von der Wiege bis zum Händler«, linke Seite im Bild) energetisch zunächst fast zweimal so »teuer« wie das schwerere Auto aus Stahl. Dafür ist der Energieverbrauch beim Fahren geringer. Je mehr ein Alu-Auto gefahren wird, desto mehr macht sich der Energievorteil durch das geringere Gewicht bemerkbar. Bei etwa 150 000 Kilometer Fahrleistung sind beide Fahrzeuge energetisch gleichwertig; danach ist das Alu-Auto die energetisch günstigere Variante (rechte Seite).

Im zweiten Schritt wiederholte Manstein den Vergleich, dieses Mal nach dem MIPS-Konzept. Die Ergebnisse sind in der unteren Hälfte von Abbildung 12 wiedergegeben. Der Ressourcenverbrauch (Material plus Energie) in der Produktionsphase ist auch hier beim Alu-Auto etwa zweimal so groß wie bei der Ausführung in Stahl. Allerdings sind die absoluten Zahlen wesentlich größer. Deshalb dauert es in diesem Fall sehr viel länger, bis das Leichtauto seinen Gewichtsvorteil in einen Gesamtvorsprung umsetzen kann, nämlich runde 530 000 Kilometer Fahrleistung. Da heute kaum ein Personenwagen diese Fahrleistung erreicht, tritt der ökologische Vorteil des Aluminiumautos so gut wie nie ein. Nach dem MIPS-Konzept berechnet, ist das Alu-Auto in aller Regel die ökologisch teurere Variante.

Dies ist nur eines von einer ganzen Reihe am Wuppertal Institut gerechneter Beispiele, die zeigten, daß Energieberechnungen allein nicht ausreichen, um ökologische Vorteile verläßlich vergleichen zu können. Zum einen kann die (scheinbare) »ökologische Überlegenheit« einer Lösung über die andere darin begründet sein, daß nur der Energieverbrauch betrachtet wurde. Zum anderen wird deutlich, daß der Naturverbrauch für die Herstellung eines Produktes ein viel größeres Gewicht bekommen kann, wenn man ihn nach dem MIPS-Konzept berechnet.

Ein Produkt, das während der Nutzung einen sparsamen Umgang mit Ressourcen erlaubt, kann dennoch ökologisch teuer sein, wenn es mit hohem Aufwand hergestellt wurde. Diese Tatsache kann aber verborgen bleiben, wenn man nur auf den Energieverbrauch schaut. Das wird an dem Beispiel des Alu-Autos besonders deutlich: Während beim ausschließlichen Energievergleich die Nutzung beider Autos viel stärker ins Gewicht fällt als deren Produktion, liegt bei der Betrachtung nach dem MIPS-Konzept für beide Autos ein sehr starkes Gewicht auf der Produktionsphase. Schaut man nur auf die Energie, kann das Alu-Auto seinen Vorteil in einer realistischen Zeit ausspielen. Rechnet man nach dem MIPS-Konzept, kann es die hohen ökologischen Herstellungskosten in der Praxis kaum jemals wieder durch Sparsamkeit im Verbrauch ausgleichen.

Auch das Ultralite-Hypercar von Amory Lovins[3], das im Energieverbrauch während der Nutzung den heutigen Autos sehr deutlich überlegen sein soll, hat einen Ökologischen Rucksack, der dem eines vergleichbaren Durchschnitts-Pkw entspricht. Der große Rucksack rührt daher, daß die Konstruktion dieses Autos besonders viel Kupfer (für Elektromotoren) verlangt. In diesem Fall besteht jedoch kein Zweifel, daß die Treibstoffeinsparungen während des Gebrauches sich zugunsten des Hypercars auswirken werden.

Im Anhang zu diesem Buche sind eine ganze Reihe von Rucksäcken für dienstleistungsfähige Produkte der verschiedensten Arten aufgeführt, von Bauunterfangungen über Häuser, Kläranlagen, Getränkeverpackungen bis zu Aktenordnern. Diese Zahlen wurden am Wuppertal Institut – oder in Zusammenarbeit mit dem Wuppertal Institut – erarbeitet. Darunter ist eine erhebliche Zahl von Diplom- und Doktorarbeiten. Die Details sind in dem in den Literaturangaben erwähnten MAIA-Handbuch dokumentiert.

Module für MAIA

Will man die Rucksäcke von Sachgütern wirklich von der Wiege bis zur Wiege berechnen, und das in einer vernünftigen, der Praxis in der Industrie angemessenen Zeit, dann müssen unter anderem Daten über die Ressourcenintensität von Transportsystemen verfügbar sein. Ohne solche Daten käme in unserem obigen Beispiel der Fabrikant von Bürostühlen zu keinem vollständigen Ergebnis. Das gleiche gilt für den elektrischen Strom, der zur Produktion gebraucht wird. Der Praktiker muß Daten über seine Ressourcenintensität einer Tabelle entnehmen können, und zwar aufgeschlüsselt nach den verschiedenen Elektrizitätsherstellungsverfahren. Informationen über diese beiden für eine umfassende Analyse der Ökologischen Rucksäcke von Produkten wichtigen Datenmodule möchte ich deshalb hier im einzelnen vorstellen, zusammen mit Daten zur Ressourcenproduktivität von Feldfrüchten, die in erheblichem Maße von der mit ihrer Produktion verbundenen Erosion bestimmt werden. Erarbeitet haben die im folgenden genannten Ergebnisse in mühevoller Kleinarbeit Hartmut Stiller (Transport), Christopher Manstein (Elektrizität) und Helmut Schütz (Erosion) am Wuppertal Institut.

Der ökologische Preis des Frachtverkehrs

Man hört oft, der Umwelt könne sehr geholfen werden, wenn der Frachtverkehr auf die Schiene verlegt würde. Dahinter steckt der feste Glaube, die Bahn sei selbstverständlich umweltfreundlich. Dies ist aber nicht unbedingt der Fall. Selbst wenn die Bahn gegenüber dem Straßentransport einen Vorteil haben sollte, was den Ausstoß von Kohlendioxyd angeht, so ist dies nicht das einzige Kriterium für Umweltqualität. Mindestens ebenso wichtig ist die Ressourcenproduktivität, der Materialinput pro Tonne Frachtkilometer. Die Berechnung beginnt bei der Beschaffung der Ressourcen in den Lagerstätten und endet bei der Entsorgung alter Gleise, Schwellen und Waggons. Wie gut die Bahn dabei abschneidet, hängt nicht unerheblich von der Kapazitätsauslastung der Bahn ab. Zu lange Züge (und auch zu kurze) können technische Verbesserungen ökologisch (wie auch finanziell) ganz schnell »auffressen«. Ökologisches Handeln hat offenbar nicht wenig mit pfiffigem Management zu tun, und es erfordert natürlich auch Flexibilität.

In der Abbildung 13 sind die Ergebnisse zusammengefaßt.[4] Sie beziehen sich jeweils auf das Gesamtsystem, das heißt zum Beispiel, daß beim Lastwagentransport die gesamte Infrastruktur der Straßen, Tankstellen, Parkplätze usw. in die Berechnungen einbezogen wurde. Darüber hinaus wurde für die Analysen auch die Kapazitätsauslastung berücksichtigt. Es stellt sich heraus, daß der Fuhrpark der Bahn für den

Transportsysteme*	abiot. Rohmaterial g/t-km	Luft g/t-km	Wasser g/t-km
Seeschiffahrt	6	10	52
Binnenschiffahrt	346	41	11699
Bahntransport	952	49	4587
Straßengüterverkehr	976	226	7070

* ohne Güterumschlag

Abbildung 13: Die ökologischen Kosten des Transports durch verschiedene Transportsysteme im Vergleich. Es wurde jeweils die gesamte nötige Infrastruktur sowie die Auslastung berücksichtigt. Die Zahlen sind MIPS-Werte, gemessen in Gramm pro Tonne und gefahrenem Kilometer.

Frachtverkehr im Durchschnitt nur zu knapp 20 Prozent der Zeit ausgenutzt wird.

Besonders deutlich wird, daß Transporte per Seeschiff über weite Entfernungen ökologisch günstig sind. Im wesentlichen liegt das daran, daß die Fahrzeuge langlebig und nur in Häfen auf aufwendige Infrastrukturen angewiesen sind. Im übrigen ist ihr Treibstoffverbrauch vergleichsweise gering.

Der Vergleich des Lastkraftwagens auf der Straße mit dem Frachtzug auf der Schiene zeigt, daß die stets angenommene ökologische Überlegenheit des Schienenverkehrs sehr kritisch hinterfragt werden muß. Die abiotischen Rucksäcke des Lkw-Verkehrs liegen fast gleichauf mit denen der Deutschen Bahn. Im Vergleich des schienengebundenen Transportes mit dem per Sattelzug auf der Autobahn liegt der Straßenverkehr sogar deutlich günstiger. Diese Ergebnisse spiegeln die Tatsache wider, daß beim Straßentransport die Kapazitätsauslastung besser gelingt. Auch ein energetisch noch so günstiger Güterzug hat eine schlechte Ressourcenproduktivität, wenn er die meiste Zeit nutzlos herumsteht oder halb leer fährt.

Aus diesen Ergebnissen sollten jedoch keine vorschnellen Schlüsse gezogen werden. Es besteht überhaupt kein Zweifel, daß schienengebundener Verkehr prinzipiell ökologisch günstiger gestaltet werden *kann* als Transporte auf Straßen. Hierzu muß allerdings sein Hauptvorteil, nämlich der geringere Reibungsverlust der Räder auf dem Fahrweg, auch wirklich genutzt werden. Angesichts des heutigen Zustands bei der Bahn, mit extrem hohem Ressourcenaufwand in der gesamten Infrastruktur und im Fuhrpark, ist dies sehr schwierig.

Ein Beispiel, das sicherlich kein Einzelfall ist, begegnete mir auf der Insel Rügen. Am 26. August 1996, morgens um 8.56 Uhr, fuhr ein Zug in Lauterbach zu dem rund 15 Kilometer entfernten Ziel Bergen ab. Rund zwanzig Minuten später war er dort. Der Zug bestand aus drei Waggons mit je 40 Tonnen und an jedem Ende einer Lokomotive mit 64 Tonnen. Alles in allem waren also 248 Tonnen Zug unterwegs. An Bord befanden sich fünf Fahrgäste.

Selbst wenn dieser Zug zu anderen Jahres- oder Tageszeiten besser ausgelastet sein sollte, muß man sich angesichts dieser Materialschlacht fragen, ob nicht eine Lokomotive genügt hätte, auch wenn der Zug im Pendelverkehr zwischen den beiden Endstationen dann in einer Richtung geschoben werden muß, und ob man die Zahl der Waggons nicht dem Bedarf besser anpassen könnte. Die Bahn und auch Unternehmen des Öffentlichen Nahverkehrs in Städten neigen dazu, die Kapazität von Fahrzeugen auf ihren Linien am Maximalbedarf zu orientieren. Das mag bequem sein und häufiges An- und Abkoppeln von Waggons oder Wechsel der Fahrzeuge ersparen, ist aber aus ökologischer Sicht kontraproduktiv und mit Sicherheit ein Punkt, an dem die Ressourcenproduktivität der Transportdienstleistung um traumhafte Faktoren verbessert werden könnte.

Eine Einschränkung muß ich allerdings hinzufügen: Überstürzte Innovation kann ein sehr materialintensiver und deshalb untauglicher Versuch zur Dematerialisierung sein. Solange ein Transportunternehmen alte, funktionsfähige Fahrzeuge hat, kann es ökologisch günstiger sein, diese alten Fahrzeuge weiterzubenutzen; denn schließlich müssen auch moderne, materialsparende Waggons, Busse und Bahnen erst einmal hergestellt werden.

Am Rande bemerkt: Am Bahnhof Lauterbach stand ein Vierzigtonner Lastwagen aus Schottland. Er lud Fisch in Dosen auf. Schottland, so hört man, soll am Meer liegen.

Insbesondere im Hinblick auf den Bau von Transportsystemen in der Dritten Welt sollten aus diesen Analysen und Anmerkungen Konsequenzen gezogen werden: Es sollte, auch mit Hilfe von europäischem Know-how und mit finanzieller Unterstützung, alles getan werden, um in diesen Ländern intelligente neue Infrastruktursysteme zu bauen und zur Reife zu bringen.

ICE oder Transrapid?

In der deutschen Verkehrspolitik wird heftig über den Bau einer Magnetschwebebahn »Transrapid« von Hamburg nach Berlin gestritten. Insbesondere ökologisch interessierten Menschen scheint dieses Vorhaben äußerst suspekt.

Hartmut Stiller vom Wuppertal Institut hat nun in Zusammenarbeit mit der Universität Kassel Berechnungen nach dem MIPS-Konzept angestellt, um die Ressourcenproduktivität des ICE mit der der geplanten Magnetschwebebahn zu vergleichen. Es wurden dazu verschiedene Parameter variiert: die Fahrgeschwindigkeit, die Anzahl der Sitzplätze pro Quadratmeter Zugfläche, die Streckenführung und die Quelle, aus der der Strom bezogen wird. In mehreren Szenarien wurden zunächst für ICE und Transrapid ähnliche technische Rahmenbedingungen konstruiert, um sie besser vergleichbar zu machen (»Technologieszenarien«). In einer Gruppe weiterer Szenarien wurden in der Realität mögliche Alternativen durchgespielt und verglichen (»Realszenarien«). Die Alternativen waren die geplante Trasse über Schwerin sowie eine von verschiedenen Umweltverbänden vorgeschlagene Strecke für den ICE über Uelzen, für die das vorhandene Netz von Hochgeschwindigkeitsstrassen nur auf einem Stück von 95 Kilometern geschlossen werden müßte.

Derzeit gilt die verkehrspolitische Vorgabe, daß die Strecke Hamburg–Berlin innerhalb einer Stunde zurückgelegt werden soll. (Ich habe diese Vorgabe nie verstanden. Vermutlich wurde sie mit Blick auf die Konkurrenz des Flugverkehrs formuliert. Mit dem Flugzeug braucht man aber, ehrlich gerechnet, erheblich mehr Zeit und kommt sich dabei, wie heute überall im innereuropäischen Flugverkehr, zumeist wie eine schlecht verpackte Sardine vor). Um das strukturschwache Mecklenburg anzubinden, ist ferner ein Halt in der Nähe von Schwerin geplant, was gegenüber einer Direktverbindung zu einem Umweg von 37 Kilometern zwingt. Diese Vorgaben erfordern Spitzengeschwindigkeiten von mindestens 400 Kilometern pro Stunde.

Die Trasse für den Transrapid soll zu knapp 50 Prozent auf Betonstelzen über dem Erdboden verlaufen. Der Rest soll ebenerdig oder im Einschnitt geführt werden; Tunnel sind nur auf 0,1 Prozent der Strecke vorgesehen. Für alle Trassen wurde für die Berechnung der Materialintensität eine Lebenszeit von achtzig Jahren angenommen, natürlich mit den angemessenen Abweichungen für Verschleißteile. Dabei wurde unterstellt, daß die ICE-Trasse als reine Hochgeschwindigkeitstrasse ausgelegt, also nicht für den Güterverkehr benutzt wird. (Zusätzlicher Güterverkehr macht höhere Anforderungen nötig.) Für die Berechnung der Materialintensität war weiterhin wichtig, daß der Transrapid seine Energie aus dem materialintensiven öffentlichen Stromnetz bezieht, während dem ICE ein Anteil des ökologisch günstigeren bahneigenen Stromes zugerechnet wurde (siehe den folgenden Abschnitt »Rucksäcke aus der Steckdose«). Zum Energieverbrauch des ICE wurden Daten für den ICE 1, zum Transrapid Angaben von Thyssen-Henschel für Versuchsfahrzeuge von 1996 benutzt.

Der Transrapid wird derzeit mit 500 Plätzen in 6 Waggons geplant; für den ICE wurden in der heute üblichen Ausstattung 12 Waggons mit 654 Plätzen veranschlagt. Alternativ wurde die Bestuhlung des französischen TGV ohne Bordrestaurant mit 696 Sitzplätzen untersucht.

Die Resultate der Berechnungen zeigen die Tabellen. Unter gleichen Rahmenbedingungen, also in den Technologieszenarien, ist die ICE-Verbindung auf jeden Fall materialintensiver. Der Rohstoffverbrauch steigt mit der Geschwindigkeit stark. Deshalb ist ein Transrapid, der 400 Stundenkilometer fährt, nicht mehr generrell besser als ein ICE mit 300 Stundenkilometern.

Ein erheblicher Teil der abiotischen Ressourcen wird für die Infrastruktur gebraucht. Die Infrastruktur des Transrapid erweist sich als wesentlich ressourcenschonender als die des ICE. Der Transrapid kann engere Kurven fahren und steilere Steigungen überwinden. Außerdem wird seine Trasse überwiegend auf Stelzen gebaut, was weniger starke Eingriffe in die Natur verlangt als eine ICE-Trasse auf dem Boden. Der

	Abiotische Rohmaterialien	Wasser	Luft
Technologieszenario 1: 250 km/h			
Transrapid	355	4947	35,3
ICE	696	6704	43,9
Technologieszenario 2: 300 km/h			
Transrapid	429	6323	45
ICE	784	8510	69,6
Technologieszenario 3: 400 km /h (nur Transrapid)			
Transrapid	585	9211	64,9

Abbildung 14: Technischer Vergleich von Transrapid und ICE auf der Strecke Hamburg–Berlin unter möglichst stark angeglichenen Rahmenbedingungen. Die Zahlen sind MIPS-Werte, gemessen in Gramm pro gefahrenem Kilometer und transportierter Person (Gramm pro Personenkilometer).

	Abiotische Rohmaterialien	Wasser	Luft
Transrapid			
430 km/h, ICE-Bestuhlung	202	3186	22,4
430 km/h, TGV-Bestuhlung	153	2288	16,2
400 km/h, TGV- Bestuhlung	141	2067	14,7
350 km/h, TGV- Bestuhlung	127	1757	12,5
ICE			
230/300 km/h via Uelzen TGV-Bestuhlung, Strom	127	2625	12,6
aus öffentlichem Netz	169	2023	13,0
300 km/h via Schwerin	224	3090	15,1

Abbildung 15: Vergleich denkbarer Alternativen der Verbindung Hamburg–Berlin mit dem Transrapid und dem ICE. Die TGV-Bestuhlung läßt eine bessere Auslastung der Züge zu. Die ICE-Strecke über Uelzen würde nur auf einem kurzen Stück von 95 Kilometern eine neue Hochgeschwindigkeitstrasse nötig machen. Da der Transrapid seinen Strom nicht aus dem bahneigenen Netz beziehen müßte, ist auch eine Versorgung des ICE aus dem öffentlichen Netz in den Vergleich einbezogen. Die Zahlen sind MIPS-Werte und gemessen in Gramm pro gefahrenen Kilometer und tranportierte Person (Gramm pro Personenkilometer).

ICE kann in der Variante der Streckenführung über Uelzen mithalten, weil dort ein vorhandenes Schienennetz mitbenutzt werden kann. Diesen Vorteil hat der ICE überall, wo er auf vorhandenen Trassen fahren kann. Da die Geschwindigkeit auf 230 Stundenkilometer reduziert werden müßte, sinkt auch der Stromverbrauch, was zu weiteren ökologischen Vorteilen führt. So würde bei dieser Variante der Verbrauch an Luft (CO_2) um rund 16 Prozent und der Verbrauch an abiotischen Materialien um 12 Prozent sinken.

Ohne die politischen Vorgaben von einer Stunde Reisezeit und einer auf 350 Stundenkilometer reduzierten Geschwindigkeit – die Reisezeit würde sich dadurch um nicht einmal zehn Minuten verlängern – zeigt der Transrapid trotz eines Umwegs über Schwerin eine etwas geringere Materialintensität als der ICE auf der ökologisch günstigsten Strecke über Uelzen.

Im Vergleich schneidet der Transrapid somit insgesamt besser ab als der ICE. Zugleich wird allerdings auch deutlich, daß die Materialintensität bei höherer Geschwindigkeit deutlich, beim ICE sprunghaft zunimmt. Dieser Anstieg des Materialbedarfs kommt dadurch zustande, daß bei hohen Geschwindigkeiten die Reibung an Schienen und Luft drastisch zunimmt und daher der Energieverbrauch wesentlich stärker steigt, als dem Geschwindigkeitsgewinn entspricht. Weitere Vorteile des Transrapid sind, daß er schneller beschleunigen kann und bei niedrigeren Geschwindigkeiten weniger Lärm verursacht als der ICE. Ein Nachteil könnte unter Umständen die Anbindung an die Verkehrssysteme in den Städten liegen. Sind lange Anfahrtszeiten oder Check-in-Zeiten nötig, so könnte der Zeitverlust stärker wiegen als alle ökologischen Vorteile.

Wußten Sie übrigens, daß die Höchstgeschwindigkeitszüge in Japan nicht schneller fahren dürfen als 300 Kilometer pro Stunde, weil sie sonst zuviel Lärm verursachen?

Auch an diesem Beispiel wird deutlich, wie sehr quantitative Berechnungen nach dem MIPS-Konzept helfen können, bessere Entscheidungsgrundlagen zu schaffen.

Rucksäcke aus der Steckdose

In den Berechnungen der Ökologischen Rucksäcke nach dem MIPS-Konzept rechnen wir mit Massen, nicht mit Energiegrößen, also mit Gramm, Kilogramm und Tonnen, nicht mit Wattstunden und Kilowattstunden. Das gilt auch für die Energie, die in Werkstoffen und Produkten steckt. Energie berücksichtigen wir als Masse der Energieträger in ihrer ursprünglichen Form, zum Beispiel als Kohle, Öl oder Erdgas, einschließlich der Rucksäcke dieser Energieträger.

Die Hauptgründe hierfür sind: Nicht Energie verursacht fast alle der uns bekannten Umweltschäden, sondern die mit dem Verfügbarmachen von Energie verbundenen Materialströme (Abraum, Grundwasser, Kohlendioxyd, Schwefeldioxyd, Staub, Wasserdampf etc.). Der Mensch bewegt heute mehrfach soviel Materialien an der Erdoberfläche wie die geologischen Kräfte. Er verbraucht aber nur etwa ein Drittel eines Zehntelprozents der Sonnenenergie, die allein auf die Landflächen der Erde eingestrahlt werden.

Das Ziel muß sein, die Stoffströme für das gesamte System der Energiebereitstellung anzugeben, also die Summe aller Materialien, die für die Bereitstellung einer Kilowattstunde Strom der Ökosphäre entnommen wurden. Bei der Analyse gehen wir in zwei Schritten vor.[5] Im ersten Schritt werden die Prozesse untersucht, die zur Bereitstellung der Energieträger nötig sind, angefangen beim Bergbau. Im zweiten befassen wir uns mit den Umwandlungsprozessen in den Energiesystemen (Kraftwerken).

Zur Materialintensität der Bereitstellungsprozesse gehören natürlich die direkten Primärmaterialbewegungen, also etwa Abraum- und Grundwasserbewegungen im Braunkohletagebau. Dazu kommen erstens die jeweils benötigte Infrastruktur, z.B. Baustoffe in Bergwerksgruben, zweitens Stoffströme durch Transport, wie Erdgastransporte in Pipelinesystemen oder Transporte der Importkohlen, sowie drittens Stoffströme, die mit dem Energieverbrauch bei der Bereitstellung von Energieträgern zusammenhängen, zum Beispiel mit dem Elektrizitätsverbrauch im Kohlebergbau. (Die ermittelten Ökologischen Rucksäcke sind im Anhang aufgeführt.)

Wie Abbildung 16 zeigt, ergibt der Vergleich verschiedener Stromerzeugungssysteme ganz erstaunliche Unterschiede der »Umweltkosten«. Ein modernes, mit Erdgas befeuertes Gas- und Dampfkraftwerk (GuD-Kraftwerk) verlangt unter den konventionellen Stromerzeugungssystemen den mit Abstand niedrigsten Materialinput. Der für das gesamte Produktionssystem errechnete Verbrauch abiotischer Rohmaterialien pro Megawattstunde Strom ab Werk liegt bei einem GuD- Kraftwerk fast um einen Faktor 50 unter dem des Braunkohlekraftwerkes. Auch der spezifische Luft- und Wasserverbrauch liegt deutlich niedriger als beim Braunkohlekraftwerk.

Dem Kernkraftwerk haben wir, um den Entsorgungsaufwand wenigstens teilweise zu berücksichtigen, den Bauaufwand zur Errichtung einer Endlagerstätte zugerechnet; den Ergebnissen liegt eine Studie des US-Department of Energy aus den achtziger Jahren zugrunde.[6] Dabei handelt es sich um eine vorläufige und sehr vorsichtige Minimalabschätzung, denn die verfügbaren Daten sind sehr unvollkommen. Es wäre wünschenswert, daß Kernkraftwerksbetreiber in Deutschland ausreichendes Zahlenmaterial zur Verfügung stellen, damit die Ressourcenproduktivität von deutschen Anlagen im Rahmen politisch vertretbarer Entsorgungspläne errechnet werden kann. Es ist sicher, daß der Materialinput dann wesentlich höher ausfallen wird als angegeben.

Die angegebenen Werte für ein Laufwasserkraftwerk und eine Windkraftanlage zeigen, daß auch die Stromgewinnnung in regenerativen Systemen nicht zum ökologischen Nulltarif zu haben ist, gleichwohl aber deutlich unter denen der konventionellen Systeme liegt. Sehr deutlich zeigt die Abbildung zudem, daß eine undifferenzierte Befürwortung der Nutzung erneuerbarer Energierohstoffe, insbesondere des Rapsöls, in die falsche Richtung führen kann. Auch die Landwirtschaft verursacht erhebliche Stoffströme. Die Abbildung zeigt aber auch, daß ökologischer Landbau und optimierende technische Verfahren Rapsöl zu einer Alternative zu vielen anderen Energierohstoffen machen können. Insbesondere kann man aus der Abbildung die Empfehlung ablesen, Restholz als Energiequelle stärker als bisher in Betracht zu ziehen, denn der Materialinput ist besonders klein.

Elektrischer Strom wird nicht nur für das öffentliche Stromnetz herge-

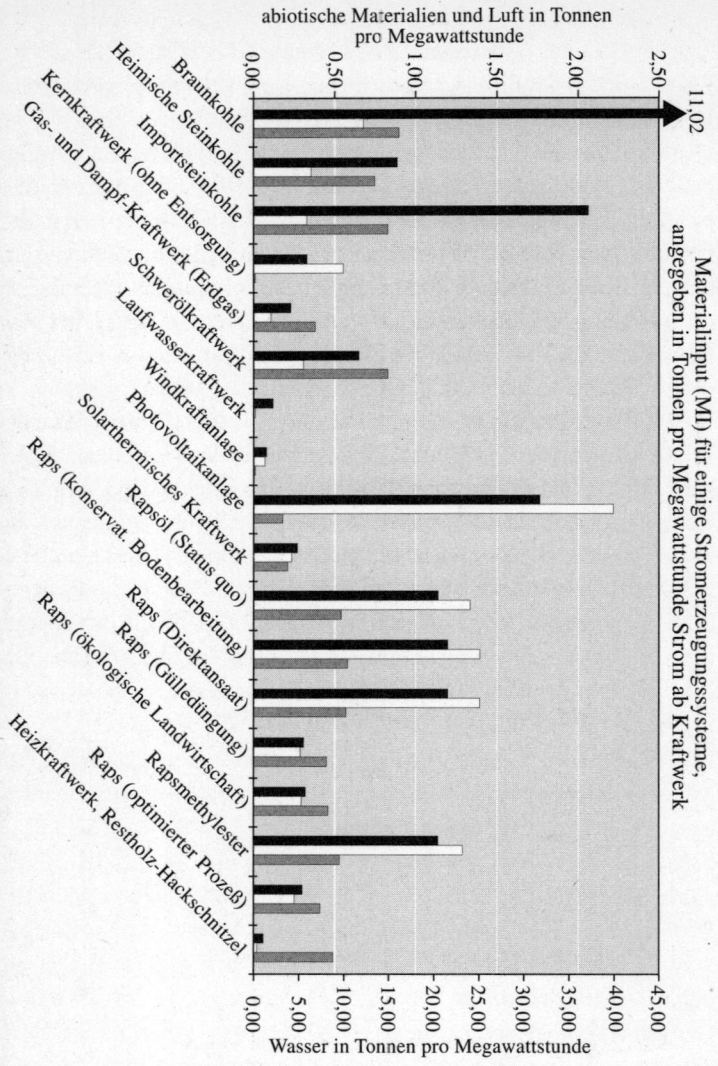

Abbildung 16: Materialintensität einiger Stromerzeugungssysteme bezogen auf eine Megawattstunde Strom ab Kraftwerk. Vorausgesetzt ist, daß Raps in allen Varianten in Blockheizkraftwerken (BHKW) genutzt wird.[7]

150

stellt. Verschiedene Unternehmen haben eigene Energieerzeugungsanlagen; dazu gehört auch die Bahn. Abbildung 17 zeigt, daß der in verschiedenen Branchen genutzte Strom mit recht unterschiedlichen Rucksäcken belastet ist.

In der Tabelle sind die jeweiligen Anteile von industrieller Eigenerzeugung und von Bezügen aus dem öffentlichen Versorgungsnetz berücksichtigt. Die Materialintensität der industriellen Eigenerzeugung liegt deutlich unter der der öffentlichen Stromversorgung. Die Wirkungsgrade sind deutlich höher, es wird häufiger mit Kreislaufkühlsystemen und deshalb mit deutlich geringerem Wasserverbrauch gearbeitet, und zum Teil werden Neben- und Abfallprodukte in der Stromgewinnung eingesetzt (Gischtgas, Grubengas).

Zusammengefaßt sagen die Abbildungen 16 und 17: Zehn Stunden Licht aus einer Hundert-Watt-Glühbirne werden in Deutschland mit einem Verbrauch von fast fünf Kilogramm abiotischer Natur und mehr als achtzig Liter Wasser von der Umwelt subventioniert; darin sind die Rucksäcke der Glühbirne und der anteilige Rucksack des Verteilungsnetzes ab Kraftwerk noch nicht enthalten. Für die Dienstleistung Strom zahlt der Verbraucher im allgemeinen rund 23 Pfennig pro Kilowattstunde (wir sprechen von COPS, siehe Kapitel »Kosten, Preise, Pro-

Deutschland 1991:	abiotische Materialien (kg/kWh)	Wasser (kg/kWh)	Luft* (kg/kWh)
Öffentliches Netz	4,7	83,1	0,6
Industrielle Energieerzeugung*	2,7	37,9	0,64
Bahnstrommix**	1,6	47,5	0,55
Braunkohlebergbau**	3,8	63,1	0,62
Steinkohlebergbau**	3,9	64,5	0,61
Chemische Industrie**	4,0	66,5	0,61
*ohne die aus dem öffentlichen Netz bezogenen Strommengen **inklusive der aus dem öffentlichen Netz bezogenen Strommengen			

Abbildung 17: Ökologische Rucksäcke von Strom aus unterschiedlichen Stromerzeugungssystemen.

duktivität«). Rechnet man das auf den Ökologischen Rucksack um, so bedeutet dies, daß der Verbraucher mit diesem Strompreis für eine Tonne fester Natur knapp 50 Mark bezahlt. Ein deutscher Arbeitnehmerhaushalt mit einem Nettoeinkommen von 3000 Mark im Monat könnte sich demnach rein rechnerisch, wenn er ausschließlich Strom kaufen würde, im Durchschnitt etwa 60 Tonnen Natur im Monat oder 700 Tonnen im Jahr leisten. Wäre dies Weltnorm, würden auf diesem hypothetischen Wege weltweit 1000 Milliarden Tonnen feste Natur im Jahr »verbraucht«. Tatsächlich »verbraucht« aber jeder deutsche Normalverbraucher im Durchschnitt etwa 80 Tonnen feste Natur im Jahr, was nicht 700, sondern »nur« etwa 250 Tonnen pro Haushalt entspricht. Der im Strom steckende Naturverbrauch ist also besonders billig, oder, andersherum formuliert: Strom ist aus ökologischer Sicht ein besonders hoch subventioniertes Wirtschaftsgut.

Die Industrie ist dem öffentlichen Elektrizitätsanbieter ökologisch um einen Faktor 2 überlegen: Der Industriestrom wird von der Ökosphäre nur etwa halb so hoch subventioniert.

Wie man Feldfrüchte mit dem MIPS-Konzept ökologisch einschätzen kann

»Erosion is one of those things that nickels and dimes you to death« (die Erosion ist eine von jenen Ursachen, die in ganz kleinen Schritten zum Tode führen), sagt David Pimentel von der Cornell University[8], Obschon Erosion an sich eine ganz natürliche Sache ist – sonst würden Bäche und Flüsse von Natur aus immer »sauber« aussehen –, hat der Mensch es durch im Verlauf von wenigen Jahrzehnten sprunghaft intensiver gewordener mechanischer Bodenbearbeitung in der Land- und Forstwirtschaft, für Sportanlagen und im Anlagenbau zu erstaunlichen Veränderungen gebracht. Etwa 75 Milliarden Tonnen Erde werden von Wind und Regen jedes Jahr weltweit abgetragen, also durchschnittlich mehr als 12 Tonnen pro Erdenbürger. Etwa 65 Prozent der Erosion gehen auf die Landwirtschaft zurück, wobei das Pflügen die wichtigste Ursache ist.

Bei einer Anhörung habe ich einmal Kollegen von einer berühmten landwirtschaftlichen Hochschule gefragt, warum überhaupt gepflügt werde und wenn schon, warum so oft. Die Experten schauten mich etwas mitleidig an. Das Pflügen ist zwar die nächstliegende Art, Böden für das Saatgut vorzubereiten, aber mit Sicherheit nicht die einzige. Pflügen ist in hohem Maße erosionsfördernd und hat – zu häufig angewandt – negative Auswirkungen auf das gesamte Bodenökosystem. Dies gilt insbesondere beim Einsatz großer und schwerer Geräte. Ökologisch bewußte Bauern pflügen nur etwa alle vier Jahre und bringen vergleichbare Ernten ein – allerdings mit höherem Arbeitsaufwand.

Biologischer Landbau erhält und schafft Arbeitsplätze. Das Argument, der biologische Anbau bringe nicht genügend Ertrag, um die Menschheit zu ernähren, stimmt nur dann, wenn in den reichen Ländern der Anspruch bestehen bleibt, Rindfleisch (das zum Teil hoch subventioniert ist) und anderes Fleisch in großen Mengen zu verzehren. Hinzu kommt, wie ich im Kapitel »Wie gut stehen wir da?« ausgeführt habe, daß nur ein geringer Teil der geernteten Biomasse in Produkten verfügbar gemacht wird.

Wird die moderne Landwirtschaft so weitergeführt wie heute weitgehend üblich, hat sie keine große Zukunft. Die intensive Bodenbearbeitung mit Hilfe schwerer Maschinen führt unweigerlich zum Ende der landwirtschaftlichen Produktion. Ernteerträge nehmen mit wachsender Erosion ab, weil die Fruchtbarkeit der Böden und ihre Fähigkeit, Feuchtigkeit zu speichern, abnehmen. Bis zu einem gewissen Grad können diese Verluste mit Chemie und künstlicher Bewässerung, also durch Abnahme der Ressourcenproduktivität, ausgeglichen werden. Die negativen Folgen dieser Behandlung sind oft beschrieben worden; sie brauchen hier nicht wiederholt zu werden. Nicht beschrieben wurde bisher die daraus resultierende miserable Ressourcenproduktivität.

Irgendwann ist einfach nicht mehr genug Muttererde da, wenn wir so weitermachen wie bisher. In den »Kornkammern« des Mittleren Westens der USA verschwand während der letzten hundert Jahre etwa 40 Prozent der fruchtbaren Krume durch Erosion. Nach Schätzungen von Pimentel werden jährlich weltweit mehr als zehn Millionen Hektar fruchtbares Land durch falsche landwirtschaftliche Methoden zerstört und dann verlassen.

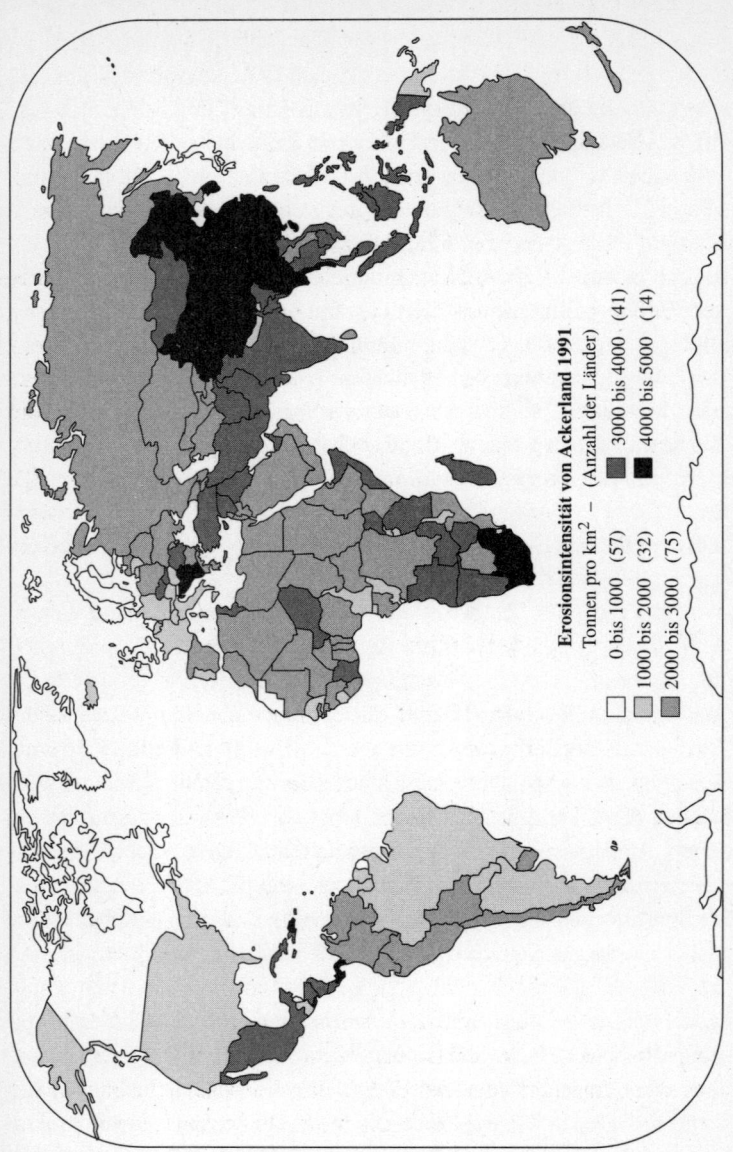

Abbildung 18: Weltkarte der Erosion. Es werden hier je nach Fortschritt der Bodenabtragung vier Grade unterschieden. (Quelle: Helmut Schütz, Wuppertal Institut)

In den USA werden die Kosten der Erosionsschäden auf 44 Milliarden Dollar jährlich geschätzt, weltweit auf etwa 400 Milliarden Dollar. Das sind, auf die Erdbevölkerung bezogen, pro Kopf 60 Dollar. Pimentel schätzt weiterhin, daß in den USA mit jedem Dollar, der zum Schutz gegen drohende Erosion eingesetzt wird, etwa fünf Dollar eingespart werden können, die als Folgekosten der Erosion anfallen. Zur Zeit wird allerdings kein Dollar für Schutzmaßnahmen ausgegeben.

In Afrika, Asien und Südamerika sind die Erosionsschäden am höchsten. In Europa und in den USA liegt die durchschnittliche Abtragung bei etwa 17 Tonnen pro Hektar jährlich, etwa dem Siebzehnfachen der Geschwindigkeit, mit der Muttererde gebildet wird. In ungestörten Wäldern in den USA liegt die Erosionsrate unter 0,05 Tonnen pro Hektar jährlich. Abbildung 18 zeigt die Situation.

Mit angemessenen erd- und wasserkonservierenden Methoden kann die Erosionsrate um einen Faktor 2 bis 1000 gesenkt werden. Dadurch fließt auch das Wasser um einen Faktor 1,3 bis 20 weniger schnell ab.

Auf den Punkt gebracht

Wir haben am Wuppertal Institut die Methode der Materialintensitätsanalyse (MAIA) entwickelt, um allen, die an ihrer Position in Wirtschaft, Staat und Privathaushalt Einfluß auf die Stoffströme nehmen können, die Hilfsmittel zur Verbesserung der Ressourcenproduktivität an die Hand zu geben. Designer und Konstrukteure in den Unternehmen, Planer und Einkäufer in Wirtschaft und Staat und nicht zuletzt die Konsumenten selbst können anhand dieser Informationen Entscheidungen für einen ökologisch zukunftsfähigeren Umgang mit Ressourcen treffen.

Sie alle brauchen dazu zunächst einmal Grunddaten, also die Ökologischen Rucksäcke von Rohstoffen, Vorprodukten und Systemen wie etwa dem Transport oder der Elektrizität. Die Übersicht im Anhang sollte dem Einstieg in die Praxis der Materialintensitätsanalyse dienen. Die dort abgedruckten Tabellen sind zwar alles andere als vollständig, aber die Zahlen sollten zunächst ausreichen, die meisten Industrieprodukte und Dienstleistungen zumindest einer ersten Überprüfung zu unterziehen. Dieses Zahlenwerk wird ständig erweitert, präzisiert, dem Bedarf angepaßt und im Internet zur Verfügung gestellt.

Des weiteren habe ich in diesem Kapitel am Beispiel des Stuhls gezeigt, wie man mit den Ökologischen Rucksäcken rechnet. Wichtige Punkte sind:

- Primärwerkstoffe gehen mit ihrem gesamten Materialinput (MI) in Produkte ein.
- Abfälle und »Verschnitt« während der Produktion werden dem Produkt als Materialinput zugeschlagen, ebenso der anteilige Materialinput für das gesamte Produktionssystem, jedenfalls dort, wo dieses Produktionssystem selbst vergleichsweise materialintensiv ist.
- Summiert man die Materialinputs aller Werkstoffe, die zu einem Produkt verarbeitet wurden, und des Produktionssystems, so erhält man den Materialinput für dieses Produkt.
- Den Ökologische Rucksack eines Produkts erhält man, wenn man vom Materialinput das Eigengewicht des Produktes abzieht.
- Die im Anhang angegebenen Zahlen für die Materialinputs der Sekundärwerkstoffe entsprechen deren Ökologischen Rucksäcken; das heißt, das Eigengewicht recycelter Werkstoffe wird nicht berücksichtigt, da sie ja nicht noch einmal der Natur entnommen werden mußten.

Verbraucht ein Produkt auch während der Nutzung weiter Ressourcen, wie etwa alle motorisierten Maschinen, dann kann sich ein hoher Materialinput bei der Herstellung in niedrigem Verbrauch während der Nutzungszeit und/oder langer Lebensdauer und damit insgesamt in einem ökologischen Vorteil niederschlagen. Um dies überprüfen zu können, muß man die Nutzungszeit des Produkts schätzen, beziehungsweise, genauer gesagt, die Nutzungsintensität, also die Zahl der Dienstleistungseinheiten, die das Produkt während seines Lebens erbringt. (Diese Schätzung kann zugleich als Basis für Garantieleistungen und Wartungsverträge dienen.)

Eine wichtige Quelle für eine bessere Ressourcenproduktivität ist die

Ausschöpfung der Nutzungskapazität des Produkts. Selbst die größten Anstrengungen auf der Seite des Designs und des Einkaufs können zunichte gemacht werden, wenn der oder die Nutzer das Produkt kaum einsetzen oder nicht auslasten.

8 Kosten, Preise, Produktivität

Der Rolls-Royce-Effekt und die COPS

Versetzen wir uns in eine Szene, die jedem Konsumenten vertraut ist. Wir sind auf der Suche nach einer guten Leselampe. Wir finden schließlich zwei verschiedene Lampen, die uns beide gefallen und den gleichen Preis haben. Der Verkäufer macht uns darauf aufmerksam, daß eine der beiden Lampen bei gleichem Stromverbrauch mehr Leuchtkraft hat, weil der Lampenschirm die Lichtstrahlen besser bündelt. Wenn unser Kriterium also ist, für unser Geld eine Lampe mit möglichst guter Lichtausbeute zu bekommen, entscheiden wir uns für diese offenbar kostengünstigere Lösung.

Aber vielleicht wollten wir ja nicht nur die Lampe mit der besten Lichtausbeute kaufen. Vielleicht hatten wir nach einem Produkt mit möglichst gutem Preis-Leistungs-Verhältnis Ausschau gehalten. Die Lampe soll für möglichst wenig Geld gutes Licht geben – und das möglichst lange. Ob es sich bei der Lampe tatsächlich in diesem Sinne um die technisch bessere Lampe handelt, weiß weder der Verkäufer noch der Käufer, denn dazu müßten die beiden darüber informiert sein, ob die zwei Lampen auch gleich lange leben, ob die Instandhaltung gleich aufwendig ist und anderes mehr.

Der Ladenpreis ist nur der Kostensockel. Ein Teil der Kosten eines Produktes entsteht erst, wenn der Preis längst bezahlt und vergessen ist. Das wird noch deutlicher bei Gütern, die komplexer konstruiert sind als Lampen, etwa Nähmaschinen oder Geschirrspüler. Nach dem Kauf fallen Kosten für Betriebsmittel, für die Pflege, die Reparatur und schließlich für die Entsorgung an. Sie können beträchtlich sein. Die Summe für die Benutzung und Instandhaltung eines Mittelklassewagens zum Beispiel übersteigt in den meisten Fällen den Kaufpreis, so manches Mal sogar dann, wenn man die Zinsen für den Bankkredit einkalkuliert. Die umweltgerechte Entsorgung ist dabei noch gar nicht berücksichtigt.

Jeder kann diese Rechnung leicht nachvollziehen: Nehmen wir an, das Auto braucht sieben Liter Benzin auf 100 Kilometer und wird 100 000 Kilometer gefahren. Also braucht es 7000 Liter Benzin. Bei einem Benzinpreis von rund 1,50 Mark summieren sich allein die Benzinkosten auf 10 500 Mark. Dazu kommen weitere Kosten: Autowäsche, Reparaturen, Inspektionen, Reifen, Steuern, Versicherung – alles zusammen meist ungefähr noch einmal so viel, erfahrungsgemäß sogar mehr. Allein Steuern und Versicherung kosten zusammen nur selten weniger als tausend Mark im Jahr. Damit sind wir nach acht bis zehn Jahren Nutzungszeit schon beim Preis eines Kleinwagens angekommen – und wir sind nur 100 000 Kilometer gefahren!

Legt man den Kaufpreis auf die gefahrenen Kilometer oder die Nutzungszeit des Autos um, dann sind die Kosten pro Kilometer oder pro Monat am Anfang sehr hoch, nehmen mit dem Alter des Fahrzeugs aber ab, da sich der Kaufpreis amortisiert. Das hat allerdings zu dem Zeitpunkt ein Ende, an dem sich die Reparaturen häufen und teurer werden. Die Haltbarkeit von Dingen, die wir benutzen, ist wirtschaftlich also von großem Interesse.

Der kluge Konsument müßte, um Marktangebote wirklich vergleichen zu können, die gesamten im Leben eines Produktes anfallenden Kosten pro Nutzungs- oder Dienstleistungseinheit erfahren oder berechnen können. Ein anfänglich teures und auch schwereres Auto kann sich dabei als wirtschaftlicher erweisen als ein billiges. Walter Stahel[1] nennt das den Rolls-Royce-Effekt. Damit will er andeuten, daß langlebige Produkte, die beim Ankauf wesentlich teurer sind als andere, auf die lebenslange Leistung gerechnet insgesamt billiger sein können.

Das gilt natürlich auch für den lebenslangen Ressourcenaufwand pro Einheit Leistung. Eine Energiesparbirne etwa ist im Schnitt fünf- bis achtmal teurer als eine traditionelle Birne. Die Energiesparbirne hält aber zehnmal so lange wie eine herkömmliche Birne und gibt fünfmal soviel Licht bei gleichem Stromverbrauch. Die höheren Anschaffungskosten lohnen sich also, weil damit die billigere Dienstleistungserfüllungsmaschine zu haben ist.

Ich nenne den wirtschaftlich wirklich aussagekräftigen, aber für die meisten Sachgüter heute leider noch hypothetischen Gesamtpreis die »Kosten (Costs) per Einheit Service« – oder kurz die **COPS.**

»Per Einheit Service« deshalb, weil, wie gesagt, die Funktion eines Produkts, der Dienst, den es erfüllt, das Wesentliche ist. Beim Auto wären die COPS der Preis pro Kilometer, wenn man außer Benzin auch alle sonstigen Kosten, einschließlich des Kaufpreises und natürlich der Kreditkosten, einrechnet. Privat genutzte Mittelklassewagen kosten (ohne Kreditkosten) in diesem Sinne selten weniger als 60 Pfennig pro Kilometer, wahrscheinlich eher 70, 80 oder mehr.

Bei Dienstleistungen stimmt der Preis, den der Kunde zahlt, mit den COPS überein. COPS gibt es also bereits! Wenn Sie Ihre Telefon- und Stromrechnungen bezahlen oder eine Fahrkarte bei der Deutschen Bahn kaufen, dann zahlen Sie in COPS, nämlich für die Kosten pro Einheit Dienstleistung. Auch den Friseur zahlen Sie immer in COPS. Das heißt, Dienstleistungsanbieter werden grundsätzlich in COPS bezahlt. Anbieter von »harten« Gütern hingegen bekommen ihr Geld für die »Kosten pro Stück« – und wieviel der Käufer für die Nutzung berappen muß, ist sein Problem.

Diejenigen unter den Anbietern, die für ihre Leistungen ihre selbst produzierten Dienstleistungserfüllungsmaschinen einsetzen, etwa Volvo als Miteigentümer von Hertz Rent a Car, haben nicht nur den Vorteil, daß sie den Preis für die COPS verläßlicher berechnen können, sie können ihre eigenen Produkte auch kostengünstiger instand halten.

Der Privatbesitzer eines dienstleistungsfähigen Produkts aber kann im allgemeinen die COPS nicht kennen. Er weiß also letzten Endes gar nicht, wieviel er für den Nutzen bezahlt. Er könnte die COPS – zumindest näherungsweise – dann berechnen, wenn ihm der Hersteller eine Anzahl von Nutzungseinheiten garantiert. Nur der Hersteller kennt die wirkliche Qualität, die Haltbarkeit seines Produkts. Und dennoch gibt heute kaum ein Hersteller von Dienstleistungserfüllungsmaschinen solche Garantien an private Kunden – *noch* nicht jedenfalls. Das hat viele verschiedene Gründe, unter anderen auch den, daß Konsumenten mit gemieteten Dingen nicht unbedingt pfleglich umgehen. In Zukunft wird es aber, wie im Kapitel »Prosumenten und Produzenten« ausgeführt, produktbegleitende Informationssysteme geben. Diese könnten hier weiterhelfen, weil sie über den Gebrauch und den Zustand von Dingen verläßlich Auskunft geben können.

Wir scheinen uns aber, was Garantien angeht, durchaus in die richtige Richtung zu bewegen. Im September 1996 eröffnete die US-Sportbekleidungskette Eddie Bauer am Kurfürstendamm in Berlin ihre erste deutsche Filiale. Weitere sollen folgen. Eddie Bauer gibt in anderen Ländern auf alle verkauften Waren lebenslange Garantie, auf Kleidung und Accessoires von Thermoskannen bis zum Überlebenspaket. Mit bereits 400 Filialen weltweit und rund zwei Milliarden Mark Umsatz jährlich scheint sich diese Art Service zu lohnen. In Deutschland allerdings mußte das Unternehmen sich etwas anderes einfallen lassen, denn hierzulande gilt die Zusage einer lebenslangen Garantie als Verstoß gegen das Gewerberecht. Eddie Bauer Berlin nimmt aber bei ihm gekaufte Waren auf unbeschränkte Zeit zurück.

Beispiel: Das gläserne Auto

In alle Kraftfahrzeuge sollten Armaturen ähnlich einem Taxameter eingebaut werden, welche die gesamten wie auch die aktuellen Kosten pro Kilometer digital in COPS anzeigen. Und das wäre so möglich:
Beim Erstverkauf gibt der Händler das Datum und die Gesamtkosten, also neben dem Kaufpreis die Versicherungs-, Darlehens-, Überführungs- und Anmeldekosten, mittels einer zum Fahrzeug gehörenden Scheckkarte in den Bordcomputer ein. Die vom Hersteller garantierte Gesamtkilometerleistung wurde bereits vor Auslieferung an den Händler im Computer verbucht. Mit der Scheckkarte wird auch jede Tankfüllung, werden die Wartung, Reparaturen, Autobahn- und Parkgebühren sowie kostenpflichtige Verwarnungen durch die Polizei bezahlt. Und dank einer technischen Anbindung an die Hausbank können mit der Scheckkarte außerdem Bankdarlehen registriert und abgerechnet, KFZ-Steuern und Versicherungsbeiträge bezahlt werden. Ohne die Karte können weder die Rechnungen bezahlt noch kann das Fahrzeug gestartet werden. Bei jedem Start wird der Zusatzbetrag automatisch in den Bordcomputer eingegeben. Die Karte verbleibt beim Besitzer des Fahrzeugs. Sie ist selbstverständlich mit einer Geheimnummer versehen. Beim Verkauf des Fahrzeugs wird die Karte (nachdem sie mit dem Wiederverkaufspreis geladen wurde) dem neuen Besitzer übergeben.

Auf der Armatur sind sechs verschiedene Dinge ablesbar:
- der aktuelle Kilometerpreis in Pfennigen, gemessen an dem Treibstoff-
  preis und dem aktuellen Verbrauch in Sekundenfrequenz (abhängig
  etwa von der Beschleunigung und Geschwindigkeit);
- der maximale und der minimale Preis vom Anlassen bis zum Abstellen
  des Motors;
- die stets aktuelle Summe der seit dem Erstverkauf entstandenen Kosten
  in DM;
- die abgelaufene Zeit in Monaten sowie
- die monatlichen Durchschnittskosten seit Erstverkauf;
- der aktuelle Preis pro Kilometer, gemessen an der garantierten Gesamt-
  leistung und allen bis zum aktuellen Kilometer erstatteten Kosten, also
  die wirtschaftlichen Benutzungskosten (COPS) für das Fahrzeug, die
  »Kosten pro Einheit Service«.

Im Laufe der Zeit verringern sich die COPS bei gleichbleibenden Betriebskosten, die ursprüngliche Investition wird immer lohnender – es sei denn,
die Zinsen für das Bankdarlehen und hohe Betriebskosten fressen die Vorteile der Langlebigkeit des Fahrzeugs auf. In diesem Fall sollte sich der Au-
tobenutzer schnell nach einem Leasingvertrag oder einer Abmachung mit
einem Taxibesitzer umsehen.

Man kann das Auto natürlich noch transparenter machen, indem man in das
COPS-Gerät noch einen MIPS-Teil einbaut.

Halten wir fest:

Die wirtschaftlichen Benutzungskosten eines Produkts (P) heißen
COPS.

COPS   = Kosten (Costs) pro Serviceeinheit

         = wirtschaftliche Gesamtkosten für die Abrufung/Nutzung
            einer Serviceeinheit vom Produkt P

         = gesamte Bereitstellungskosten für das Produkt bis zum
            Nutzer

         + Kosten für Reparatur, Instandhaltung, Wartung usw.

         + Kosten für das Betreiben

         + Kosten »zurück zur Wiege« (Entsorgung) bezogen auf die
            Abrufung/Nutzung einer Serviceeinheit von P

         = was man wirklich für die Nutzung eines Produkts bezahlt,
            wenn man das Privileg in Anspruch nimmt, es auch zu
            besitzen

MIPS

COPS sagt uns, wieviel Geld wir tatsächlich für die Nutzung der Dienstleistung aufbringen müssen, die in einem Produkt steckt. Diese finanziellen Kosten haben aber (leider bisher noch) meist wenig mit den »Umweltkosten« zu tun, also mit dem »Verbrauch« an Umwelt, der nötig ist, uns diese Dienstleistung zur Verfügung zu stellen. Ein Maß für diesen Umweltverbrauch habe ich bereits eingeführt und benutzt: Es ist der Ökologische Rucksack oder der Materialinput (MI). Beide Begriffe beschreiben den für Werkstoffe oder dienstleistungsfähige Produkte nötigen Aufwand an natürlichen Rohmaterialien. Der Materialinput eines Stuhls gibt uns Auskunft darüber, welche Mengen unterschiedlicher Rohmaterialien der Natur entnommen werden müssen, bis der Stuhl fertig ist und verkauft wird. Wir haben das Beispiel im Kapitel »MAIA, Rucksäcke und Erosion« durchgerechnet.

Mit der Fertigstellung des Produktes endete aber unsere Beispielrechnung. Ist ein Stuhl einmal fertig, braucht er in der Tat nicht mehr viel Umweltressourcen. Bei anderen Produkten ist das nicht so. Elektrische Geräte brauchen Strom, andere Geräte brauchen Brennstoffe, fast alle Geräte brauchen mit der Zeit Ersatzteile. Verbunden mit der Nutzung oder einer Reparatur des Produktes ist häufig Transport, der ebenfalls Ressourcen beansprucht, und schließlich muß das Produkt nach Ende der Nutzungszeit beseitigt werden, was – je nach verwendeter Technik – ebenfalls technischen Aufwand und damit Ressourcen verlangt.

Es ist also naheliegend, so etwas Ähnliches wie die COPS auf dem finanziellen Sektor auch für den Ressourcenverbrauch zu berechnen. Wieviel »Umwelt« verbraucht mein Kühlschrank, wenn ich ihn eine Stunde laufen lasse? Wir im Wuppertal Institut nennen das MIPS, die Abkürzung von **M**aterial-**I**nput **p**ro Einheit **S**ervice. MIPS habe ich zur Messung der Ressourcenproduktivität erdacht.[2] Mit Hilfe von MIPS können wir berechnen, wie »produktiv« wir Umweltressourcen einsetzen, um uns davon Nutzen zu verschaffen. Und mit Hilfe von MIPS können wir dann diesen Einsatz von Ressourcen auch optimieren. Wir werden uns Schritt für Schritt dieser Sache nähern.

Anders als bei der Berechnung von Rucksäcken für Werkstoffe und dienstleistungsfähige Maschinen geht es bei der Berechnung von MIPS darum, die »Subvention durch die Ökosphäre« – den Ressourcenaufwand – für die Nutzungseinheiten zu berechnen, die eine Maschine lebenslang abzugeben in der Lage ist. Das heißt, die Berechnungsspanne reicht hierfür »von der Wiege bis zurück zur Wiege«. Wir müssen wirklich alles zusammenzählen, was zur Herstellung, zur Nutzung, für die Erhaltung, die Wartung und schließlich auch für die Entsorgung an natürlichen Rohstoffen eingesetzt werden muß. Nur so können wir sicher sein, die »ökologischen Kosten« für jede Einheit Dienstleistung auch wirklich zu erfassen.

Was wir unter »S« – dem Service, der Dienstleistung oder dem Nutzen – im MIPS-Konzept verstehen, haben wir in den vorangegangenen Kapiteln schon von verschiedenen Seiten beleuchtet. Zum Zwecke der praktischen Handhabung kommen wir jedoch gleich noch einmal auf einige Punkte zurück.

MIPS ist offenbar das ökologische Äquivalent zu COPS; COPS und MIPS sind beides Maße, die nur für dienstleistungsfähige Maschinen und für Dienstleistungen sinnvoll sind, also nicht etwa für Roh- oder Werkstoffe. Ein Rohstoff wie Kohle oder ein Werkstoff wie Aluminium leistet keinen Dienst. Das tun nur die Produkte und Dienstleistungen, zu denen diese Ressourcen benutzt werden. Es gibt keine MIPS für Kohle oder Aluminium, sondern nur für das Kraftwerk, das die Kohle verbrennt, bzw. für die Dienstleistung »Strom herstellen«, für die Kohle verbrannt wird, und für die Fensterrahmen, die aus dem Aluminium hergestellt werden.

MIPS   = Materialinput pro Einheit Service
         = ökologische Gesamtkosten (bezogen auf Material- und Energieverbrauch) für die Abrufung/Nutzung einer Serviceeinheit von einer Dienstleistungserfüllungsmaschine, eines Produkts
         = ökologische Benutzungskosten für ein Produkt
         = Subvention durch die Umwelt

Wie MIPS sich im Verlauf eines Produktlebens entwickeln kann, zeigt an einen konkreten Beispiel Abbildung 3 auf Seite 59.

COPS gibt die wirklichen, auf Lebenszeit gerechneten Kosten für die Nutzung eines Sachguts aus der Sicht des Konsumenten wieder. MIPS zeigt die Umweltkosten für seine Nutzung in Form des Verbrauchs von Masse und Energie an. COPS beantwortet die Frage: »Was kriege ich wirklich für mein Geld«?, MIPS die andere: »Wie hoch subventioniert die Umwelt das?«

COPS sagt uns: Nicht nur der Herstellungspreis ist für den Endnutzer von Bedeutung, vielmehr kann er die wahren Kosten für die Nutzung, für den Genuß, für Wohlstand und Sicherheit, kurz, für alles, was ihm von Dienstleistungserfüllungsmaschinen geboten wird, nur dann vernünftig einschätzen, wenn er auch die Kosten »vom Laden bis zurück zur Wiege« kennt. Innovationen profilieren sich demnach nicht – oder zumindest nur teilweise – durch niedrigere Ladenpreise, und billige Produkte können im Endeffekt sehr viel mehr kosten als teure.

MIPS sagt uns: Nicht das Produkt ist zu bewerten, sondern das Bereitstellen von Nutzen mit möglichst geringem Ressourcenaufwand. Künftige Innovationen profilieren sich demnach durch neue Nutzungs- und Bereitstellungsformen, die die Bedürfnisse zumindest genauso befriedigen wie konventionelle Güter und Dienstleistungen, dabei aber wesentlich weniger Umweltverbrauch pro Dienstleistungseinheit benötigen.[3] MIPS wie COPS sind also Maßstäbe (*benchmarks*) in der besten Tradition ökonomischer Prinzipien:

- ein bestimmtes Ergebnis mit einem Minimum an Input realisieren (MIPS und COPS);
- mit einem bestimmten Input ein maximales Ergebnis erzielen (Ressourcenproduktivität).

Beispiel: Firmen lassen COPS errechnen

Eine große Chemiefirma erfindet einen neuen Wärmedämmstoff. Pro Kilogramm ist er nicht nur teurer, sondern hat auch einen größeren Ökologischen Rucksack als der Dämmstoff der Konkurrenz, der schon auf dem Markt ist. Das heißt, der Preis wäre nach heutiger Auszeichnung höher, pro

Gewichtseinheit gerechnet, als bei der Konkurrenz – und MI auch. Gerechnet auf eine bestimmte, definierte Wärmedämmleistung aber – also auf MIPS – hat das neue Produkt deutliche Umweltvorteile gegenüber dem alten. Ob COPS auch unter der alten Marke liegen wird, bleibt abzuwarten. Dies ist kein theoretischer Fall. Den neuen Stoff gibt es wirklich, wie die

Aerogele in der Umweltbewertung

Bei der Entwicklung zukunftsfähiger Wärmedämmstoffe steht neben der Vermeidung von bekannten Schadstoffen insbesondere die Ressourcen- und Energieeffizienz im Vordergrund. Gefragt sind neue, intelligente Dämmsysteme, die einen hohen Gebrauchswert mit möglichst niedrigem Stoffaufwand verbinden.

Um die Chancen einer Produktentwicklung auf Aerogel-Basis unter diesen Gesichtspunkten objektiv einschätzen zu können, entschloß sich die Hoechst-Forschung bereits in einer frühen Phase der Aerogel-Bewertung zu einer unabhängigen Studie durch das Wuppertal Institut für Klima, Umwelt und Energie. Aufgabe der Studie war, das Umweltbelastungspotential des Wärmedämmstoffs Aerogel mit herkömmlichen, auf dem Markt verfügbaren Dämm-Materialien zu vergleichen.

Als methodische Grundlage dienten das von Prof. Dr. Friedrich Schmidt-Bleek und der Abteilung Stoffströme und Strukturwandlung des Wuppertal Institutes entwickelte MIPS-Konzept (MIPS = Material-Input Pro Serviceeinheit) und die darauf aufbauende Materialintensitätsanalyse (MAIA). Sie formulieren eine allgemeingültige und richtungweisende Bewertungsskala zur Umweltverträglichkeit von Produkten, die international zunehmend Anerkennung findet.

Das MIPS-Konzept ermittelt das Umweltbelastungspotential von Gütern und Dienstleistungen über deren spezifischen Ressourcenverbrauch und schafft so eine direkte Vergleichsbasis. Berechnungskategorien sind dabei der spezifische Verbrauch abiotischer und biotischer Rohmaterialien, Wasser und Luft sowie Bodenbewegungen in Land- und Forstwirtschaft. Aus der lebenszyklusweiten Auflistung und Addition sämtlicher Materialströme, die hinter einem Produkt oder einer erbrachten Dienstleistung stehen, bestimmt sich der sogenannte »Ökologische Rucksack«. Er beinhaltet die Summe aller Materialien, die in einem Produkt selbst nicht enthalten sind, aber zu seiner Herstellung direkt oder indirekt benötigt werden. Dabei wird der gesamte Lebenszyklus eines Produktes von seiner Herstellung bis zur Entsorgung oder bis zum Recycling betrachtet.

Im Kern bestätigt die Studie, die seit Mitte 1996 vorliegt, die von Hoechst eingeschlagene Forschungsstrategie. Eine ressourcenoptimierte Nutzung von Aerogelen ist nach den vorliegenden Ergebnissen im Vergleich zu herkömmlichen Dämmstoffen insbesondere im Bereich kleiner Dämmschichtdicken realisierbar. Im Rahmen des Produktmanagements eignet sich der Dämmstoff Aerogel damit speziell für Einsatzbereiche mit hohen Anforderungen an den Wärmeschutz bei gleichzeitig begrenztem Platzbedarf. Dabei stellt unter dem Gesichtspunkt des »Ökologischen Rucksackes« vor allem das Kriterium der Langlebigkeit einen gewichtigen Faktor dar.

Abbildung 19: Bericht im Hoechst-Magazin »Future Special Science II«

Wiedergabe aus dem Hoechst-Magazin »Future Special Science II« zeigt.[4]
Ich danke der Hoechst AG für die freundliche Abdruckgenehmigung.

Die Dienstleistungseinheit

MIPS setzt den Material- und Energieinput (MI) in Beziehung zu einer
Anzahl von Dienstleistungs- beziehungsweise Serviceeinheiten (S), für
die dieser Input berechnet wurde. Um MIPS benutzen zu können, müssen wir uns darauf einigen, was eine Dienstleistungseinheit ist und wie
sie berechnet wird. Service- oder Dienstleistungseinheiten sind Nutzungseinheiten, die mit der Verfügung (Eigentum, Besitz oder Nutzungsrecht) über ein Gut verbunden sind. Die Begriffe Dienstleistung,
Nutzung und Service bedeuten in unserem Sinne das gleiche; sie werden hier synonym verwendet. Wir unterscheiden, je nach Produkt, drei
verschiedene Arten, die Serviceeinheit zu bestimmen:

1. Die Dienstleistung von erdgebundenen Kraftfahrzeugen – zum Beispiel Lastkraftwagen, Pkw und Motorrädern, nicht aber Schiffen und
   Flugzeugen –, deren Hauptzweck in der Überbrückung von Distan-
   zen besteht, wird in *Kilometer* gemessen, wobei zusätzlich berücksichtigt werden muß, welche Menge an Fracht oder wieviel Personen pro Kilometer befördert werden. In die Berechnung von MIPS
   geht die Gesamtheit der Nutzungseinheiten ein, vom Beginn der
   Nutzung bis zum Ende.
2. Die Dienstleistung von Geräten, Maschinen und Produkten, die einen eingebauten *Nutzungszyklus* haben, wird für eine bestimmte
   Zahl von Zyklen angegeben. Das trifft zum Beispiel auf Waschmaschinen, Geschirrspüler, Wäschetrockner, Uhren zum Aufziehen,
   Wasserspülungen, Zementmixer und Kaffeemaschinen zu. Auch in
   diesem Fall wird die Gesamtheit der Nutzungseinheiten gezählt, also
   hier die Zahl der Nutzungszyklen, und zwar vom Beginn der Nutzung des Produktes bis zum Ende der Nutzung. Dabei muß die pro
   Zyklus bearbeitete oder verarbeitete Menge zusätzlich angegeben
   werden. Eine Waschmaschine wäscht zum Beispiel pro Zyklus fünf

Kilogramm Trockenwäsche. Das ist ihre Dienstleistung. Die Gesamtheit ihrer Dienstleistungen ist die Zahl der Trommelfüllungen Wäsche, die sie reinigen kann. Entsprechend kann eine Uhr eine begrenzte Anzahl von Malen aufgezogen werden und läuft dann eine bestimmte Zeit lang, und eine Kaffeemaschine liefert soundso viele Male eine Portion mit sechs oder zwölf Tassen Kaffee, wobei die Dienstleistung natürlich die größere ist, wenn sie, bei gleicher Zahl von abgelieferten Portionen, pro Portion jeweils zwölf Tassen liefert.

3. Als Dienstleistungseinheit von Geräten, Maschinen, Produkten und Gebäuden, deren Nutzungszeit der Nutzer selbst bestimmt, wird die *Dauer der Nutzung* eingesetzt, wobei die Zahl der während dieser Dauer nutznießenden Personen oder die Kapazität zusätzlich berücksichtigt werden muß. Die Dienstleistung eines Kochherdes zum Beispiel hängt nicht nur ab von der Dauer der Nutzung, sondern auch der Zahl der mit Hilfe dieses Herds mit Essen versorgten Personen und der Zahl der Kochplatten, die gleichzeitig benutzt werden können. Andere Beispiele: Die Kapazität eines Staubsaugers ist die Saugleistung, als Kapazität des Computerbildschirms kann man die Größe der Bildschirmfläche ansetzen, bei einem Gebäude wird die Kapazität über die Nutzfläche berücksichtigt, und die Kapazität eines Kühlschrankes wird üblicherweise in Liter Fassungsvermögen angegeben.

Die Dauer der Nutzung kann in drei verschieden lange *Nutzungsperioden* eingeteilt werden. Die Nutzungsperioden werden – wo immer möglich – so gewählt, daß sie der kleinsten sinnvollen Zeitspanne für eine einzelne Nutzung entspricht. Sie werden also gemessen

- in Stunden zum Beispiel für Flugzeuge, Staubsauger, Küchenherde, Glühlampen, Rollschuhe, Computer, Fernseher und Geräte der Unterhaltungselektronik;
- in Tagen zum Beispiel für Schnittblumen;
- in Jahren für Langzeitgüter und solche, deren Nutzung wechselnden Häufigkeiten und Intensitäten unterliegt. Zu Langzeitgütern gehören Gebäude, Schwimmbäder, Autobahnbrücken, Infrastrukturen,

Kunstgegenstände, Straßenbaumaschinen, Heizungsanlagen, Möbel, Boote, Badezimmer, Geschirr, Besteck und Bücher.

Die Festlegung der Serviceeinheit ist immer auch abhängig vom Untersuchungsgegenstand, insbesondere davon, was verglichen werden soll. Beim Vergleich zweier oder mehrerer Produkte sollte ein kleinstmöglicher gemeinsamer Dienstleistungsanspruch definiert werden, etwa der Transport einer Person über einen Kilometer (Personenkilometer). Material- und Energieeinsatz für das Anbieten dieser Dienstleistungseinheit durch verschiedene Verkehrsmittel (Bus, Bahn, Auto) kann dann direkt verglichen werden.

Bittet man zehn Menschen, eine Reihe von Produkten nach ihrer Nützlichkeit zu ordnen, so bekommt man wahrscheinlich zehn verschiedene Antworten. Ob etwas nützlich ist oder nicht und ob es nützlicher als das Konkurrenzprodukt ist, ist eben unter anderem auch eine Frage der subjektiven Prioritäten und Vorlieben. Da aber ein Vergleich unterschiedlicher subjektiver Bewertungen wissenschaftlich nicht möglich ist, stellt die Festlegung von vergleichbaren Dienstleistungseinheiten einen pragmatischen und praktikablen Kompromiß dar. Am Ende steht natürlich immer die persönliche Entscheidung. Doch es ist ein Unterschied, ob diese Entscheidung durch nachvollziehbare Fakten und einen klar definierten Maßstab wie MIPS unterstützt wird, oder ob die entscheidenden Personen ganz auf ihr subjektives Urteil und ihr zufälliges Vorwissen angewiesen sind. Kaum ein Mensch wird beispielsweise Schwierigkeiten haben sich zu entscheiden, wenn er zwei Alternativen angeboten bekommt, ein Reiseziel zu erreichen. Dennoch kann es eine wertvolle Hilfe sein, wenn er vor der Entscheidung weiß, daß die eine Reisemöglichkeit pro Personenkilometer ökologisch deutlich aufwendiger ist als die andere.

Beispiel: Dematerialisierter Stahl – eine merkwürdige Idee?

Ein hoher Funktionär der deutschen Stahlindustrie fragte einmal mit Hintersinn, was er denn als Ökolaie unter dematerialisiertem Stahl zu verstehen habe. Stahl sei doch wohl Stahl, meinte er, und Materie von Masse wegzunehmen ergebe doch nichts weiter als weniger vom selben Stahl.

Aber so ist die Dematerialisierung natürlich nicht gemeint. Weniger Stahl zu verwenden dematerialisiert zwar eine Karosserie, die aus Stahl hergestellt ist. Doch eine Tonne Stahl bleibt eine Tonne Stahl. Die Tonne Stahl selbst kann man nur dematerialisieren, wenn man mit Materialintensitäten (MI) rechnet, von der Wiege an, das heißt, von der Erzgewinnung an. Da gibt es aber, auch für Stahl, durchaus noch Spielraum für Veränderungen. Man kann zum Beispiel beim Wasserverbrauch vorsichtiger sein, Transporte vermeiden, den Hochofen anders fahren oder (ökologisch weniger aufwendigen) Elektrostahl produzieren, und man kann mehr Schrott mit einschmelzen. Kurz, man kann den Ökologischen Rucksack verkleinern.

Als er das erfuhr, fing der hohe Funktionär prompt an, eine lange Reihe von schon erledigten und noch geplanten Verbesserungen dieser Art aufzuzählen, und fragte, was das denn mit Ökologie zu tun habe? Da werde doch allenfalls ein bißchen Kohlendioxyd gespart!

Der zweite wichtige Witz von MIPS liegt darin, den Nutzen von Produkten als Dreh- und Angelpunkt im Auge zu haben. So kann man zum Beispiel aus Stahl Brücken bauen. Eine Brücke dient dazu, mit Fahrzeugen von einem Hang über eine Talsohle hinweg zum anderen Hang fahren zu können. Diesen Nutzen – die Dienstleistung – kann man im Wortsinne auf verschiedenen Wegen erreichen: über eine Brücke aus Beton, über eine Brücke aus Stahl oder auf einer sehr langen Straße bergab und dann bergauf.

Der Ökologische Rucksack einer Brücke aus Stahl ist aber, bezogen auf den Sinn der Sache, nämlich den Nutzen, erheblich kleiner als der einer Brücke aus Beton. Von der langen Straße, die ja auch noch Wiesen verschlingt, wollen wir erst gar nicht reden. Das fand der Funktionär der deutschen Stahlindustrie durchaus interessant.

Sand und Dioxine –
Wozu MIPS gut ist und wozu nicht

Zuweilen werde ich darauf hingewiesen, daß es nicht ausreiche, die Störungen der Ökosphäre durch den Menschen ausschließlich in Tonnen bewegter Ressourcen darzustellen. Dioxine seien schließlich giftiger als Sand. Das ist natürlich richtig, wenn auch nicht neu.

Es ist aber ein Hinweis darauf, daß MIPS keine Universalwaffe ist. Das Konzept erfüllt bestimmte Zwecke und andere nicht. Das sollte eigentlich niemanden überraschen. Schauen wir uns in einer kurzen, stichwortartigen Zusammenstellung an, wozu MIPS sich über das hinaus, was ich schon genannt habe, gut eignet und wozu weniger gut. Dabei werde ich auf die Dioxine zurückkommen – und auf den Sand.

Das MIPS-Konzept kann auch in folgenden Bereichen nützlich sein:

1. Es wird möglich, die Ressourcenintensität (MI) für alle Werkstoffe, Produkte, Gebäude, Infrastrukturen und Dienstleistungen gleichermaßen zu berechnen. Da die Ressourcenintensität von der Wiege bis zurück zur Wiege gemessen wird, kann MI auch die Eingangsstufe für die Analyse von Produktlebenszyklen (Life Cycle Analyses, LCA) sein – in Deutschland merkwürdigerweise als Ökobilanzen bezeichnet.

2. MIPS erlaubt, den spezifischen Ressourcenverbrauch und in diesem Sinne die Umweltfreundlichkeit verschiedene Maschinen, Geräte, Gebäude und Systeme, welche die gleichen Dienste leisten, zu vergleichen. Zum Beispiel lassen sich damit Frachtbeförderungssysteme der Kanal- und Hochseeschiffahrt sowie der Eisen- und Autobahn vergleichen.

3. Das MIPS-Konzept ist unerläßlich, wenn Güter und Dienstleistungen systematisch auf Zukunftsfähigkeit hin entworfen, konstruiert, nachgerüstet und umgebaut werden sollen.

4. Mit MI und MIPS wird eine ökologisch sinnvolle und durchgängige Kennzeichnung von Waren möglich. Außerdem können MI und MIPS bei der Kundenberatung eine wichtige Rolle spielen. (Wenn bei der Kennzeichnung von Waren auch noch COPS – die wirtschäftlichen Benutzungskosten – angegeben würden, hätte der Konsument wirklich alle Informationen für eine intelligente Entscheidung zur Hand.)

5. Berechnungen nach dem MIPS-Konzept decken auf, ob sich der für technische Recyclingverfahren notwendige Ressourcenaufwand aus ökologischer Sicht lohnt oder nicht. So kann zum Beispiel ausgerechnet werden, wann Mehrwegbehälter ökologisch tatsächlich besser sind als Einwegbehälter. Mehrwegbehälter müssen nämlich nach Gebrauch den Weg zum Abfüller zurück finden, was Transport verlangt und damit Ressourcen kostet. Mit Hilfe von

MIPS-Berechnung kann man angeben, von welcher Transportentfernung an die Ressourcenproduktivität von Einwegbehältern besser ist.

6. Das MIPS-Konzept kann als ökologische Entscheidungshilfe angewandt werden, um Lizenzen und Zertifikate auszustellen, um Ver-
sicherungsprämien, Steuern und Tarife festzulegen und um Darle-
hen zu gewähren.

7. Das MIPS-Konzept kann eingesetzt werden, um Preise, Standards,
Normen, Gebührenordnungen und Subventionen auf ihre Umweltfreundlichkeit hin zu überprüfen.

8. Das Konzept erlaubt Entscheidungen darüber, ob Forschungs- und
Entwicklungsvorhaben ein Beitrag auf dem Weg zur Zukunftsfähigkeit sind.

9. Das Konzept sollte so schnell wie möglich angewandt werden, um
den Ausbau Berlins als Hauptstadt und den weiteren Aufbau der
neuen Länder Deutschlands in ökologische Bahnen zu lenken.

10. Das MIPS-Konzept ist geeignet, Entwicklungsvorhaben für die früheren COMECON-Mitglieder und die Länder der Dritten Welt auf
ihre Umweltverträglichkeit zu überprüfen.

11. Das MIPS-Konzept ist das bisher einzige Modell, das es erlaubt,
systematische Umweltvorsorgepolitik zu betreiben. Ressourcenproduktivität ist nämlich eine sicherere Basis für Vorsorgepolitik als
das sich ständig ändernden Wissen über Wirkungsketten in der Natur und die Umweltgiftigkeit von Materialien.

12. Das MIPS-Konzept kann aufgrund seiner Einfachheit und Transpa-
renz entscheidende Impulse dabei geben, die verschiedenen Bemühungen um eine zukunftsfähige Weltwirtschaft international zu harmonisieren. Das gilt auch für die ökologische Ausgestaltung – die
»Grünung« – der Vereinbarungen im Rahmen der Welthandelsorganisation (WTO).

Natürlich ist das MIPS-Konzept nicht allumfassend. Deshalb sollte
man sich einiger Einschränkungen bewußt sein; teils sind es grundsätz-
liche, teils vorläufige Einschränkungen.

1. Das MIPS-Konzept berücksichtigt (vorläufig) nur zwei der drei Ressourcen, die wir vom Gastgeber Ökosphäre zur technischen Wohlstandsgestaltung ausleihen, nämlich Material und Energie. Doch wir greifen auch dadurch in die Ökosphäre ein, daß wir Flächen belegen – für Straßen, Gebäude, Flugplätze und andere Infrastruktureinrichtungen. Die Flächenbelegung bleibt im MIPS-Konzept zunächst unberücksichtigt. Bei einer großen Zahl von Industrieprodukten und davon abhängigen Dienstleistungen ist jedoch der spezifische – das heißt der für das Industrieprodukt anrechenbare – Flächenbedarf gering. Anders stellt sich die Sache bei land- und forstwirtschaftlichen Produkten, Gebäuden und Infrastrukturen dar.

2. Das MIPS-Konzept ist nicht in der Lage, in direkter Weise auf Fragen nach der Auswirkung menschlichen Tuns auf die Vielfalt der Arten, die Biodiversität, Antworten zu geben. Das hat das MIPS-Konzept aber mit allen anderen analytischen Ansätzen gemeinsam. Es steht jedoch ganz außer Frage, daß es einen wesentlichen Einfluß auf das Überleben von Tier- und Pflanzenarten hat, wie intensiv die Erdoberfläche technisch bearbeitet wird und wie viele internationale Transporte es gibt. Insofern gibt das MIPS-Konzept indirekt durchaus Auskünfte über die Auswirkungen menschlichen Tuns auf die Biodiversität. Die Sumatra-Schildkröte fühlt sich jetzt in Frankfurt zu Hause, und die Nordseequalle schwimmt im Persischen Golf herum. Das Abholzen von Regenwäldern hat – wie vielfach berichtet – einen ganz erheblichen Einfluß auf Fauna und Flora. Und noch ein Beispiel, das uns geographisch näher liegt: Die Lebensbedingungen verschiedener Vogelarten auf dem Land sind stark von der Art der Landwirtschaft abhängig, die wir betreiben. Vögel, die in Hecken nisten oder dort Schutz suchen, verschwinden aus Landstrichen, in denen die Hecken an den Rändern der Felder entfernt wurden, um den großen Landmaschinen die Arbeit zu erleichtern.

3. Das MIPS-Konzept ist nicht in der Lage, auf Fragen nach den Umweltauswirkungen einzelner Stoffe oder Stoffgruppen Antwort zu geben. Es ist vielmehr als unvermeidliche Ergänzung bisheriger Kenntnisse über die Umweltrelevanz von Produkten und Dienstleistungen gedacht.

4. Das MIPS-Konzept konzentriert sich auf Fragen der Einflüsse menschlicher Handlungen auf die Evolution (die Stabilität) der Ökosphäre. Das Konzept blendet deshalb alle Umstände und Stoffe, die sich auf die menschliche Gesundheit negativ auswirken können, bewußt aus. Zu den für den Menschen toxischen Stoffen gehören zum Beispiel Asbest, Formaldehyd, Dioxine, krebserregende Substanzen und Holzschutzmittel. Sie haben mit der Erhaltung der Stabilität der Ökosphäre wenig oder nichts zu tun. Die Ausblendung der toxischen und ökotoxischen Eigenschaften von Stoffen aus dem MIPS-Konzept bedeutet jedoch nicht, daß diese Eigenschaften plötzlich unwichtig wären. Nach wie vor müssen bei allen Entscheidungen, die Einfluß auf Umwelt oder Gesundheit haben, vorliegende Kenntnisse über Gefahrstoffe und relevante Vorschriften gebührend berücksichtigt werden.

Und damit sind wir wieder bei den Dioxinen. Selbstverständlich haben wir das MIPS-Konzept und die Begriffe »Ökologischer Rucksack« und »Faktor 10« nicht erdacht, um den politischen Widerstand gegen Schadstoffemissionen aller Art zu ersetzen. Es wäre auch widersinnig, wenn das ausgerechnet ein Wissenschaftler tun würde, der, wie ich, das Chemikaliengesetz an entscheidender Stelle mitgestaltet hat, für die Kontrolle von Umweltchemikalien in Deutschland zuständig und später bei der OECD in Paris für die internationale Harmonisierung der Chemikalienkontrolle verantwortlich war.
Seit sechs Jahren versuche ich, die Industrie, die Massenmedien, die Politik, die Bürgerbewegungen und nicht zuletzt die internationale Routine-Umweltdiplomatie davon zu überzeugen, daß es nicht ausreicht, sich je nach politischem Bedarf und internationalem Wissensstand jahrelang mit einigen ausgesuchten Substanzen und Gruppen verwandter Chemikalien zu befassen und sich dann auch noch einzureden, man sei auf dem Weg in Richtung Zukunftsfähigkeit ein entscheidendes Stück weitergekommen. Tatsache ist, daß es wissenschaftlich nicht möglich ist, auch nur die Auswirkungen eines einzigen Stoffes auf das nichtlineare, komplexe System Ökosphäre theoretisch vollständig zu ermitteln, im Labor oder Freiland zu testen, zu quantifizieren oder gar

alle Auswirkungen in Geldwerte umzurechnen. Das gilt zum Beispiel auch für Kohlendioxyd und Fluorchlorkohlenwasserstoffe (FCKW). Tatsache ist, daß alle von Menschen geschaffenen Dioxine so gut wie keinen Einfluß auf die Stabilität der Ökosphäre haben, sowenig wie die Verwendung von Asbest. Unbestritten hingegen ist die besondere Gefährlichkeit dieser Stoffe für die menschliche Gesundheit.

Das MIPS-Konzept führt uns ganz nebenbei zu der Erkenntnis, daß Umweltpolitik etwas anderes als Gesundheitspolitik ist. Das soll weder die Gesundheitspolitik noch die Umweltpolitik auf- oder abwerten. Wir sollten lediglich aufhören, dem Irrtum anzuhängen, was für die Gesundheit der Menschen gut und notwendig ist, sei auch der Stabilität der Ökosphäre dienlich. Gute Politik muß beiden förderlich sein, der Gesundheit der Menschen und der Stabilität der Umwelt. Es ist nicht sinnvoll, das eine hinter dem anderen zurückzustellen, wie es in der Praxis täglich geschieht.

Und zum Thema Sand: Tatsache ist, daß wirtschaftliche Zwänge, verbunden mit einer umweltblinden Technik, dazu geführt haben, daß Millionen von Tonnen Sand »wandern« und das ökologische Umfeld von Menschen in unbewohnbare Wüste verwandeln. Das ist für einen Teil der Menschheit von großer Bedeutung, natürlich auf ganz andere Art als die Gefährlichkeit von Dioxinen.

Nach Angaben des Umweltprogramms der Vereinten Nationen (UNEP) beeinflußt die fortschreitende Wüstenbildung die Lebensbedingungen von weltweit einer Milliarde Menschen in mehr als hundert Ländern.[5] Besonders kritisch ist die Lage in Nordamerika und Afrika. Dort sind siebzig Prozent der landwirtschaftlich genutzten Trockengebiete durch Wüstenbildung geschädigt oder bedroht. Die Folgen sind Landflucht, Hunger und Armut. Die UNEP schätzt die Kosten, die die Ausdehnung der Wüsten weltweit verursachen, auf 42 Milliarden US-Dollar pro Jahr.

Die Armut der Menschen ist nicht nur Folge, sondern auch eine der wichtigsten Ursachen für die Wüstenbildung. Den Böden wird zuviel abverlangt, Bäume werden abgeholzt, es gibt zuviel Dünger und zuviel Vieh, und Dürreperioden tun ihr übriges. Jedes Jahr gehen 25 Milliarden Tonnen fruchtbarer Boden verloren, schätzen Experten.

Tatsache ist also, daß der Zustand der Umwelt immer schlechter wird und sich bedrohlich für den Menschen auswirkt – trotz unserer (teuer bezahlten) steigenden Kenntnisse über Details der Auswirkungen einzelner Stoffe auf die Umwelt.

Tatsache ist aber vor allem, daß die heutige Klima-, Chemikalien- und Abfallpolitik der Industrieländer nicht ausreicht, um eine wachsende Weltbevölkerung vor dem drohenden Kollaps des Systems Ökosphäre zu bewahren, denn es werden mehr oder weniger nur Symptome bekämpft.

Notwendig ist deshalb, endlich die Wurzeln der ökologischen Fehlentwicklungen der Wirtschaft bloßzulegen und die Wirtschaft in eine umweltverträglichere Richtung umzustrukturieren. Wir wissen, daß die Wirtschafts-, Arbeits- und die Finanzpolitik der letzten fünfzig Jahre die Probleme des nächsten Jahrhunderts nicht lösen wird. Daher sollten wir die Chance wahrnehmen, unsere Intelligenz vielleicht noch gerade rechtzeitig einzusetzen, um eine vernünftige Wirtschaftspolitik mit kluger Ökopolitik zu kombinieren. Eine reine Gefahrstoffpolitik kann das nicht leisten. Deshalb kämpfe ich für die entscheidende Erhöhung der Ressourcenproduktivität. Und ich kämpfe für einen anderen Umgang mit den Umweltressourcen auf der Verbraucherseite, für eine Revision des Gebrauchs.

Sollten die Entwicklungen in Gang kommen, die ich zusammen mit meinen Mitstreitern fordere, und sollten sie die Dynamik entwickeln, die ich mir erhoffe, dann würden in vielen Bereichen auch weniger Chemikalien eingesetzt. Eine tiefgreifende Veränderung der Technik und der Produkte ist ohnehin notwendig. Kommt sie in Gang, so bietet sie eine hervorragende Chance, bekannte Schadstoffe aus der Techniksphäre zu verbannen – viel eher als eine Politik des »Nur-weiter-so-aber-bitte-mit-Filter«.

Dessenungeachtet wäre es selbstverständlich den Schweiß der wirklich Edlen wert, das MIPS-Konzept mit einer Interpretation der Ökotoxizität von Stoffen auf wissenschaftliche Weise zu verknüpfen. Ich kann mir vorstellen, daß eine Zukunftsformel für das Umweltbelastungspotential von Marktleistungen aus drei Teilen bestehen wird:

	- MI(PS)	Material/Energie Intensität
	- FI(PS)	Flächenintensität
und	- TO(PS)	(Öko)toxizität pro Einheit Nutzen.

Hierzu müßten sich allerdings die Experten im Wirkungsbereich erst einmal bereit finden, ernsthafter und ganzheitlicher als bisher nach einem (oder zumindest wenigen) allgemeingültigen ökotoxischen Wirkungsprinzipien zu suchen und sich auf einen gemeinsamen Nenner zu verständigen. Nur durch proaktives Vorgehen werden sie aus der bis heute sehr kostenträchtigen Orientierung am Detail herausfinden. Als Physikochemiker weiß ich, wie schwierig dies sein wird. Durch meine engen Kontakte mit der Umweltpolitik weiß ich aber auch, daß auf dem Feld der Wirtschaftspolitik nur einfache Antworten eine Chance haben, von einer ausreichend breiten Mehrheit gehört zu werden und Erfolge auf dem Weg in die Zukunftsfähigkeit zu zeitigen.

Chemie und Kunststoffe –
neue Aufgaben für einen alten Wirtschaftszweig

Manche meinen, das MIPS-Konzept sei bestens geeignet, die ökopolitische Aufmerksamkeit von der Chemieindustrie abzulenken. Das ist richtig. Aber eben auch nicht.

Richtig ist, daß es Zeit ist, mit der Verbissenheit aufzuhören, mit der die Chemie jahrelang im Namen des Umweltschutzes angegriffen wurde. Es ist schon erstaunlich, wie einäugig Schlachten um Nanogramme von Dioxinen geschlagen wurden, deren Emissionen nie auch nur annähernd die ökologische Bedeutung hatten wie etwa das CO_2, das in unmittelbarem Zusammenhang mit diesen Schlachten produziert wurde, oder die Hunderte von Millionen Tonnen Natur, die zur Produktion der deutschen Autos denaturiert werden, nur weil der Kunde (so sagen jedenfalls die Automacher) auf große Autos mit materialintensiven Sicherheitsvorkehrungen wert legt.

Richtig ist, daß viele Kunststoffe, sofern sie nicht bekannt giftige Stoffe als Zusätze enthalten, ökologisch sehr viel günstiger sind als etwa Papier – was die Frage nahe legt, warum die Wasserfälle von Zeitschriften und Zeitungen in Deutschland nicht auf abwaschbaren Folien gedruckt werden. Und richtig ist auch, daß Asbest in Gebäuden nicht das geringste zu tun hat mit der Erhaltung der Stabilität der Ökosphäre. Noch immer werden Gesundheitsprobleme, die in sich unbestritten wichtig sind, mit Fragen des Umweltschutzes munter vermengt. Was immer der Vorteil hiervon sein mag, diese Verwirrung hat uns schon viel zu lange davon abgehalten, uns systematisch mit der Koevolution der Wirtschaft und der Ökosphäre zu befassen.

Falsch ist die Annahme, MIPS lenke nur von der Chemie ab. Richtig ist, daß die Chemie selbst vom MIPS-Konzept zentral betroffen ist.

Obschon gerade die Chemieindustrie im allgemeinen sehr viel genauer über Ausbeute und Energieverbrauch ihrer Produktionsschritte Bescheid weiß als andere Produktionssektoren in der Wirtschaft, wäre es doch sinnvoll, wenn auch die Chemieindustrie sich Rechnung darüber legte, wie unterschiedlich schwer die Ökologischen Rucksäcke ihrer Produkte sind und wie der spezifische Flächenverbrauch ihrer Naturprodukte aussieht. Mit Sicherheit wird dies dazu beitragen, funktionell vergleichbare Produkte mit erheblich geringerem Naturverbrauch zu schaffen.

Selbstverständlich gilt auch für Chemikalien, daß nicht der MI – der Materialinput, der Ökologische Rucksack – die ökologische Qualität ihrer Anwendung bestimmt. Wie immer ist das entscheidende der »Nutzen pro Einheit«, MIPS. So ist zum Beispiel kein Geheimnis, daß Einsparungen von neunzig Prozent bei Pestiziden erreicht werden können, bei gleicher Nutzwirkung; allerdings sind dazu zum Teil teure, neue Applikationsmethoden nötig, die die richtigen Mengen zur richtigen Zeit an den wirksamsten Ort der Pflanzen bringen. Ich habe bereits erwähnt, daß ein neuer Wärmedämmstoff sich einerseits durch einen größeren Rucksack als die Konkurrenzprodukte auszeichnet, allerdings auch durch einen kleineren MIPS, weil deutlich weniger Material pro Fläche eindeutig bessere Dämmung ergibt.

Die chemische Industrie versteht sich noch immer zu einem erstaunlichen Grade als Produktionsbereich, der dem für Endprodukte vorgelagert ist und aus diesem Grunde kaum direkten Kontakt mit dem Endverbraucher benötigt. Noch gilt weithin das Motto: Die Chemie produziert Chemikalien, und irgend jemand anderes setzt sie ein, um Endverbrauch zu befriedigen. Selbst im Pharmabereich, wo die Chemie ja Endprodukte selbst herstellt, stehen der Arzt und der Apotheker zwischen Produzent und Endnutzer. Diese Einstellung ist kaum mit dem intensiver werdender Dienstleistungscharakter der Wirtschaft zu vereinbaren. In vielen Fällen könnte die Chemie statt der Produkte auch Dienstleistungen selbst oder mittelbar anbieten und mit Endnutzern im Sinne von Prosumenten in Verbindung sein. Hier kämen Agrochemikalien, Teile von Fahrzeugen wie Katalysatoren und Karosserien, Teile von Gebäuden und Textilien in Frage. Lösungsmittel wurden von Dow und Hoechst bereits früher für den Einsatz in Reinigungsanlagen vermietet. Wie man hört, hat Dow jetzt einen Vertrag mit General Motors, demzufolge die Chemiefirma für die Lösung aller Chemikalienprobleme des Automachers verantwortlich ist – einerseits zum finanziellen Gewinne aller und andererseits mit dem ökologisch höchst interessanten Ergebnis, daß weniger Chemikalien bei gleichem Nutzen eingesetzt werden. Denn plötzlich lohnt sich Sparen beim Chemikalieneinsatz – eine völlig neue Erfahrung für die Chemieindustrie.

Warum sollte die deutsche Chemieindustrie nicht das Auto oder das Haus der Zukunft bauen? Noch vor 60 Jahren hatte bei Toyota niemand eine Ahnung, wie man Autos baut. Die Firma produzierte damals Maschinen für den Textilbereich.

Zurück zu den früher von Umweltschützern abgrundtief verschmähten Kunststoffen. Ihre Ökologischen Rucksäcke liegen bei 2 bis 5 Kilogramm pro Kilogramm. Verglichen mit allen Metallen, mit Papier und selbst mit Glas sind das interessante Werte im Hinblick auf ihren sehr breiten Einsatz in der Wirtschaft. Holz allerdings liegt günstiger.

Einschränken oder Ausschließen würde ich den Einsatz von Kunststoffen da, wo achtloses Wegwerfen zu Verschwendung und ästhetischer Verschmutzung führen. Das gilt insbesondere für die »kleinen Dinge des Lebens«, unter anderem für Geschirr, Bestecke, Verpackung, Behälter und Touristenkram. Der Vernunft und Rücksicht kann hier möglicherweise durch Anreizsysteme zur Wiederverwendung geholfen werden, etwa mittels wirklich spürbaren Pfändern. Es ist aber auch denkbar, Kunststoffgeschirr von hoher Qualität herzustellen, das im Aussehen dem besten Porzellan sehr nahe kommt, aber im ökologisch entscheidenden Bereich der Zerbrechlichkeit weit überlegen ist. Schon heute gibt es in ganz Frankreich zum Beispiel in Restaurants Weingläser, die wie Weingläser aussehen und auch aus Glas sind, allerdings einer speziellen Behandlung unterzogen werden, was zu zehnfach weniger Bruch führt.

Einen sehr viel breiteren Einsatz von Kunststoffen als heute erwarte ich in Gebäuden, Konstruktionen, Fahrzeugen und Elektronik, besonders deshalb, weil meines Wissens die Entwicklung speziell an bestimmte Bedürfnisse angepaßter Kunststoffe, auch faserverstärkter Kunststoffe, noch lange nicht zu Ende ist. Das Zauberwort ist Langlebigkeit. Hinzu kommen Kunststoffe mit neuen und überraschenden Eigenschaften wie zum Beispiel elektrischer Leitfähigkeit. Zur Zeit ist ihre Leitfähigkeit noch einen Faktor 1000 von der des Kupfers entfernt. Aber wer weiß? Und für die Verhinderung von Rostbildung an Eisenkonstruktionen reichen heute extrem dünne Kunststoffschichten anstelle eines Anstrichs.[6]

Bleibt der Vorwurf, Kunststoffe stammten aus nicht erneuerbaren Quellen wie Öl und Erdgas. Dies ist natürlich richtig; und ich will hinzufügen, daß auch und gerade Kunststoffe aus Pflanzenanbau aufgrund der damit verbundenen Erosion, der Transporte und der komplizierten chemischen Prozesse hohe Ökologische Rucksäcke tragen.

Aber. Es ist höchst merkwürdig, daß wir uns, sobald es um Produkte aus Kunststoff geht, Sorgen darüber machen, daß wir einen nicht erneuerbaren Rohstoff nutzen, während wir immer noch um die 94 Prozent der geförderten Mengen dieses Rohstoffs schlicht zur Energiegewinnung verbrennen und dabei auch noch die CO_2-Produktion in Kauf nehmen. Dort müssen so schnell wie möglich Änderungen eintreten. Eine Dematerialisierung unserer Wirtschaft um den Faktor 10 würde mindestens zu einem um den Faktor 5 kleineren Energiebedarf führen. Fossile Energieträger brauchen wir dann nur noch in Sonderbereichen.

Beispiel: Agrochemikalien – Dienstleistung mit Garantie

Dienstleistungen können auch mit Garantie angeboten werden, wie folgendes Beispiel zeigt: Ciba-Geigy hat im Rahmen eines Versuchsprojekts in

Madagaskar den Bauern die Dienstleistung »ungezieferfreie Felder« angeboten, statt ihnen Pestizide zu verkaufen. Der Verbrauch der dazu notwendigen Agrochemieprodukte konnte so um mehr als einen Faktor 4 reduziert werden. Gleichzeitig übertrafen die Ernteerträge die geplanten Ertragsziele bei weitem. Für den Erfolg dieser Problemlösung war einmal entscheidend, daß die Bauern über die Vorteile einer bewußten und koordinierten Wahl von Reissorten und Pflanzungszeiten informiert wurden, damit die Schädlinge wirksam und flächendeckend bekämpft werden konnten. Zum anderen spielte es für die Bauern eine wichtige Rolle, daß ihnen eine zusätzliche Absicherung gegen Ernteverluste – eine Garantie – gegeben wurde.[7]

Ressourcenproduktivität: Mehr Nutzen für weniger Umwelt

Die Begriffe »Materialintensität«, kurz MI, und MIPS sind aufs engste mit einem Begriff verknüpft, der Praktikern in der Industrie sehr vertraut ist: der Produktivität. Je geringer der Materialaufwand ist, den ich für eine Produkt oder eine Dienstleistung benötige, desto produktiver setze ich, umgekehrt formuliert, die Ressourcen ein. Eine unproduktive Verwendung natürlicher Ressourcen ist gleichbedeutend mit einem hohen Materialinput. Mathematisch formuliert sind Ressourcenproduktivität und Materialverbrauch zueinander umgekehrt proportional; wird das eine kleiner, entspricht das einer Erhöhung des anderen, und umgekehrt. Und genauso, wie es den Materialinput (MI) bzw. den Ökologischen Rucksack auf der einen Seite und den Materialinput *pro Dienstleistungseinheit* (MIPS) auf der anderen Seite gibt, müssen wir auch zwei Arten von Ressourcenproduktivität unterscheiden. Je nachdem, ob es um bestimmte Produkte oder um das Erbringen von Dienstleistungen geht, sprechen wir von der Ressourcenproduktivität der Produktion oder der Ressourcenproduktivität der Dienstleistung.

Ressourcenproduktivität der Produktion

Die Ressourcenproduktivität der Produktion ist ein Maß für die Effizienz, mit der Energie und Material zum Bau eines Produktes eingesetzt werden. Je kleiner der Ökologische Rucksack (ÖR) eines Produktes ist, desto größer ist die Ressourcenproduktivität seiner Herstellung.

Zur Erinnerung: Der Ökologische Rucksack ist der Materialaufwand, den ich einem Produkt zusätzlich »auf den Rücken binden« muß, um deutlich zu machen, wieviel Umweltressourcen wirklich in ihm stecken. Die Masse des Produktes und der Ökologische Rucksack ergeben zusammen den gesamten Materialinput (MI) für das Produkt.

Man berechnet daher die Ressourcenproduktivität der Produktion, indem man das Gewicht des Produktes durch die Summe aus Produktgewicht und Ökologischem Rucksack teilt, also durch die Materialintensität (MI).

Ressourcenproduktivität der Herstellung eines Produkts = Produktgewicht / (Produktgewicht + Ökologischer Rucksack)

Nehmen wir als Beispiel eine Berechnung von Christopher Manstein vom Wuppertal Institut. Wiegt ein Motorrad 190 Kilogramm (0,19 Tonnen) und sein Ökologischer Rucksack 3,3 Tonnen (ohne Eigengewicht), so errechnet sich die Ressourcenproduktivität entsprechend als $0,19/(3,3 + 0,19) = 0,054$. Dies bedeutet, daß nur 5,4 Prozent der aus ihrer natürlichen Umgebung bewegten (abiotischen) Rohmaterialien in eine nutzbringende Maschine überführt wurden – fürwahr keine technische Glanzleistung.

Wie wir aber bereits wissen, ist diese Rechnung aus ökologischer Sicht noch nicht vollständig, weil wir neben den natürlichen Rohmaterialien zur Herstellung auch diejenigen berücksichtigen müssen, die zu seiner Benutzung benötigt werden. Motorräder verbrauchen nun einmal Benzin, solange man damit fährt, und Mausefallen brauchen Speck. Ganz grob über den Daumen gepeilt ist der Ökologische Rucksack dienstleistungsfähiger Maschinen, die während der Nutzung Ressourcen verbrauchen, für das ganze Produktleben berechnet, doppelt so groß wie der Rucksack, der sich bis zum Ende der Produktion angesammelt hat. Im Beispiel des Motorrades reduziert sich damit die Ressourcenproduktivität auf etwa 2,8 Prozent.

Dieses Beispiel ist leider keineswegs besonders extrem gewählt. Im

Durchschnitt haben unsere maschinellen Erzeugnisse einen Ökologischen Rucksack von dreißig Tonnen pro Tonne Produkt. Grob abgeschätzt und im Durchschnitt erreicht also die gesamte Branche der Hersteller technischer Produkte in Deutschland eine Ressourcenproduktivität von $1/(30 + 1)$, das sind etwa 3,2 Prozent.

Ressourcenproduktivität der Dienstleistung

Bisher habe ich bei meiner Definition der Ressourcenproduktivität noch nicht von Dienstleistungen gesprochen. Ich habe vorgeführt, wie man die Ressourcenproduktivität eines Produktes berechnet, unabhängig davon, welche Dienstleistung es erbringt, wenn es einmal hergestellt ist. Hat man sie erst einmal berechnet, tut sich meist sehr schnell auf, wo Verbesserungen möglich sind. Die viel größeren Chancen für eine Dematerialisierung unserer Wirtschaft sehe ich aber, wie gesagt, wenn wir nicht bei vorhandenen Produkten ansetzen, sondern uns anschauen, welche Dienstleistungen wir von den Produkten erwarten, und dann nach einem möglichst ressourcensparenden Weg suchen, diese Dienstleistungen zu erbringen. Was wir verbessern müssen, ist die Ressourcenproduktivität für das Erbringen von Dienstleistungen oder Nutzen.

Die Ressourcenproduktivität bei der Herstellung einer Einheit Nutzen (S) ist der Nutzen (die Dienstleistung) geteilt durch den Materialinput, beziehungsweise das Eigengewicht plus den Ökologischen Rucksack:

Ressourcenproduktivität der Dienstleistung =
Dienstleistung / (Produktgewicht + Ökologischer Rucksack)

Zum Materialinput gehört die Gesamtheit der Aufwendungen an natürlichen Rohmaterialien in Tonnen von der Wiege bis zur Wiege; entsprechend ist bei der Dienstleistung die Gesamtzahl des von dem Gerät während seines Lebens geleisteten Nutzens gemeint.
Wenn wir die Dienstleistung mit S bezeichnen – für »Service« – und den Materialinput mit MI, dann kann man die Formel auch so lesen:

Die Ressourcenproduktivität der Dienstleistung errechnet sich als S pro MI. Das Umgekehrte hatten wir schon: MI pro S ist MIPS, der Materialinput pro Dienstleistungseinheit. Wir sehen, daß die Ressourcenproduktivität des Nutzens einer Dienstleistungserfüllungsmaschine das Inverse von MIPS ist. Das heißt: MIPS ist ein Maß für die Ressourcenproduktivität der Dienstleistung.

Die Ressourcenproduktivität von Dienstleistungen kann man durch ökointelligente Innovationen im technischen Bereich verbessern, also durch das technisch raffinierte Verkleinern der Materialintensität. Aber dies ist nicht der einzige Weg. Eine Vergrößerung des Faktors Nutzen bringt das gleiche Ergebnis. Verbesserungen auf diesem Feld stehen jedem Menschen offen. Wenn Menschen bewußte Entscheidungen treffen, um Ressourcen zu sparen, dann erreichen sie damit das gleiche Ziel wie Erfinder und Konstrukteure mit technischen Neuerungen: Sie verbessern die Ressourcenproduktivität der Dienstleistung, die hinter einem Produkt steht. Die einen, die Techniker, verkleinern MI; die anderen, die Konsumenten, vergrößern S, den Nutzen. Die Beteiligung der Konsumenten an diesem Verbesserungsprozeß ist enorm wichtig, denn eine Verbraucherentscheidung für die Lösung mit dem geringeren Ressourcenverbrauch kann die Produktivität in einem Maße verbessern, für das Techniker mit neuen Erfindungen Jahrzehnte brauchen würden, wenn sie es überhaupt je erzielen könnten. Ein verändertes Konsumentenverhalten ist in vielen Fällen der schnellste Weg zu drastischen Verbesserungen der Ressourcenproduktivität. Nennen wir diesen Weg kurz die »private« Erhöhung der Ressourcenproduktivität von Dienstleistungen.

Zum Beispiel kann jeder mit Arbeitskollegen zusammen ein Auto benutzen, anstatt jeder das seine. Wenn dann zwei Personen in einem Auto fahren, statt vorher in zwei Autos je eine Person, dann erbringt das benutzte Auto seine Dienstleistung von einem Tag auf den anderen mit etwa der doppelten Ressourcenproduktivität. Das ist eine sensationelle Verbesserung, aus technischer Sicht ein »Jahrhundertsprung« der Effizienz. Seit Beginn der industriellen Revolution sind technische Effizienzverbesserungen an existierenden Systemen von durchschnittlich etwa 0,5 Prozent pro Jahr eher die Regel.

Ähnliches erreicht eine Familie, die sich entschließt, mit anderen Familien »car-sharing« zu betreiben oder darauf hinzuarbeiten, ihr Auto länger als bisher üblich zu besitzen. Man kann auch Aluminiumfolie in der Küche mehrere Male benutzen und ab sofort selten gebrauchte Sportgeräte nur noch ausleihen. Die Vielfalt der Möglichkeiten ist wesentlich größer als alle technischen Potentiale, die noch so raffinierte Technik mit der Zeit auszuschöpfen lernen wird.

Entscheidend wichtig ist in allen Fällen, daß die Verbesserung der Ressourcenproduktivität der Dienstleistung mit Hilfe persönlicher Entscheidung

- keine technischen Veränderungen voraussetzt,
- sofort wirksam wird und
- immer Geld spart.

Je höher die Preise von natürlichen Rohmaterialien sind, die für die *Herstellung* eines Produktes eingesetzt werden, desto mehr macht sich auch die Verbesserung der »technischen« Ressourcenproduktivität der *Produktion* bezahlt. Würde man zum Beispiel bestimmte Teile eines technischen Gerätes aus Gold herstellen, dann würde es sich lohnen, diese Teile möglichst klein zu gestalten oder sich nach billigeren Ersatzstoffen umzusehen. (Hier liegt eine der ganz großen Chancen für die Chemieindustrie). Zur Zeit sind jedoch die meisten natürlichen Rohmaterialien vergleichsweise spottbillig: für den Preis von zwei Schachteln Zigaretten bekommt man eine Tonne Sand ab Grube oder zwei Tonnen Trinkwasser ab Wasserhahn in der Küche. Kein Wunder also, daß bisher nur wenige Unternehmer diesen Weg gezielt nutzen, ihre Profite zu verbessern. Er setzt Mühewaltung, innovative Intelligenz, Beharrlichkeit und Langzeitplanung voraus.

Produktivität und Effizienz

Die Möglichkeit der »privaten« Erhöhung der Ressourcenproduktivität ist ein Hinweis darauf, daß Produktivität nicht unbedingt das gleiche ist wie (technische) Effizienz. Ich möchte diese beiden Begriffe deutlich voneinander abgrenzen, weil dadurch einsichtig wird, daß es mir nicht um eine bessere oder andere Technik allein geht.

Das ist nämlich sehr wichtig. Wenn ich eine drastische Erhöhung der Ressourcenproduktivität fordere, bekomme ich von Unternehmern oft die erstaunte Rückfrage, was ich den glaube, was die Unternehmen in ihren Entwicklungsabteilungen täten. Und wenn ich eine Verbesserung der Ressourcenproduktivität um einen Faktor 10 für unerläßlich erkläre, schütteln die Techniker den Kopf: Geht nicht, jedenfalls in vielen Fällen nicht, und vermutlich nicht im Durchschnitt.

Diese Skeptiker mögen recht haben. Das liegt aber daran, daß sie vom falschen Thema sprechen. Sie sprechen von Effizienzverbesserung, nicht Produktivitätsverbesserung. Wenn ich verkürzend von der »Produktivität« rede, meine ich die Ressourcenproduktivität der Dienstleistung.

Effizienzsteigerungen konzentrieren sich auf die fortlaufende Verbesserung des Input-Output-Verhältnisses bereits vorhandener Geräte und Anlagen. *Produktivitätsverbesserungen* sind darauf gerichtet, die besten Wege zu finden, einen bestimmten Nutzen – oder ein Nutzenbündel – zu erfüllen. Aus ökologischer Sicht heißt »bester Weg« möglichst schadstofffrei und mit möglichst geringer Materialintensität pro Nutzen. Bei uns in Wuppertal sprechen wir kurz und flapsig von »Low-MIPS«-Technik und »Low MIPS«-Dienstleistungen.

Der große Teil des heute üblichen technischen Fortschrittes beruht auf *Effizienzsteigerungen.* Das Design und die Konstruktion von *Effizienzsteigerungen* beginnt mit der Planung von Verbesserungen vorhandener Maschinen oder Teilen davon. Technische *Produktivitätsverbesserungen* fangen grundsätzlich mit der möglichst genauen Beschreibung des gewünschten oder des erforderlichen Leistungsbündels an.

Effizienzsteigerungen sind das tägliche Geschäft von Konstrukteuren und Designern, und das seit langem. *Produktivitätsverbesserungen* sind das (noch) nicht. Noch sind die hierfür erforderlichen Ökologischen Rucksäcke nicht gut bekannt. *Produktivitätsverbesserungen* bedingen häufig die Erfindung neuer Produkte, Produktkombinationen, oft unbequeme (weil noch ungewohnte) Fragen und Überlegungen sowie Systemlösungen, die andere Firmen oder Menschen betreffen können.

Effizienzsteigerungen können oft durch Konzentration auf einzelne Teile einer existierenden Maschine erreicht werden. *Produktivitätsverbesserungen* sollten möglichst auf dem Niveau von Systemen geplant und von der Wiege bis zurück zur Wiege abgeschätzt werden.

Effizienzsteigerungen führen nur selten dazu, daß Sinn und Notwendigkeit vorhandener Maschinen hinterfragt werden. *Produktivitätsverbesserungen* hängen hingegen oft davon ab, daß andere technische und organisatorische Lösungswege gefunden werden.

Effizienzsteigerungen verleiten so gut wie nie zu der Frage, ob denn die von dem Produkt erbrachte Dienstleistung in der dargebotenen Form wirklich gebraucht wird oder sinnvoll ist. Da jede *Produktivitätsverbesserung* mit der Frage nach der zu befriedigenden Dienstleistung beginnt, ist das hier eher der Fall.

Für Ingenieure oder Konstrukteure ist es praktisch ausgeschlossen, an einer existierenden Maschine *Effizienzsteigerungen* in der Größenordnung von einem Faktor 10 zu erreichen. *Effizienzsteigerungen* sind durch Gesetze der Physik und Chemie begrenzt. *Produktivitätsverbesserungen* für die Erfüllung von beschreibbaren Wünschen kann man auf sehr unterschiedlichen Ebenen erreichen. Man kann den Ökologischen Rucksack vorhandener Produkte bis (theoretisch) auf null verkleinern, man kann völlig andere Produkte finden, die den gleichen Zweck erfüllen, man kann Produkte durch Dienstleistungen ersetzen oder plötzlich entdecken, daß komplette Produkte oder Teile davon überflüssig sind, weil sie gar nicht zum Erreichen des Dienstleistungsziels beitragen.

Effizienzsteigerungen steigern die Konkurrenzfähigkeit auf dem Markt. *Produktivitätsverbesserungen* eröffnen neue Märkte.

Effizienzsteigerungen werden durch technische Experten geschaffen. *Produktivitätsverbesserungen* können von allen Menschen verwirklicht werden.

Effizienzsteigerungen können durch ordnungspolitische Maßnahmen im Einzelfall festgelegt werden. *Produktivitätsverbesserungen* verlangen nach ökonomischen Instrumenten und den Kräften des Marktes, um erfolgreich zu sein.

Sowohl Effizienzsteigerungen wie Produktivitätsverbesserungen können dadurch zunichte gemacht werden, daß Konsumenten sich von den verbesserten Produkten noch mehr als vorher zulegen und noch mehr der ökologisch optimierten Dienstleistungen konsumieren. Ich gehe auf diesen sogenannten Bumerangeffekt im Kapitel »Prosumenten und Produzenten« näher ein. Wenn allerdings Lösungen zur Produktivitätsverbesserung in Zusammenarbeit mit den betroffenen Menschen gefunden und realisiert werden, dann kann man zumindest hoffen, daß diese Menschen die Folgen höheren Konsums überblicken und sich entsprechend verhalten.

Arbeitsproduktivität und Ressourcenproduktivität

Die Preise natürlicher Rohmaterialien sind heute selten ein Anlaß dafür, daß ein Unternehmen nach neuen Wegen sucht. Ganz anders sieht die Situation bei der Arbeitskraft aus. Die Verbesserung der Arbeitsproduktivität – das heißt, die Verbesserung der Nutzung bezahlter Arbeit zur Herstellung verkaufbarer Produkte – ist angesichts der bei uns inzwischen extrem hohen Arbeitskosten finanziell sehr attraktiv.

Da Menschen jedoch sehr schnell an ihre natürlichen Grenzen stoßen, schneller und effizienter zu arbeiten, also Schuhe von Hand immer schneller zu produzieren, Nägel immer effizienter einzuschlagen oder Kohle mit der Schippe schneller und schneller auszugraben, begann die Menschheit schon frühzeitig, technische Neuerungen zur Lösung dieses Dilemmas zu erfinden: Maschinen und Automaten.

Im Laufe der Zeit wurden die Ersatzmaschinen für den Menschen immer effizienter und intelligenter, bis hin zum Roboter. Eine moderne Maschine zum Abbauen von Braunkohle schafft etwa 25 000mal soviel wie ein Arbeiter mit der Hand. Die Befreiung des Menschen von der Arbeit mit Hilfe von Maschinen wurde also auf Kosten der Ökosphäre vorangetrieben. Die so erreichte Bequemlichkeit und Sicherheit bei der Arbeit wurde zunehmend mit der Zerstörung der Ökosphäre bezahlt.

Wenn das Ziel ist, kurzfristig die Profite zu erhöhen, ist der betriebswirtschaftlich einleuchtendste Weg die Entlassung von Arbeitskräften und deren Ersatz durch weitere Maschinen – die der Hersteller von

Produkten, der Bankier oder der Ladenbesitzer nicht selbst erfinden muß, sondern sich kaufen kann. Langfristig führt dieser Weg aber ins ökologische Aus, weil mehr und mehr natürliche Rohmaterialien für die Beschäftigung weniger und weniger Menschen eingesetzt werden. Dieser Weg ist wohl auch sozial nicht akzeptabel.

Was während der vergangenen hundert Jahre ablief, kommt einer Spirale gleich: Zur Erhöhung der Einnahmen (der Produktion) stellten Unternehmer zunächst mehr Arbeiter ein. Mit Unterstützung ihrer Gewerkschaften forderten und erhielten die Werktätigen wachsende Löhne (Profitbeteiligungen). Die Arbeitskosten stiegen damit, und natürlich stiegen auch die Lebenshaltungskosten, wenn auch zunächst langsamer als die Lohnerhöhungen, womit der »Lebensstandard« stieg. Unter Konkurrenzzwang und begierig, immer mehr Profite zu machen – was ja angeblich ein dem Menschen angeborener Trieb ist –, sahen sich Unternehmer mehr und mehr nach Maschinen als Menschenersatz um. An den höheren Profiten wurden auch weiterhin die (verbliebenen) Arbeitnehmer beteiligt. Aber immer mehr von ihnen wurden auch ersetzbar. Erschwerend kommt hinzu, daß der Staat seine Ausgaben traditionell zu einem erheblichen Teil durch die Besteuerung von Einkommen aus Arbeit und Profiten finanziert. Das treibt die Spirale zusätzlich an, zumal mit den Einkommensteuern unter anderem auch soziale Verpflichtungen des Staates bezahlt werden, zum Beispiel Arbeitslosengelder, Renten und vieles andere. Die Ergebnisse sind:

- steigende Arbeitslosenzahlen,
- steigende Finanzierungsprobleme der öffentlichen Hand und
- zunehmender Naturverbrauch.

Seit den siebziger Jahren befinden wir uns in einer Situation, in der wir zwar immer mehr produzieren, allerdings hiermit nicht mehr Wohlstand und Lebensqualität erreichen.[8] In den Worten von Franz Lehner, dem Präsidenten des Instituts Arbeit und Technik in Gelsenkirchen: »Realeinkommen und andere wichtige Indikatoren für Wohlstand und Lebensqualität stagnieren seit vielen Jahren oder sind gar rückläufig. Mehr noch: Der bisher erworbene Wohlstand wird durch Strategien zur

Sicherung der Wettbewerbsfähigkeit und durch eine wenig innovative Bewältigung des globalen Strukturwandels immer wieder in Frage gestellt.« Hierzu möchten Franz Lehner und ich in naher Zukunft in einem weiteren Buch näheres ausführen.

Auch aus diesem Grunde plädieren Umweltpolitiker seit Jahren für eine Umfinanzierung der staatlichen Ausgaben und für Ausgabenkürzungen im Subventionssektor, zumindest aber für die Abschaffung solcher Subventionen, welche die Ressourcenverbrauchsspirale zusätzlich anheizen.

»Ökologische Preise« und Kennzeichnung

Im Jahre 1994 sendete das Fernsehen des Westdeutschen Rundfunks einen Bericht über unsere Arbeit am MIPS-Konzept. Der Journalist wollte seinen Zuschauern besonders plastisch veranschaulichen, was es für sie bedeuten würde, wenn MIPS eines Tages zur Bewertung von Produkten herangezogen werden würde. Sein kurzer Film zeigte einen Supermarkt. Die Kamera schwenkte durch die Regale und auf die Produkte. Preisaufkleber waren auf den Produkten, wie wir es kennen. Doch außer dem Preis stand auf diesen Aufklebern auch noch, wieviel »MIPS« dem Produkt zugerechnet werden müsse. Die Lehre, die der Betrachter daraus ziehen konnte: Wenn zwei Konkurrenzprodukte annähernd den gleichen Preis haben, kauft man natürlich das mit der geringeren Materialintensität pro geleistetem Nutzen. Und wenn man besonders umweltbewußt kaufen will, darf der Preis des ökologisch »besseren« Produktes auch schon mal ein bißchen höher sein.

Der Journalist hatte für seinen Bericht realisiert, was ich mir in der Tat wünsche: eine Kennzeichnung von Produkten und Dienstleistungen, der die Käufer entnehmen können, welchen Preis die Umwelt »zahlt«, damit sie diese Dienstleistung oder dieses Produkt kaufen können. Neben dem Geldpreis in Mark enthielten die ausgestellten Produkte eine Angabe über den »ökologischen Preis« in der Währung MIPS.

Schauen wir uns an, wie solche »ökologischen Preise« in der Praxis ermittelt werden könnten. Grundsätzlich muß ein »ökologischer Preis«

ein nachvollziehbares Maß dafür sein, in welchem Ausmaß das Produkt oder die Dienstleistung die Umwelt belastet. »Ökologische Preise« müssen Umweltbelastungspotentiale – oder ökologische Störpotentiale – von Sachgütern und Dienstleistungen in physikalischen Größen ausdrücken. Soweit die Umweltbelastung auf den Ressourcenverbrauch zurückgeht, können diese »Preise« den Ökologischen Rucksäcken von Werkstoffen und dienstleistungsfähigen Sachgütern gleichgesetzt werden.

Warum sollte eigentlich nicht in Zukunft neben der Preisauszeichnung in Mark und Pfennig oder der jeweiligen Landeswährung auch regelmäßig eine Angabe über die Ökologischen Rucksäcke stehen, gerechnet »von der Wiege bis zum Händler«?

Die spannende Frage ist, ob und wieweit eine solche Kennzeichnung dazu beitragen könnte, unsere Wirtschaft auf dem Weg in die Zukunftsfähigkeit voranzubringen. Bekannt ist, daß Informationen über Umweltgifte in Nahrungsmitteln einen erheblichen Werbeeffekt haben. Garantiert ein Produzent zum Beispiel, daß seine Produkte frei von absichtlich verwendeten Herbiziden und Pestiziden sind, dann kann er diese Produkte mit ganz erheblichen Preisaufschlägen verkaufen. Auf dieses Kaufverhalten hat jedoch mit Sicherheit auch der Wunsch nach persönlicher Gesundheit einen großen Einfluß – vielleicht sogar mehr als die allgemeine Sorge um den Zustand der Umwelt.

Aus der Sicht des Umweltschutzes wäre es interessanter zu wissen, ob zum Beispiel Äpfel aus Neuseeland weniger gerne gekauft werden als Äpfel vom Bodensee oder aus Meran. Untersuchungen über die Wirksamkeit von Angaben zum Ursprungsland der Ware könnten uns eher eine Auskunft darüber geben, wie die Sorge um die Umwelt das Kaufverhalten beeinflußt. Werden Orangen aus Israel denen aus Spanien vorgezogen? Unterschiede im Geldpreis gibt es kaum. Die umfangreichen, offenen und verdeckten Subventionen für Transporte in Europa (und anderen Regionen der Welt) verdecken die Unterschiede der Entfernungen praktisch vollkommen.

Eine Kennzeichnung in den Größen »Ökologischer Rucksack« oder MIPS allein würde den Konsumenten zudem nicht viel weiterhelfen. Was bedeutet schon ÖR = 255? Ist das viel? Ist das wenig? Kann ich es mir leisten? Jede Angabe eines Geldpreises kann der Konsument direkt mit seinem persönlichen Budget und seinen Wirtschaftsinteressen vergleichen. 2,50 Mark für ein kleines Plastikspielzeug mag dann teuer sein, aber der Betrag schlägt nicht weiter zu Buche. 250 000 Mark für eine Eigentumswohnung in guter Lage mag billig sein, aber wenn der Betrag das Budget übersteigt, ist es dennoch zu teuer.

Doch was ist das »Budget«, mit dem man den Ökologischen Rucksack vergleichen soll? Der Käufer kann ein in ÖR oder MIPS ausgedrücktes »Umweltstörpotential« nicht in Beziehung setzen zur Gesundheit der Umwelt insgesamt.

Obschon also kaum damit zu rechnen ist, daß alleine die Kennzeichnung von Gütern mit einem »ökologischen Preis« zu entscheidenden Fortschritten in Richtung Zukunftsfähigkeit führen wird, so scheint mir die Entwicklung einer allgemein anwendbaren und international harmonisierungsfähigen ökologischen Kennzeichnung von Industriegütern aus mehreren Gründen dennoch sinnvoll und wichtig:

Erstens berücksichtigen wohlhabendere Käuferschichten in Deutschland ökologische Kennzeichnungen durchaus, soweit sie Vertrauen in diese Kennzeichnung haben. Hersteller sind im allgemeinen über das Kaufverhalten von Konsumenten gut unterrichtet und reagieren entsprechend. Ein gewisser Schub in Richtung Zukunftsfähigkeit kann sich also auch aus Kennzeichnungen ergeben.

Wie erste Erfahrungen auf dem Berliner Kindergipfel 1995 gezeigt haben, ist es zweitens durchaus möglich, Jugendlichen schon in frühem Alter innerhalb kurzer Zeit ein gutes Verständnis für die Bedeutung von Ökologischen Rucksäcken zu vermitteln. Das Projekt »MIPS für Kids« des Wuppertal Institutes unter Leistung von Dr. Maria Welfens und Heike Steinkamp soll weitere Wege zur Vermittlung des MIPS-Konzeptes an Jugendliche aufzeigen. Wünschenswert wäre eine durchgreifende Verbreitung dieses Wissens im Erziehungsbereich mit dem Ziel, Konsumenten so früh wie möglich mit der wirtschaftlichen und ökologischen Bedeutung der Ressourcenproduktivität vertraut zu machen.

Unabhängig davon, wie weit es in der Zukunft gelingen mag, »ökologische Störwerte« durch gesetzliche oder andere Maßnahmen in den Ladenpreis von Produkten oder die COPS von Dienstleistungen zu integrieren, werden Kenntnisse über Rucksäcke von Produkten und Werkstoffen nicht zuletzt für den Grenzausgleich (Zölle) gebraucht und außerdem für die Beantwortung der Frage, wie weit einzelne Marktpreise von der »ökologischen Wahrheit« im Sinne Ernst Ulrich von Weizsäckers entfernt sind.

Ehe ich zu einigen Details komme, schauen wir uns noch an, was Aristoteles vor mehr als 2000 Jahren zu der Bedeutung von Preisen zu sagen hatte. Wenn man in seinem Text das Wort »Geld« durch »Ökologischer Rucksack« austauscht und dem großen Denker meine in Klammern stehenden Ergänzungen oder Ersetzungen zumutet, bekommt man eine erstaunlich aktuelle Aussage – die allerdings nicht, wie bei Aristoteles, einen Zustand beschreibt, sondern eine mögliche Zukunftsperspektive.

Alles, was ausgetauscht werden soll, muß vergleichbar sein. Zu diesem Zwecke dient das Geld, das gewissermaßen einen Mittelwert bildet. Denn es gibt einen (ökologischen) Maßstab für alles ab, also auch für den Überschuß und den Abmangel, zum Beispiel wie viele Schuhe einem Haus entsprechen oder einem Nahrungsmittel. Dem Verhältnis des Baumeisters zum Schuster entspricht es also, daß soundsoviel Schuhe auf ein Haus kommen; dem des Schusters zum Bauern, daß soundsoviel Schuhe auf ein bestimmtes Quantum von Lebensmitteln kommen. Ohne diese Proportionalität gäbe es weder Austausch noch Gemeinschaft (ökologisches Handeln auf dem Markt noch Zukunftsfähigkeit der Gesellschaft). Und diese können nur bestehen, wenn in gewissem Sinn Gleichheit herbeigeführt wird. Es muß also, wie gesagt, eine Einheit geben, an der man alles (ökologisch) messen kann. Diese ist in Wahrheit das Bedürfnis, das alles zusammenhält. Denn wenn die Menschen keine Bedürfnisse hätten und nicht in der gleichen Weise, so würde es entweder keinen Austausch geben oder nur einen ganz ungleichen. Ausdrucksmittel des Bedürfnisses ist nun gewissermaßen das Geld geworden, und zwar nach Übereinkunft.[9]

Preistheorie des Aristoteles (384–322 v. Chr.)

A. Ökologische Preise abiotischer Werkstoffe

Ich habe den Ökologischen Rucksack so definiert, daß alle natürlichen Rohmaterialien darin enthalten sind, die von der Wiege bis zum fertigen Werkstoff oder Produkt aufgewendet wurden, abzüglich des Eigengewichtes. Ökologischer Rucksack (ÖR) plus Eigengewicht ist der Materialinput (MI).

Im Kapitel »MAIA, Rucksäcke und Erosion« habe ich fünf verschiedene Rucksäcke unterschieden: je einen für abiotische und biotische natürliche Rohmaterialien, den für Wasser, den für Luft und schließlich einen für Bodenbewegungen. Obgleich für die Herstellung abiotischer Werkstoffe wie etwa Nickel, Elektrostahl und Kupfer auf dem Wege von der Quelle bis zum Werkstoff auch Rucksäcke für Wasser (z.B. Aufbereitung der Erze) und Luft (z.B. Transport) entstehen, ziehe ich es der Einfachheit halber hier vor, nur jeweils die *abiotischen* Rucksäcke für die Bemessung der »ökologischen Preise« abiotischer Werkstoffe heranzuziehen.

Damit müssen wir als »ökologischen Preis« von abiotischen Werkstoffen nur noch die Masse fester, natürlicher Materie angeben, die pro Tonne Werkstoff bewegt werden muß, bis der Werkstoff technisch genutzt werden kann. Preisauszeichnungen für abiotische Werkstoffe könnten demnach in der Zukunft wie folgt aussehen:

Sand (Tonne):	10 DM;	MI 1,2 (Tonnen/Tonne)
Nickel (Tonne):	11 200 DM;	MI 141 (Tonnen/Tonne)
Elektrostahl (Tonne):	620 DM;	MI 3,36 (Tonnen/Tonne)
Kupfer (Tonne):	3250 DM ;	MI 500 (Tonnen/Tonne)
Gold (Tonne):	22 600 000 DM;	MI 540 000 (Tonnen/Tonne)

B. Ökologische Preise dienstleistungsfähiger Sachgüter

Nehmen wir den Materialinput als ökologischen Preis, dann könnte eine Preisauszeichnung eines Dreiwegekatalysators so aussehen:

Dreiwegekatalysator: 1200 DM; MI 2,7 (Tonnen pro Stück)

Und für einen Fingerring aus Gold:

Fingerring (Gold, 7 Gramm) : 550 DM; MI 3,8 (Tonnen pro Ring)

Selbst den ökologischen Preis für ein Gemälde von Rembrandt kann man auf diese Art angeben. Nehmen wir an, das Bild wöge 10 Kilogramm (ohne Rahmen), hat einen (angenommenen) Rucksack von 100 (unter den Pigmenten sind auch Schwermetalle) und einen (geschätzten) Handelswert von 20 Millionen Mark. Hieraus ergäbe sich:

Bild (Rembrandt) : 20 000 000 DM; MI 0,1 (Tonnen pro Bild)

Weitere Beispiele:
Nagel (Stahl): 0,01 DM; MI 0,0000036 (Tonnen pro Nagel)
Nagel (Kupfer): 0,05 DM; MI 0,0004 (Tonnen pro Nagel)
Auto (Mittelklasse) : 40 000 DM; MI 25 (Tonnen pro Auto)
Auto (S-Klasse) : 120 000 DM; MI 40 (Tonnen pro Auto)

Obwohl der Vergleich der beiden Autos anderes zu sagen scheint, ist das schwerere Auto der Mittelklasse von der Wiege bis zum Käufer ökologisch überlegen. Allerdings benötigt es »vom Händler bis zurück zu Wiege« etwa 1,5mal soviel Treibstoff, was den Vorteil wieder aufwiegt.

Um zu diesem Ergebnis zu kommen, muß man berücksichtigen, daß ein Fahrzeug der S-Klasse in seinem Leben etwa doppelt so viele Kilometer hinter sich bringt wie ein Mittelklassewagen. Man muß also zwei Mittelklassewagen mit einem Wagen des Typs S-Klasse vergleichen. Ein Fahrzeug der S-Klasse fährt nämlich insgesamt rund 400 000 Kilometer in seinem Leben, ein Mittelklassewagen nur 200 000. Zwischen »Wiege« und Händler »kosten« zwei Mittelklassewagen 50 Tonnen, der eine S-Klasse-Wagen 40 Tonnen.

Doch im Gesamtergebnis kehren sich die Verhältnisse wieder um. Der Mittelklassewagen braucht etwa 10 Liter Treibstoff auf 100 Kilometer, die S-Klasse 15 Liter. Auf 400 000 Kilometer verbraucht man also mit Mittelklassefahrzeugen rund 4000 mal 10 Liter, das sind 40 Tonnen. Da der Materialinput von Treibstoff bei 1,2 liegt, ist der »ökologische Preis« für diesen Treibstoff 48 Tonnen. Mit einer entsprechenden Rechnung kommt man für das Fahrzeug der S-Klasse auf 72 Tonnen (4000 mal 15 mal 1,2). Alles in allem summieren sich die Materialinputs in

der Mittelklasse auf einer Strecke von 400 000 Kilometern auf 98 Tonnen, in der S-Klasse auf 132 Tonnen.
Dies ist nur ein grober erster Vergleich. Er zeigt jedoch die Tendenz: MIPS ist für den Mittelklassewagen deutlich geringer.

C. Ökologische Preise von Dienstleistungen

Der »wirtschaftliche« Preis einer Dienstleistung, zum Beispiel der eines Haarschnittes, setzt sich zusammen aus den anteiligen Benutzungskosten (COPS) aller eingesetzten Sachgüter (Geräte, Fahrzeuge, Maschinen, Gebäude, Infrastrukturen), plus den Kosten für Material und Energie, plus den Kosten für die erbrachten Dienstleistungen (Arbeitskosten) und natürlich plus Gewinn.
Der »ökologische Preis« einer Dienstleistung setzt sich aus den in Anspruch genommenen Dienstleistungseinheiten (MIPS) aller Sachgüter (Geräte, Fahrzeuge, Maschinen, Gebäude, Infrastrukturen) zusammen. Schon für einfache Dienstleistungen gestaltet sich die Bemessung des »ökologischen Preises« offenbar sehr kompliziert, da große Teile der Kosten verteilt über viele Branchen und Unternehmen entstehen. Am einfachsten läßt sich der ökologische Preis vergleichbarer Dienstleistungen dadurch abschätzen, daß man für beide die MIPS der eingesetzten »Dienstleistungserfüllungsmaschinen« miteinander vergleicht, also der Geräte, die direkt zum Erbringen der Dienstleistung benutzt werden – beim Friseur der Scheren, Stühle, Besen, Kämme und so weiter.

D. Ökologische Preise von Nahrungsmitteln

Auch in den Ökologischen Rucksack von Nahrungsmitteln muß man, strenggenommen, so viel hineinpacken, daß die Rechnung sehr aufwendig wird. Ich beschränke mich daher auf den ökologischen Preis »von der Wiege bis zum Verkauf durch den Erzeuger«, vernachlässige also Saatgutproduktion, Chemikalienaufwand, Transport, Verarbeitung und Verpackung auf dem Wege zum Endnutzer. Unter dem Gesichtspunkt der Ressourcenproduktivität kann man dann den ökologischen

Preis von Nahrungsmitteln am einfachsten durch die Erosion ausdrücken. Wir beschränken uns dabei auf den Teil der Erosion, der sich eindeutig der Nahrungsmittelproduktion zurechnen läßt, und packen jedem Nahrungsmittel den Anteil der Erosion in den Rucksack, der zu diesem Nahrungsmittel in Beziehung steht. Das Ergebnis ist eine Angabe in Tonnen Erosion pro Tonne produzierter Nahrungsmittel. Die Zahlen für viele Feldfrüchte sind im Anhang dieses Buches wiedergegeben. Sie schwanken zwischen denen von Runkelrüben (0,12 t/t) und Hopfen (4,93 t/t) um einen Faktor 41.

Bei der Auszeichnung von Früchten empfiehlt es sich weiterhin, das Ursprungsgebiet anzugeben (Apfelsinen aus Florida, Äpfel aus Neuseeland, Schinken aus Norddeutschland). Die Angabe des Herkunftslandes ist bereits vorgeschrieben; aber bei Grundnahrungsmitteln, die fast überall hergestellt werden, wäre auch die Verpflichtung zur Angabe der Herkunftsregion innerhalb Deutschlands sinnvoll. Hingegen sollte bei Fleisch und Fisch das Ursprungsland der verfütterten Biomasse angegeben werden (Soja aus Brasilien, Fischmehl aus Japan), da dies den größten Transportaufwand und damit die höchsten ökologischen Kosten verursacht.

Sagen die Preise die ökologische Wahrheit?

Seit Jahren ist eine der bekanntesten Aussagen Ernst Ulrich von Weizsäckers, die Preise sagten die ökologische Wahrheit nicht. Viele Produkte und Rohstoffe sind zu Preisen zu haben, die nichts mit dem Ausmaß des Eingriffs in die Ökosphäre zu tun haben, der hinter dem Angebot steckt. Niemand bezweifelt wohl die Richtigkeit dieser Aussage. Sofern wir uns damit zufriedengeben, das ökologische Störpotential von Sachgütern mit Hilfe der Ökologischen Rucksäcke abzuschätzen, können wir aber sehr wohl einen Vergleich zwischen Gütern anstellen und eine Aussage über die ökologische »Unwahrheit« ihres Marktpreises sagen.

Dazu schauen wir uns bei einer Reihe von Werkstoffen an, wieviel Tonnen der Materialinput pro Tonne des Werkstoffes wiegt. Wir rechnen also den Materialinput in Tonnen pro Tonne (t/t) aus. Das Ergebnis vergleichen wir mit dem Preis pro Tonne, indem wir den Rucksack durch den Preis teilen. (Die Weltmarktpreise von Werkstoffen ändern sich täglich. Die hier eingesetzten Preise können erheblich vom Tageskurs abweichen. Für unseren Vergleich ist dies aber weitgehend unerheblich.)

Werkstoff	MI (abiotisch)/DM
Kupfer	0,154
Sand	0,1
Gold	0,0240
Nickel	0,0126
Elektrostahl	0,00548

Abbildung 20: Vergleich von Materialinput (MI) und Preis einiger abiotischer Werkstoffe.

Wenn wir Elektrostahl kaufen, bekommen wir nach Abbildung 20 für unsere Mark recht wenig Ökologischen Rucksack; andersherum gesagt: Der Ökologische Rucksack von Elektrostahl muß relativ teuer bezahlt werden. So gesehen ist andererseits Kupfer ökologisch billiger als Sand, und Gold mehr als viermal billiger als Elektrostahl. Man kann auch sagen, die Preise dieser Werkstoffe weichen untereinander um den Faktor 28 von der »ökologischen Wahrheit« ab. »Ökologisch wahr« wären die Preise, wenn der Materialinput in allen Fällen ungefähr gleich viel pro Tonne kosten würde, unabhängig vom Produkt.

Aber schon bei so ähnlichen Produkten wie den verschiedenen fossilen Energieträgern trifft das nicht zu. Die Abbildung 21 zeigt, wieviel Materialinput man mit jeder Mark bei den verschiedenen Energieträgern mitkauft. Damit die Zahlen besser zu vergleichen sind, habe ich sie in der dritten Spalte noch einmal umgerechnet. Dort ist der Wert für Diesel mit 1 gleichgesetzt. Die Zahlen für die anderen Energieträger in dieser Spalte sagen dann, wieviel mehr oder weniger Material an jeder Mark hängt, die man für diese Energieträger ausgibt. So hängt an jeder Erdgas-Mark 1,3mal soviel Rohmaterial wie beim Diesel, und bei der Steinkohle ist es 24mal soviel.

	MI/DM abiotisch	MI/DM abiotisch normiert für Diesel
Braunkohle	0,056	21
Steinkohle (Import)	0,066	24
Schweres Heizöl (S)	0,012	4,4
Steinkohle (Deutsch)	0,0094	4,1
Diesel	0,0027	1
Leichtes Heizöl (El)	0,0057	2,1
Erdgas	0,0036	1,3

Abbildung 21: Vergleich von Materialinput (MI) und Preis einiger Energieträger, und der Vergleich zum Dieseltreibstoff.

Bei den fossilen Energieträgern weichen demnach die Preise untereinander um den Faktor 24 von der »ökologischen Wahrheit« ab.

Zum Schluß ein Vergleich des Verhältnisses von Materialinput und Preis bei einigen der dienstleistungsfähigen Sachgüter, die oben bereits erwähnt sind.

Gegenstand	MI (abiotisch)/DM
Nagel (Kupfer)	0,008 pro DM
Dreiwegekatalysator	0,00225 pro DM
Fingerring (Gold, 7 Gramm)	0,0069 pro DM
Nagel (Stahl)	0,00036 pro DM
Auto (Mittelklasse)	0,0000625 pro DM
Auto (S-Klasse)	0,0000333 pro DM
Bild (Rembrandt)	0,000000005 pro DM

Abbildung 22: Vergleich des Verhältnisses von Materialinput und Preis einiger Sachgüter.

Nach Abbildung 22 ist der Preis des Bildes von Rembrandt 450 000mal ökologisch günstiger (»wahrer«) als der des Dreiwegekatalysators, etwa 5 Millionen Mal ökologisch günstiger als der von Gold und 30 Millionen Mal ökologisch günstiger als der von Kupfer.

Nicht ganz überraschend gehören demnach Kunstgegenstände zu den ökologisch empfehlenswerten Gütern, jedenfalls solange es sich nicht um monumentale Werke handelt, es sei denn um solche, die aus recycelten Teilen oder Werkstoffen geschaffen wurden.

Der »Guru vom Döppersberg«, wie die Wochenzeitung »Die Zeit« Ernst Ulrich von Weizsäcker einmal genannt hat, hat mit seiner Äußerung zur ökologischen Un-Wahrheit von Preisen offenbar recht.

Auf den Punkt gebracht

Wenn Hersteller und Konsumenten künftig Produkte nach dem Nutzen bewerten, den diese Produkte bieten, und dabei obendrein die ökologischen Qualitäten der Produkte optimiert werden sollen, müssen drei Dinge bekannt sein:

- Der Preis pro Dienstleistung (COPS), denn nur er sagt etwas über die Kosten aus, die durch die Nutzung eines Produktes entstehen. Der Verkaufspreis von Produkten sagt nur etwas über die Herstellungskosten; er erlaubt deshalb nicht oder nur mit zusätzlichem Aufwand, Produkte zu vergleichen, die auf unterschiedliche Art und Weise – und daher zu unterschiedlichen Herstellungs- und Nutzungskosten – die gleiche Dienstleistung erbringen.
- Der Materialinput pro Dienstleistung (MIPS), der in einem Produkt steckt. Dieses Maß hat auf der ökologischen Seite eine ähnliche Funktion wie COPS auf der finanziellen: Es erlaubt den Vergleich der ökologischen Qualitäten von Produkten, die ein und dieselbe Dienstleistung auf unterschiedliche Art und Weise erbringen. So, wie ein in der Anschaffung teures Gerät sich durch die Berechnung von COPS als das Gerät herausstellen kann, das die gewünschte Dienstleistung billiger zur Verfügung stellt, zum Beispiel weil es länger lebt, so bringt erst die Berechnung von MIPS ans Tageslicht, ob ein ökologisch aufwendiger hergestelltes Produkt nicht vielleicht auf lange Sicht das ökologisch bessere ist, weil es am Ende seiner Nutzungszeit insgesamt mit den Ressourcen der Erde schonender umgegangen ist.
- Die gewünschte Dienstleistung und die Einheit, in der sie zu messen

ist. COPS und MIPS beziehen finanzielle bzw. ökologische Kosten auf die Größe »Dienstleistung«. Sie unterscheidet sich von Produkt zu Produkt stark. Die Dienstleistung muß so definiert werden, daß ein Vergleich zwischen sehr unterschiedlichen »Dienstleistungserfüllungsmaschinen« möglich wird. Das Nachdenken über die Dienstleistung, die man von einem Produkt erwartet, ist die Voraussetzung dafür, neue, originelle Lösungen zu finden, wie sie eine dematerialisierte Wirtschaft braucht.

MIPS ist ein Maß für ökologisches Wirtschaften, das auf sehr unterschiedlichen Ebenen eingesetzt werden kann, vom Einzelunternehmen über Staaten bis zu internationalen Abkommen. MIPS eignet sich dazu, die Grenzen, die die Ökosphäre der Wirtschaft setzt, ökonomisch und in Verordnungen und Vereinbarungen greifbar zu machen, und zwar auch vorausschauend. Dabei weist der Maßstab MIPS stets in die ökologisch richtige Richtung. Aber er ist kein Universalmaß. Einige für Wirtschaft, Umwelt und Politik wichtige Parameter wie Flächenbedarf für Produkte und Dienstleistungen sowie Auswirkungen einzelner Stoffe auf Ökosphäre, Artenvielfalt und menschliche Gesundheit werden durch das MIPS-Konzept nicht oder nur indirekt erfaßt.

MIPS ist ein Maß für die Produktivität, mit der der Ökosphäre entnommene Rohmaterialien genutzt werden. Ziel muß es sein, die Ressourcenproduktivität um einen Faktor 10 zu verbessern. Dazu muß auf der Systemebene angesetzt werden. Technische Verbesserungen der Effizienz oder Verbesserungen der Ressourcenproduktivität auf der Ebene einzelner Unternehmen können im Einzelfall enorme Verbesserungen bringen. Im Durchschnitt wird aber der Faktor 10 nur erreicht werden, wenn Systeme nach dem MIPS-Konzept durchforstet werden – das System Wohnen, statt des Einzelprodukts Haus; das System Transport, statt des Einzelprodukts Auto.

Ein wichtiger Zwischenschritt in eine dematerialisierte Wirtschaft kann die Kennzeichnung von Produkten mit einem Maßstab wie MIPS sein. Damit hat der Konsument ein universell anwendbares Mittel an der Hand, Produkte nach ihrer ökologischen Qualität zu vergleichen und ökointelligente Kaufentscheidungen zu treffen. Heute ist das sehr schwer für ihn, denn, wie ich an einigen Beispielen gezeigt habe, die Preise sagen nicht die ökologische Wahrheit. Vergleicht man selbst bei einander sehr ähnlichen Produkten Preis und Materialinput, so kommen drastische Abweichungen bis zu Faktoren von mehreren Hunderttausend heraus.

9 Strukturwandel –
Unternehmen und Arbeit

Menschen sind flexibler als Maschinen

Firma Wolford, Bregenz

Im gesamten OECD-Raum sind mehr als 35 Millionen Menschen auf der Suche nach Arbeit. Es ist erschreckend, daß der Grundsockel der Arbeitslosigkeit in jeder Rezessionsphase zunimmt: In der Krise der siebziger Jahre lag die »strukturelle« Rate der Arbeitslosigkeit bei 2 bis 3 Prozent; in den frühen achtziger Jahren bei 5 bis 6 Prozent; und jetzt liegt sie im Raum der OECD bei 12 bis 15 Prozent. Bei uns in Deutschland sind das weit mehr als vier Millionen Menschen.

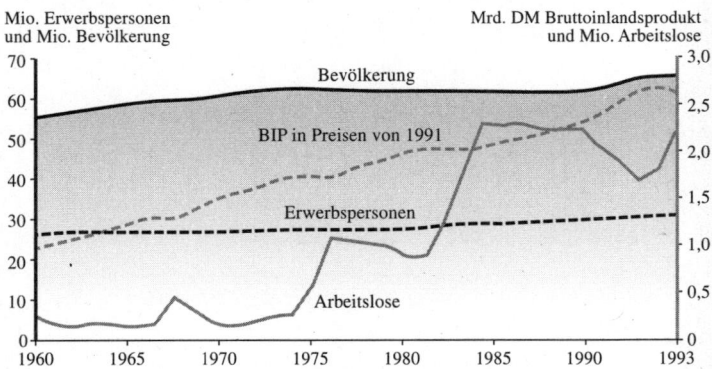

Abbildung 23: Der Verlauf der Bevölkerungszunahme, der Zahl der Erwerbspersonen, der Arbeitslosigkeit und des Produktionsvolumens, gemessen in Bruttoinlandsprodukt (BIP), in Westdeutschland zwischen 1960 und 1993. Die Arbeitslosigkeit nahm (und nimmt) in Rezessionen deutlich zu und bleibt danach auf einem höheren Niveau als vorher. Daraus entsteht der Verlauf einer ansteigenden Treppe. Zwischen dem weiter steigenden BIP und der Arbeitslosenzahl öffnet sich eine Schere.

Bundeskanzler Kohl will die Arbeitslosigkeit in Deutschland bis zum Jahr 2000 halbieren; er kündigte dies Mitte 1996 an. Doch mit Blick auf Abbildung 23 scheint diese Zielvorstellung utopisch. In der Politik und Wirtschaft spricht gegenwärtig nichts dafür, daß sich Grundsätzliches ändern wird. Die tradierten starren Handlungsmuster werden immer wieder kritiklos übernommen. Der Wohlstand der Menschen wird weiter fälschlich mit dem Bruttoinlandsprodukt verwechselt. Die Welle der Entlassungen rollt weiter, und das im wahrsten Sinne des Wortes Fabelhafte dabei ist: Die Ankündigungen von börsennotierten Unternehmen, Mitarbeiter zu entlassen, führen regelmäßig zu einem Emporschnellen der Aktienkurse. Auch umgekehrt funktioniert dieses makabre Spiel: Als Anfang Juli 1996 in den USA bekannt wurde, daß im ersten Halbjahr die Zahl der Arbeitsplätze wieder deutlich zugenommen habe, sackten die Börsenkurse ab, begleitet vom Kommentar eines Expertenbörsianers: »Dies ist für die Börse seit langem eine der schlechtesten Nachrichten.«

Unter dem Druck globaler Märkte und neuer Wettbewerber auf der internationalen Bühne wird in Zentraleuropa eine Defensivdiskussion geführt, wird das Spiel namens »Kostensenken« fast ausschließlich auf Kosten der Arbeit betrieben. Doch Rationalisierung garantiert ironischerweise keineswegs wirtschaftliche Erfolge. Nicht selten sehen sich Firmen, die Arbeitsplätze einsparen wollten, bald gezwungen, qualifizierte Arbeitnehmer zurückzuholen.[1]

In Europa steigt die Arbeitslosenquote nach wie vor. Die Anhäufung sozialen Sprengstoffs geht weiter, und die Überforderung unseres Gastgebers Ökosphäre auch. Aber alle Regierungen haben sich der Zukunftsfähigkeit verschrieben – ein erstaunliches Bild geballter Treuherzigkeit.

Die Sicherheit, die Dominanz, die Glaubhaftigkeit und die Zukunftsorientierung der politischen Führung ist – zumindest auf der nationalen Ebene – offenkundig im Schwinden. In manchen Ecken Europas regt sich allerdings auch Neues: Kommunen und Bürgergruppen übernehmen die Verantwortung, wo es um die Zukunft geht. Fast 200 Gemeinden haben sich in Europa zu einem Bund zusammengeschlossen, um die Agenda 21 voranzubringen, ein Zukunftsprogramm, das auf dem

Weltgipfel für Umwelt und Entwicklung in Rio de Janeiro formuliert worden ist.

In Mecklenburg-Vorpommern etwa haben 1996 mehr als 90 Prozent der Lehrer dem Vorschlag zugestimmt, ihre Arbeitszeit bei entsprechendem Gehaltsverzicht auf 75 Prozent zu reduzieren, um die Stellen der von Arbeitslosigkeit bedrohten Kollegen zu retten. Dort, wo sich die Menschen noch kennen, persönlich nahestehen und Vertrauen zueinander haben, werden solche Probleme eher und auch konstruktiver gelöst. Daher ist die auf den ersten Blick naiv erscheinende Hoffnung darauf, daß notwendige ökologische Veränderungen, wie eine Senkung des materiellen Verbrauchs, doch noch realisiert werden, vielleicht nicht ganz so unbegründet.

Steuern auf die Umwelt – ein doppelter Gewinn

Die Finanzierung aller öffentlichen Verantwortlichkeiten ist seit den frühen neunziger Jahren schwieriger geworden. Ob Schulen oder Universitäten, Krankenhäuser, Kulturprogramme oder Kindergärten, Wirtschaftshilfe, Bundeswehr, Beamte oder Angestellte, die öffentlichen Kassen sind kaum mehr zahlungsfähig, »der Staat« steckt finanziell in der Krise; die Sozialleistungen der Zukunft sind nicht mehr gesichert. Doch nicht nur das. Neben diesen besonders dringlichen Problemen geraten Infrastrukturprobleme wie die Erhaltung der Autobahnen im nächsten Jahrtausend ganz aus dem Blickfeld.

Auch und gerade zur Sicherung der Funktionsfähigkeit des Markts sollte zuallererst an die Rücknahme – oder zumindest an die Umschichtung – der massiven Subventionen in Deutschland herangegangen werden. Es ist erfreulich, daß die Bundesregierung zumindest einen Anfang damit gemacht hat, den Wirtschaftswald der Steuervergünstigungen zu durchforsten. Leider ist sie damit im Gestrüpp des vorgezogenen Wahlkampfs schon im Spätsommer 1997 hängengeblieben.

Eigentlich sollte es eine Selbstverständlichkeit sein, jetzt endlich in eine offene und ehrliche Diskussion über die Umschichtung der Staatsfinanzen einzusteigen, weg von einer Finanzierung über Arbeit und Lohn, hin zu einer Finanzierung über die Ressourcen. Seit der preußischen Sozialgesetzgebung zum Schutz der Kinder, der Frauen und der Gesundheit aller vor mehr als 130 Jahren hat sich die menschliche Arbeit unter anderem durch steigende Löhne und Lohnnebenkosten dramatisch verteuert. Zudem wurde ausgerechnet der Lohn abhängig beschäftigter Menschen als bequemes Schleppzeug für Steuern mehr und mehr mißbraucht. Ob das nun wirtschaftspolitisch absichtlich geschehen ist oder nicht, angesichts dieser Tatsachen ist es eine Notwendigkeit, Subventionen abzubauen oder umzuschichten; und es ist überfällig, die Staatsaufgaben neu zu finanzieren, weniger über die »Ressource« Arbeit, mehr über die Ressource Natur. Das hat zunächst überhaupt nichts mit Umweltschutz zu tun. Es gibt dafür genug ökonomische und vor allem soziale und gesellschaftliche Gründe. Beides hätte allerdings einen profund positiven Einfluß auf die Erhaltung der Stabilität der Ökosphäre. Würde dieses Aufgabenfeld endlich angepackt, dann wäre das Ergebnis ein mehrfacher Gewinn – ökonomisch, sozial und ökologisch.

Arbeit sei zu teuer, klagt die Wirtschaft. Die Lohnnebenkosten seien zu hoch. Über diese Lohnnebenkosten wird ein teures System der sozialen Sicherheit finanziert. Muß das sein? Kann man nicht die Kosten der Arbeit von den Kosten der sozialen Sicherheit trennen, zumindest so weit, daß eine Entlastung eintritt? Helmut Butterweck hat dazu einen nützlichen Vorschlag gemacht.[2]

Butterweck schlägt vor, die Arbeitgeberbeiträge zu den Lohnnebenkosten in eine »Sozialsteuer« umzuwandeln. Diese Sozialsteuer soll dem Staat insgesamt genausoviel einbringen wie bisher die Lohnnebenkosten. Die vorgeschlagene Umstellung wäre damit insgesamt also ein Nullsummenspiel: Weder Arbeitgeber noch Arbeitnehmer noch Steuerzahler verlieren oder gewinnen auf Kosten anderer. Auch die Struktur des Sozialversicherungswesens und die Anwartschaften auf die Sozialleistungen verändern sich hierdurch nicht.

Ich bin nicht Fachmann genug, die Vorschläge Butterwecks im einzelnen zu bewerten. Sie scheinen mir aber ernsthafter Erwägungen wert zu sein.

Wir alle wissen, daß der Teufel im Detail steckt, und wir sind uns darüber im klaren, daß es auch gute Argumente gegen den Strukturwandel gibt. Umschichtungen dieser Größenordnung bringen immer auch unerwünschte Turbulenzen mit sich. Keine Strukturänderung ohne Verlierer. Das war schon immer so. Sonst gäbe es auch keine Autos, sondern nur Pferdekutschen.

Doch es fragt sich, ob wir überhaupt noch eine Wahl haben. Paradigmenwechsel treten unweigerlich ein, wenn die Zeit dazu reif ist. Um die Zukunftsfähigkeit zu erreichen, werden wir einen Preis bezahlen müssen. Wie hoch dieser Preis sein wird, hängt ganz erheblich davon ab, wie klug wir den Wechsel einleiten. Wir müssen uns den Forderungen von morgen stellen, Innovationen mutig durchsetzen und den Wunsch nach Sicherheit und Freiheit von Risiken eine Zeitlang weniger wichtig nehmen. Wie bereits erwähnt: Wenn es denn der Wirtschaftstheorie beste Erkenntnis ist, wir könnten uns die Stabilität der Ökosphäre nicht leisten, und wenn Politiker dies glauben, dann findet die Zukunftsfähigkeit eben nicht statt.

Anpassung wirtschaftlicher Strukturen

Die Wirtschaftsgeschichte der Massenproduktion zeigt, daß die Logik der Skalenerträge erfordert, das Fertigungsvolumen ständig zu erhöhen.[3] Dies kann man prinzipiell erreichen, indem man entweder die Fertigung zentralisiert oder die Lebensdauer von Produkten verkürzt. In beiden Fällen ist es vorteilhaft, wenn Transporte preiswert sind. Diese werden heute weltweit hoch subventioniert.

Die Logik gilt aber auch umgekehrt: Geht das Fertigungsvolumen zurück, weil Strukturveränderungen in der Gesellschaft die Nachfrage schrumpfen lassen oder weil die Ressourcenproduktivität steigt, so wird sich eine wirtschaftliche und flexible Produktion von kleineren Fertigungsvolumen herausbilden.[4] Eine zukunftsfähige Wirtschaft fördert also gewissermaßen automatisch kleine Produktionseinheiten, die nur den Bedarf einer begrenzten Region decken. Das heißt, im Gegensatz zur heutigen industriellen »Durchflußwirtschaft« fallen in einer zukunftsfähigen Wirtschaft die geographische Verteilung von Sekundärrohstoffen aus Altgeräten und Recycling und die Güternachfrage in erheblichem Umfang zusammen. Denn die Ressourcen in Form gebrauchter Güter, Komponenten und Wertstoffe fallen da an, wo sie genutzt wurden: weit verstreut in einer Vielzahl von Städten und Kommunen. Um diese Ressourcen in neue Güter auf- und umarbeiten zu können, muß eine erfolgreiche Kreislaufwirtschaft deshalb im wesentlichen dezentral beziehungsweise regional funktionieren. Damit entstehen Arbeitsplätze nicht zuletzt auch da, wo die Arbeitslosigkeit heute beträchtlich ist.

Diese Tendenz zur Regionalisierung trifft aber vor allem für die Fertigung und Aufarbeitung zu. Bestimmte andere Unternehmens- und Dienstleistungsbereiche, etwa das Finanzwesen und die Buchhaltung, könnten – insbesondere mit Hilfe neuer Informationstechniken – durchaus an einem Ort konzentriert sein – auch im Ausland – oder in Heimarbeitsbereiche umgewandelt werden. Die Mitarbeiter dieser Abteilungen wären dann an ihrem Arbeitsplatz zu Hause über die neuen Kommunikationsmedien mit ihrer Firma verbunden.

Der Umbau der Wirtschaft in diese Richtung hat bereits begonnen: Regional verteilte Werkstätten werden geleitet und verwaltet von einer Zentrale, die wiederum zum Teil nur eine »virtuelle« Zentrale ist, da viele Mitarbeiterinnen und Mitarbeiter einen großen Teil ihrer Arbeitszeit zu Hause verbringen und die Ergebnisse ihrer Arbeit auf regelmäßigen Treffen und/oder per Datenleitung abliefern.

Es gibt heute schon zahlreiche, hocheffiziente Unternehmen einer nutzungsorientierten High-Tech-Dienstleistungswirtschaft, welche die Anforderungen an ein zukunftsfähiges Wirtschaften bereits erfüllen – des Profits wegen. In aller Regel arbeiten diese Unternehmen regional. Unter ihnen finden sich Firmen, die leere Farbbehälter (Tonermodule) für Computerdrucker nachfüllen, Reparaturwerkstätten und Fabriken für die Aufarbeitung von Investitionsgütern, Demontagewerke von Computerfirmen, die ihre Komponenten wiederverwenden, und kleine Stahlwerke (»Minimills«), die sich auf das dezentrale Stahlrecycling spezialisiert haben und mit elektrischen Schmelzverfahren (»Elektrostahl«) anstelle von kohlegefeuerten Hochöfen arbeiten. Gerade der

Reparatur- und Recyclingbereich braucht viel Personal und kann sich lange Transportwege nicht leisten. Neue Organisationsmuster sind hier die Voraussetzung dafür, daß überhaupt ein profitables Unternehmen entstehen kann.

Auf entsprechende Entwicklungen bei der Firma Sony habe ich schon hingewiesen. Auch die japanische Autoindustrie und Rank Xerox verfolgen seit Jahren die Strategie, für mehrere Güter oder Gütergruppen gemeinsame Komponenten zu verwenden. Diese Komponenten können zentral in Großserien gefertigt werden, während die unterschiedlichen Produkte, in denen die Komponenten verwendet werden, in einer regionalen Kleinserienfertigung entstehen. Dabei wird kein Unterschied mehr gemacht zwischen *manufacturing* (Fertigung) und *re-manufacturing* (Aufarbeitung von bereits genutzten Komponenten für neue Produkte). VW-Chef Ferdinand Piëch kündigte im Spätherbst 1993 eine entsprechende Form der Produktionsorganisation als Zukunftsstrategie an.

In einer Kreislaufwirtschaft sind die bereits bei den Konsumenten und Käufern zirkulierenden Güter und Komponenten sowie Wertstoffe die neuen Ressourcen, der neue Reichtum. Die Firma Xerox Corporation nennt ihre neue Unternehmensstrategie dementsprechend Asset Management Program (etwa: Aktivposten-Managementprogramm). Diese neuen Ressourcen stellen einen dezentralen Aktivbestand mit hoher Vielfalt dar – im Gegensatz zu natürlichen Rohstoffen, also den Ausgangsstoffen für die Gewinnung von Eisen, Kohle, Zement und ähnlichem, welche relativ konzentriert an wenigen Orten vorkommen.

Die neuen »Fertigungstätigkeiten« Instandhaltung und Aufarbeitung erfordern die Ausbildung, den Verstand und auch das Herz von Facharbeitern. Ökointelligente Qualität und Flexibilität im weitesten Sinne können zu Trumpfkarten für die internationale Wettbewerbsfähigkeit in dieser neuen Wirtschaft werden.

Dezentrale Produktion bei zentraler Verwaltung, Nutzung regionaler Ressourcen, Einbeziehen der »sekundären« Ressourcen in Gestalt gebrauchter Produkte, Dienstleistungen als Schwerpunkt des Angebots – die Innovationsstrategien, die sich mit diesen Schlagworten verbinden, könnten besser realisiert werden, wenn heute noch bestehende Hindernisse in den gesetzlichen Rahmenbedingungen beseitigt würden und wenn für Produkte ein geschlossener Verantwortungskreislauf eingeführt würde, von der Wiege bis zurück zur Wiege. Solange das deutsche Gewerberecht das Anbieten einer Lebenszeitgarantie nicht zuläßt, sind hier zu enge Grenzen gesetzt. Der Staat könnte auch etwa solche Unternehmen für eine begrenzte Zeit steuerlich fördern, die sich freiwillig zur Rücknahme gebrauchter oder nicht mehr funktionsfähiger Güter verpflichten.

Ökoeffizienz

Der in Genf ansässige World Business Council for Sustainable Development (Weltwirtschaftsrat für Zukunftsfähige Entwicklung) ist ein Zusammenschluß von Unternehmern aus aller Welt, die sich die Zukunftsfähigkeit des Wirtschaftens auf die Fahnen geschrieben haben. In den Veröffentlichungen des Council findet sich häufig der Begriff »Ökoeffizienz«.[5] Mit diesem Begriff umschreiben die Unternehmer eine aus ihrer Sicht notwendige Neuorientierung der Industrie weltweit. Ziel dieser Neuorientierung soll es sein, die Industrie sowohl ökologisch zukunftsfähig wie auch betriebswirtschaftlich rentabel zu machen. Wörtlich schreiben sie:

Ökoeffizienz wird durch die Produktion von Gütern und das Anbieten von Dienstleistungen erreicht, welche zu konkurrenzfähigen Preisen menschliche Bedürfnisse befriedigen und die Lebensqualität steigern. Fortlaufend senkt die Ökoeffizienz dabei schädigerde Einflüsse auf die Umwelt und die Ressourcenintensität – von der Wiege bis zurück zur Wiege – auf ein Niveau ab, das zumindest mit der abgeschätzten Tragfähigkeit der Erde übereinstimmt.[6]

Demnach ist Ökoeffizienz ein Begriff, der sich auf das ökologisch-betriebswirtschaftliche Verhalten von Herstellern und des gesamten Bereichs der Zulieferung bezieht, also etwa auch des Transports. Ökoeffizienz zur Maxime des Denkens und des praktischen Handelns zu machen ist entscheidend wichtig, weil ohne eine weltweit neue Denkweise im Produktionssektor ein sinnvolles Mit- und Nebeneinander von Wirtschaft und Ökosphäre nicht erreicht werden kann. Die Herausforderung, aus weniger Ressourcen den gleichen Wohlstand oder aus den gleichen Ressourcen mehr Wohlstand herauszuholen, betrifft aber zusätzlich zu den Herstellern all diejenigen, die mit Gütern handeln, die importieren, die Systeme erhalten (instandhalten, pflegen, recyceln) und alle, die mit Müll und Reststoffen in weitestem Sinne zu tun haben. Insbesondere aber müssen alle Endnutzer durch ihre Entscheidungen beim Kaufen und ihre Form der Nutzung von Produkten zum Gelingen der Zukunftsfähigkeit beitragen; das Schlagwort dafür ist Revision des Gebrauchs.[7]

Ich habe den Begriff »ökointelligent« gewählt, um den Charakter der zukunftsfähigen Produktion von Gütern und ihrer Nutzung zu beschreiben. Das Wort bezieht sich auf »Ökonomie« ebenso wie auf »Ökologie«. Ökointelligentes Handeln richtet sich auf die notwendige Dematerialisierung der Wirtschaft, und dabei geht es keineswegs vorwiegend um Effizienzsteigerungen im technischen Sinne, sondern um das sehr viel umfassendere Prinzip der Verbesserung der Produktivität, wie im Kapitel »Prosumenten und Produzenten« ausgeführt ist.

Die Botschaft, daß Ökoeffizienz eine unvermeidliche Herausforderung ist, hat die Unternehmenswelt spätestens erreicht, als Percy Barnevik, Konzernpräsident von ABB, sie als Megatrend für das 21. Jahrhundert bezeichnete.

Stefan Schmidheiny, der 1990 Gründungspräsident des Business Council of Sustainable Development wurde, bezeichnet jene Unternehmen als ökoeffizient, »die auf dem Weg zu langfristig tragbarem Wachstum Fortschritte machen, indem sie ihre Arbeitsmethoden verbessern, problematische Materialien substituieren, saubere Technologien und Produkte einführen und sich um die effizientere Verwendung und Wiederverwendung von Ressourcen bemühen«.[8]

Das wohl aufschlußreichste Buch des Jahres 1996 im Hinblick auf die ökologischen Sachzwänge der Industrie kam von Claude Fussler, dem Vizepräsidenten für die Bereiche Umwelt und neue Geschäftsfelder von Dow Chemical Europe in Horgen bei Zürich. Fussler bezeichnet die Ökoinnovation als »breakthrough discipline for innovation and sustainability« (»Durchbruchsdisziplin für Innovation und Zukunftsfähigkeit«) und gibt viele handfeste Ratschläge, wie industrielle Unternehmen zukunftsfähig werden können.[9] Zahlreiche Untersuchungen und praktische Fallbeispiele belegen, daß es in Firmen eine Menge ungenutzter Möglichkeiten gibt, Umweltschutz und Rentabilität zugleich zu verbessern.[10] Allein die systematische Suche und Beseitigung von ökonomischer und ökologischer Verschwendung steigert die Wirtschaftlichkeit. Bisher beschränkten sich Rationalisierungsbemühungen meist darauf, die Arbeitskosten zu senken. Doch im Ressourcen- und Energieeinsatz steckt noch ein großes Rationalisierungspotential.

Zahlreiche Beispiele zeigen, wie sich die Absatzchancen umweltbewußter Unternehmen selbst auf gesättigten Märkten verbessern lassen, wenn die Suche nach ökologischen Schwachstellen zugleich ökonomische Rationalisierungspotentiale aufdeckt. Die Vorteile einer verbesserten Ökoeffizienz liegen aber nicht nur auf der Inputseite, im Bereich rationelleren und damit kostensparenden Umgangs mit Ressourcen. Vorsprünge lassen sich auch auf der Outputseite gewinnen. Es gibt inzwischen einen Markt für Produkte, mit deren Kauf und Gebrauch Konsumenten ökologisches Verantwortungsbewußtsein praktizieren und demonstrieren können. Ist den Verbrauchern die Möglichkeit geboten, ihre Bedürfnisse mit neuen, ökointelligent konstruierten Produkten und Dienstleistungen zu befriedigen, dann werden das auch immer mehr von ihnen tun. Die Nachfrage wird sich verändern, und diese Veränderung der Nachfrage von herkömmlichen auf ökointelligente Produkte und Dienstleistungen ermöglicht mutigen Unternehmern gute Umsatzsteigerungen. So verstanden, überdecken sich die Ziele von Ökonomie und Wirtschaft in weiten Bereichen oder stimmen sogar überein.[11]

Wenn Unternehmer ihre Abhängigkeit von natürlichen Ressourcen verkleinern, können sie mit einer Reihe von Vorteilen rechnen:

- Sie verringern die Herstellungskosten, weil die Inputaufwendungen kleiner werden.
- Der Betrieb wird langfristig zukunftsfähig.

- Die Betriebsstrukturen verschieben sich weg von hohem Kapitalbedarf und der damit verbundenen Unbeweglichkeit hin zur Beweglichkeit des Dienstleistungsanbieters mit besserer Einlagenverzinsung.
- Ressourcenengpässe und Instabilität von Preisen werden vermieden.
- Neue Märkte werden durch ökointelligente Produkte und Dienstleistungen geschaffen.
- Trendsetter werden die größten und anhaltendsten Vorteile haben, nicht nur in Gestalt von Marktanteilen, sondern auch in Form von Respekt, Ansehen und Einflußmöglichkeiten.

Skeptiker werden einwenden, in den Industrieländern sei der ökonomische Spielraum inzwischen ausgeschöpft, und die ökologischen Handlungsmöglichkeiten seien begrenzt. Umweltpolitisch sinnvolle Investitionen sind nach dieser Argumentation gegenwärtig nicht unmittelbar rentabel und deshalb betriebswirtschaftlich nicht vertretbar.

Eine Kritik richtet sich zum Beispiel gegen die häufig aus dem ökologisch orientierten Lager kommende Forderung, einen auch sozial fatalen Trend der vergangenen Jahrzehnte anzuhalten und umzukehren: In immer stärkerem Maße wurde in der Industrie menschliche Arbeitskraft durch den Einsatz von Energie und Materie, sprich durch Maschinen, ersetzt. Wieder mehr auf die menschliche Arbeitskraft zu setzen und dafür den Einsatz von Maschinen und Energie zu reduzieren oder mindestens nicht weiter auszubauen, wäre demnach sowohl ökologisch wie auch sozial von Vorteil.

Eine Kritik an dieser Position lautet, die Resubstitution von Energie und Material durch Arbeit führe, genauso wie die Verwendung schadstoffärmerer Inputs und Verfahren, regelmäßig zu Kostenerhöhungen. Zudem scheiterten manche umweltpolitisch sinnvollen Investitionen daran, daß die steigenden Kosten von den Kunden oder Konsumenten nicht mitgetragen würden.[12]

Diese von der neoklassischen Wirtschaftstheorie geprägte Auffassung geht davon aus, daß das Marktwirtschaftssystem im wesentlichen den Impulsen der sich ändernden relativen Preise folgt. Nur was sich in Preisen ausdrücken läßt, ist demnach für die Akteure auf dem Markt relevant. Konsequenterweise findet Umweltqualität nur dann Beachtung, wenn sie sich in erhöhten Gewinnen niederschlägt.

In der Tat hat es die ökologisch bessere Lösung immer dann besonders leicht, wenn sie mit Kostenvorteilen verbunden ist. Doch dies allein reicht nicht als Antriebskraft für die Fahrt in die Zukunftsfähigkeit.

Die Sicht der neoklassischen Wirtschaftstheorie und -praxis, so überzeugend sie auf den ersten Blick die ökonomische Interessenlage zu beschreiben scheint, reicht nicht bis zum Grund der Dinge. Sie setzt unausgesprochen voraus, daß die handelnden Personen auf dem Markt alle notwendigen Informationen zur Verfügung haben, die sie brauchen, um ökonomisch und ökologisch vernünftig zu entscheiden. Mangelnde ökologische Informationen sind aber mitverantwortlich für die Entscheidungsunsicherheit der Akteure auf dem Markt in ökologischen Fragen.

Die neoklassische Theorie berücksichtigt auch Marktverzerrungen durch Subventionen und andere historisch gewachsene Beliebigkeiten nicht. Vieles, was sich heute ökonomisch lohnt, lohnt sich nur deshalb, weil es lohnend gemacht wurde – durch staatliche Politik, durch gewachsene Privilegien und andere Verzerrungen des Marktes. Daß es solche Verzerrungen gibt und daß sie von vielen Seiten mehr oder weniger als normale Elemente des Wirtschaftsgeschehens akzeptiert werden, zeigt doch, daß die Praxis gar nicht der neoklassischen Theorie entspricht. Das Wirtschaftssystem ist keineswegs ein geschlossenes System, das ausschließlich vom Preismechanismus angetrieben wird, und dies ist auch heute in vielen Bereichen gar nicht erwünscht. Das Wirtschaftssystem ist grundsätzlich offen für außerökonomische Kriterien. Deshalb könnte man es auch öffnen, um seine Spielregeln mit ökologischen Zielsetzungen abzustimmen oder solche Zielsetzungen festzulegen.

Doch einer aktiven Erweiterung betrieblicher Handlungs- und Entscheidungsspielräume stehen oft noch ganz andere, sehr hartnäckige Widerstände im Wege. Es handelt sich um ein ganzes Bündel aus festsitzenden Sichtweisen, Vorstellungen und (Vor-)Urteilen darüber, was als machbar und was als nicht machbar zu beurteilen ist. Zu dieser Art von Barrieren gehören[13]:

- Pessimismus: »Umweltschutz kostet immer zusätzlich Geld«;
- Innovationsträgheit;
- Organisationsmängel: Mitarbeiter werden nicht sinnvoll an Entscheidungen beteiligt;
- kurzfristiges Erfolgsdenken und
- (vermeintlicher) Zeitdruck.

Zu allen Zeiten wurden solche und ähnliche Hemmnisse nur von einer Minderheit von Vorkämpfern überwunden. Die Fugger, die Bosch und die Ford waren Ausnahmepersönlichkeiten. Viele andere sind schon beim Anlauf, Hürden zu überwinden, in den alten Trott zurückgefallen. Es sind die großen Namen der Wirtschaftsgeschichte, die die Welt verändert haben. Sie haben sich um Theorien nie gekümmert. Sie wußten, daß man nie erster sein kann, wenn man nur in die Fußstapfen anderer tritt.

Aus allem, was ich in den vergangenen drei oder vier Jahren erlebt habe, ziehe ich den Schluß, daß die wirkliche Hoffnung auf eine ökologisch sicherere Zukunft vorwiegend aus verbandsunabhängigen, mittleren und kleineren Betrieben und aus dem Handwerk kommen wird. Nur wenn Betriebe die Vorteile einer dematerialisierten Dienstleistungswirtschaft erkennen und in Profite verwandeln, nur wenn mutige Menschen hier neu einsteigen, sehe ich auch Hoffnung, daß Regierungen die notwendige Unterstützung gewähren werden.

Beispiel: Brauerei Felsenkeller – Umweltengagement mit Kooperation und vielen kleinen Schritten[14]

Die Brauerei Felsenkeller in Herford ist ein 1869 gegründetes Familienunternehmen. Karl Fordemann, Urenkel des Gründers, ist einer von vier Geschäftsführern der Brauerei, die 416 Mitarbeiter beschäftigt und einen Jahresumsatz von 170 Millionen Mark macht. Schon 1985 stellte das Unternehmen einen Umweltschutzbeauftragten ein, 1991 führte es mit Hilfe der Gerling-Consulting-Gruppe ein Umwelt-Audit durch, legte ein Umwelthandbuch an und führt seit 1993 eine betriebliche Stoff- und Energiebilanz. Dadurch konnte der Wasserverbrauch pro Hektoliter Bier in drei Jahren um 10 Prozent gesenkt, der gesamte Abfall seit den achtziger Jahren halbiert und die Recyclingquote von 30 auf 84 Prozent erhöht werden. Die Kosten für die Abfallentsorgung reduzierten sich von 1991 bis 1995 um 50

215

Prozent. Allein mit diesen Einsparungen konnten die Umweltschutzbeauftragten voll finanziert werden –von anderen Verbesserungen ganz abgesehen.

Als Öko-Unternehmen will der Chef seine Brauerei aber nicht bezeichnen lassen, denn: »Das Hauptziel der Brauerei Felsenkeller ist es, Bier zu produzieren und ein gesundes Untenehmen zu bleiben.« Umweltschutz müsse sich rechnen, meint er, da er sonst weder dem Unternehmen noch den Mitarbeitern nütze. Konkurrierende Unternehmen würden sich bei Verlusten infolge ökologischer Strategien die Hände reiben und die entstehende Marktlücke sofort füllen. Es erfordere auch Überzeugungskraft, die Mitarbeiter des Unternehmens für sinnvolle Innovationen zu gewinnen, denn zunächst seien sie der Meinung, Umweltschutz koste nur Geld.

Fordemann betrachtet die Bilanzen, die Informationen über die betrieblichen Stoffströme bereitstellen, als Ergänzung der betriebswirtschaftlichen Bilanz. Gerade die Mengen der Ressourcen spielen auch finanziell eine wichtige Rolle. Oft sind auch abteilungsübergreifende Lösungen notwendig, um Ressourcen einzusparen. Etiketten etwa werden jetzt hauptsächlich in haltbaren Transportverpackungen geliefert, die wiederverwendet werden können. Der gesamte Produktionsprozeß wurde auf verwertbare Reststoffe oder verkäufliche Nebenprodukte hin geprüft, die dann vom Restmüll getrennt wurden. Grauwassersysteme wurden eingerichtet, und eine Flaschenreinigungsanlage wurde angeschafft, die allein sieben Prozent des jährlichen Gesamtwasserverbrauchs einspart. Die Maschine war zwar 800 000 Mark teurer als vergleichbare Modelle, doch durch die geringere Abwassermenge können jährlich 200 000 Mark eingespart werden. Die Investitionen sollen sich nach fünf bis sechs Jahre rechnen.

Die frühzeitige Eigeninitiative von Unternehmen in Sachen Umweltschutz hat den Vorteil, daß optimale Lösungen in Ruhe ausgearbeitet werden können, während auf staatliche Umweltauflagen oft unter Zeitdruck reagiert werden muß.

Innovation

Obwohl »Innovation« einer der am häufigsten verwendeten »Zauber-
begriffe« in Unternehmen ist, wird der Aufgabenbereich Innovation
meist zu ungenau definiert.[15] Eines ist gewiß: Innovation ist keine li-
neare Angelegenheit, die mit der Problemdefinition beginnt und mit der
Umsetzung der gefundenen Lösung in Produkte und Dienstleistungen
endet. Innovationsaufgaben sind komplex und müssen individuell gelöst werden.

Eine Studie über die Chancen für Zukunftstechnik in Deutschland
brachte unlängst Unangenehmes zutage[16]: Seit Jahren geht es mit der
erfolgreichen Umsetzung von Erfindungen, mit Innovationen im Spit-
zenbereich bergab. 2000 Innovationen wurden hierzu untersucht.

Besonders auffallend war: Von 1971 bis 1995 ist der Anteil innovativer
Produkte am Gesamtumsatz in Deutschland laufend zurückgegangen.
Die Studie unterscheidet in der Spitzenklasse nach »progressiven« und
»drastischen Durchbruchsinnovationen«, wie es im »Grünbuch«[17] der
Europäischen Union angesprochen ist. Die Zahl der »progressiven« Innovationen ging in Deutschland in der genannten Zeit um 31 Prozent
zurück, die der »drastischen« gar um 50 Prozent.

Die Studie begründet dies damit, daß die Manager kaum einer Herausforderung so hilflos gegenüberstünden wie der Aufgabe, Innovationen
einzuleiten. Die wenigsten Führungskräfte seien mit den Gesetzmäßig-
keiten der technischen Kreativität vertraut. Bei mehr als 80 Prozent
aller »Geburten« von Erfolgsprodukten leiste ein Querdenker »Hebam-
mendienste«, aktiv gefordert in einem Arbeitsteam, das sich durch unterschiedlich ausgebildete Mitglieder mit verschiedenen Erfahrungshorizonten auszeichne. Daß Kreativität nur in solchen gemischten
Teams gedeihen kann und Innovationserfolge ermöglicht, sei mehr als
90 Prozent der Manager in Deutschland noch nicht bekannt. Mehr als
70 Prozent der Befragten verneinten, daß einem leidenschaftlich für
sein Projekt kämpfenden Kollegen entscheidende Bedeutung zukom-
me. In Wirklichkeit jedoch spielen, so die Studie, solche von einem
Projekt förmlich Besessenen die wichtigste Rolle bei der Durchsetzung
von Innovationen.

Abbildung 24: Rettung auf eingefahrenen Gleisen.

Als verwunderlich wurde in der Studie verbucht, daß es in Deutschland nur einen Lehrstuhl für Erfindungen gebe, in Nordamerika hingegen fast 200.

Die Bürokratie innerhalb gewisser großer Firmen tue ihr Bestes, den Spaß an der Kreativität zu verderben, schreiben die Autoren. Es sei durchaus normal, daß fünf oder sechs Gremien durchlaufen werden müßten, bevor man seine Ideen durchsetzen könne.

Helmut Maier-Mannhart, Chefredakteur für den Wirtschaftsteil der »Süddeutschen Zeitung«, ist davon überzeugt, daß Deutschland nur dann im internationalen Wettbewerb erfolgreich bleiben kann, wenn die Innovationsfähigkeit der Wirtschaft erheblich zunimmt. Die in deutschen Firmen verbreitete Trägheit sei zur wirtschaftlich verhängnisvollsten Eigenschaft geworden. Sie bilde eine Barriere vor jeder Strukturveränderung und verhindere die Dienstleistungsgesellschaft. Das hat sich offenbar sogar bis in den Fernen Osten herumgesprochen. Selbst in Japan wird Deutschland oft als »Dienstleistungswüste« bezeichnet, insbesondere im Hinblick auf Erfahrungen in Kaufhäusern und Einzelhandelsgeschäften.

Auch im staatlichen Umfeld gelte es, meint Maier-Mannhart, verkru-

stete Strukturen aufzubrechen und massive Deregulierungen vorzunehmen – allerdings behutsam. Dasselbe gilt für viele geregelte Bereiche, für Standards, für Normen, Sicherheitsvorschriften, für Genehmigungsverfahren; und es gilt auch für Umweltschutzvorschriften.
Die ökologische Zukunftsfähigkeit erwächst aus der Innovation, und nur aus ihr.

Ökointelligente Information und Kommunikation

Wer richtig und für sein Unternehmen vernünftig entscheiden will, muß die Alternativen kennen. Doch gerade daran hapert es in vielen Unternehmen – auch und gerade dann, wenn es um Umweltschutz geht. Fundierte ökologische Informationen sind für die gesamte ökologische Unternehmensführung und für das Innovationsmanagement unabdingbar. Ein Entscheider im Unternehmen muß Bescheid wissen über:

- die Ökologischen Rucksäcke relevanter Werkstoffe;
- die unternehmensinternen Stoff- und Energieflüsse;
- die Stoff- und Energieflüsse im Verlauf der Lebenszyklen von Produkten (Konzepte nach dem Prinzip »von der Wiege zurück zur Wiege«) und
- ökologisch-ökonomische Handlungsmöglichkeiten.

Zudem muß das Öko-Controlling in eigenen Prozessen geeignet bewertet und beurteilt werden.[18] Im Rahmen der ökologischen Unternehmensführung kommt einer »offenen Kommunikationskultur« eine Schlüsselrolle zu; denn Konsumenten, Verbraucher- und Umweltverbände sowie eine kritische Öffentlichkeit achten mit wachsender Intensität auf die ökologische Qualität von Produkten und Dienstleistungen. Eine »offene Kommunikationskultur« soll helfen, sich gegenüber den verschiedenen internen und externen Anspruchsgruppen zu öffnen und mit ihnen in einen offen geführten, konstruktiven Dialog über ökologische Probleme und Zielsetzungen zu treten, beispielsweise

- mit Kunden/Nutzern, Konsumenten, Konsumentenverbänden, Umweltverbänden;
- mit anderen Unternehmen in der Absicht, horizontale und vertikale Formen der Zusammenarbeit aufzubauen (strategische Allianzen, Netzwerkstrukturen und Branchenabkommen[19]);
- mit politischen Instanzen mit dem Ziel, an der Veränderung der wirtschaftlichen Rahmenbedingungen aktiv mitzuwirken.

Ich habe es bereits erwähnt: Strukturelle Veränderungen bringen Gewinner und Verlierer hervor; das ist unvermeidlich. Bei uns in Deutschland haben sich die meisten Menschen daran gewöhnt, daß die Verlierer lautstark protestieren und damit im Regelfall Subventionen durchsetzen können. Man denke an die Affäre um die Bremer Vulkan-Werft, wo Subventionen in Höhe von mehreren hundert Millionen Mark gezahlt wurden, mit dem Ergebnis, daß das Unternehmen dennoch pleite ging. Ein Beispiel ist auch die Subventionierung der neuen Bundesländer mit (nach Zeitungsberichten) bis zu vier Millionen Westmark für die Erhaltung oder Schaffung eines einzigen Arbeitsplatzes. Das übertrifft alles im realen Sozialismus Dagewesene. Man fragt sich als Normalbürger, warum so viel Geld – hätten wir's denn – nicht als Risikokapital an unternehmungsfreudige Menschen zur Existenzgründung gegeben wird. Es entspricht doch dem Credo der Marktwirtschaft, nur das zu produzieren, was sich lohnt – oder?

Mehr Arbeitsplätze oder weniger?

Wird die Dematerialisierung der Wirtschaft Arbeitsplätze schaffen oder vernichten? Werden nach dem unvermeidlichen Strukturwandel noch mehr Menschen arbeitslos sein, oder werden wieder mehr Menschen bezahlte Arbeitsplätze finden? Dies ist sicher eine der brennenden Fragen in der Diskussion um Dematerialisierung und Erhöhung der Ressourcenproduktivität. Eindeutig und mit Sicherheit beantworten läßt sie sich heute noch nicht. Was nach einem Paradigmawechsel geschieht, ist nicht vorher mit analytischen Methoden herauszufinden. Doch können wir mit Hilfe von Erfahrungen aus der Vergangenheit und dem Wissen, das sich daraus ableiten läßt, durchaus ein plausibles Szenario beschreiben. So gibt es zunächst durchaus Gründe anzunehmen, daß die Erhöhung der Ressourcenproduktivität von Gütern zum Verlust von Arbeitsplätzen führen wird.

Wie wir bereits gesehen haben, fordert der Faktor 10 völlig neue Techniken, was in vielen Fällen darauf hinaus läuft, daß die Langlebigkeit von Produkten wesentlich erhöht wird, denn dies kommt einer Erhöhung der Ressourcenproduktivität gleich. Ganz ohne Zweifel wird die durchschnittliche Erhöhung der Langlebigkeit von Industrieprodukten in gesättigten Märkten zu einer Verringerung der Zahl der pro Zeit neu produzierten Geräte, Maschinen, Gebäude und anderer Produkte führen. Dies bedeutet auch die erhebliche Abnahme von Beschäftigung im Produktionssektor. Die Wiederaufarbeitung von gebrauchten Gütern verkleinert den Markt für neue Güter nochmals und macht viele Transporte überflüssig, weil sie regional erfolgt.

Diesen Arbeitsplatzverlusten steht jedoch der mögliche Gewinn neuer Arbeitsplätze durch die in den meisten Fällen aufwendigere Produktion langlebiger Güter mit robusteren Materialien gegenüber. Die wirklichen Gewinne an Arbeitsplätzen aber liegen darin begründet, daß die komplizierte Welt der Technik gepflegt und instand gehalten werden muß. Dies zeigt das folgende Beispiel besonders deutlich.

Bereits heute werden gebrauchte Komponenten, Produkte und Systeme repariert und wiederaufgearbeitet, statt daß sie weggeworfen und durch neue Produkte ersetzt werden. In der Automobilbranche etwa ist diese Praxis bei Ersatzteilen für Autos und Lastwagen verbreitet. Daß sich dies lohnt, zeigt das Beispiel der Firma Arrow Automotive Industries in den USA. Das Unternehmen macht mit der Wiederaufarbeitung von Anlassern, Kupplungen, Vergasern und anderen Teilen einen jährlichen Umsatz von hundert Millionen Dollar.[20] Die Motorenhersteller machen in ihren Aufarbeitungsfabriken zum Teil noch größere Umsätze.

Die Firma BMW plant, ein transnationales Netzwerk von Demontage- und Wiederaufarbeitungsbetrieben aufzubauen. Diese Betriebe sollen dezentral in Lizenz oder im Franchisingsystem arbeiten.[21] Alle deutschen Autohersteller, teilweise in Zusammenarbeit mit Firmen anderer

Branchen, vor allem Entsorgungsfirmen, haben eine Reihe von Wiederaufbereitungsanlagen errichtet. Hauptziel der Arbeit in diesen Anlagen ist es zu lernen, wie man bis zum Jahr 2000 ein Auto bauen kann, dessen Teile zu hundert Prozent wiederverwendet werden können.

Auch die Elektronikindustrie entwickelt Programme, um die Nutzungsdauer ihrer Produkte zu verlängern und Materialkreisläufe zu schließen. Die japanische Firma Canon baut ein weltumspannendes Dienstleistungssystem auf, das es erlaubt, leere Tonerkassetten für Laserdrucker einzusammeln und neu zu füllen. Für die wiederverwendbaren Kassetten gelten dieselben Qualitätsstandards wie für Neuprodukte. Hewlett-Packard, Xerox und IBM realisieren ähnliche Konzepte für ihre Produkte (siehe Kapitel »Prosumenten und Produzenten«).

Nach einer offiziellen Statistik der Bundesregierung aus dem Jahre 1995 sind mehr als 60 Prozent der in Deutschland geleisteten Arbeit nicht Erwerbsarbeit. Von der Erwerbsarbeit, den übrigen 40 Prozent, werden in Deutschland 60 Prozent dem Dienstleistungssektor zugeschrieben. Im Produktionssektor werden also bereits heute nur zwei Fünftel der gesamten Erwerbsarbeit und nur 16 Prozent der gesamten Arbeit geleistet. Arbeitsplatzverluste im Produktionssektor treffen also schon heute nur eine Minderheit der arbeitenden Menschen und sogar eine Minderheit der erwerbstätigen Menschen.

Wenn wir die extreme Annahme machen, daß eine Verfünffachung der Ressourcenproduktivität durch Langlebigkeit zu einer Abnahme der Arbeitsplätze in der Produktion um den Faktor 5 führt, dann würden im Produktionssektor also 80 Prozent der Menschen ihren Arbeitsplatz verlieren. Wieviel Arbeitsplätze würden dafür entstehen? Die Erhöhung der Ressourcenproduktivität wird notwendigerweise mit zusätzlichem Bedarf an Dienstleistungen einhergehen. Doch wie groß wird dieser Bedarf sein?

Eine zuverlässige Prognose über die Ergebnisse einer derart grundlegenden Strukturveränderung ist ausgeschlossen. Wir sind auf Vermutungen und Schätzungen angewiesen. Diese Vermutungen und Schätzungen deuten aber darauf hin, daß der Bedarf im Dienstleistungssektor den Verlust im Produktionssektor übertreffen wird, unter Umständen sogar erheblich.

Schauen wir uns an, wo zusätzliche Arbeitsplätze entstehen können und was für Arbeitsplätze das sein werden. Ich stelle zunächst an einem Beispiel – dem Automobil – vor, wo die wesentlichen Arbeitsplatzverluste und -gewinne liegen werden. Anschließend liste ich stichwortartig auf, wo aller Voraussicht nach die Dematerialisierung überall zu neuen Arbeitsplätzen führen wird.

Ein typischer Personenwagen von heute wird in weniger als zwanzig Stunden montiert. Nehmen wir diese zwanzig Stunden als die Produktionszeit des Autos.

Während der Benutzung des Autos sind zahlreiche Dienstleistungen nötig. Zum Beispiel das Tanken: Bei einer Betankungszeit (einschließlich dem Bezahlen) von rund 15 Minuten vergehen allein 125 Stunden mit dem Tanken, wenn man annimmt, daß das Auto insgesamt 200 000 Kilometer fährt und alle 400 Kilometer betankt wird. Allein das Tanken dauert also sechsmal so lang wie die Montage, und zwar schon heute! Dazu kommen Wartung und Inspektion, Reifenwechsel, TÜV, Waschen und – sehr wichtig bei einem dematerialisierten und deshalb unter anderem modular aufgebauten Fahrzeug – das Aufrüsten und Nachrüsten verschlissener oder technisch veralteter Teile.

Insgesamt liege ich sicher nicht falsch, wenn ich ansetze, daß innerhalb der zehn Jahre, die das Auto heute benutzt wird, etwa 300 Stunden Dienstleistungen anfallen. Nehmen wir an, daß 80 Prozent davon in Eigenarbeit erbracht werden. (Walter Stahel nennt das Schwarzarbeit.) Dann bleiben immerhin noch 60 Stunden von Dritten erbrachte Dienstleistung übrig. Unsere grobe Abschätzung hat also ergeben, daß die Erhaltung der Dienstleistungserfüllungsmaschine Auto um einen Faktor drei mehr Arbeit bedarf als die Endmontage.

Wenn nun die Lebenszeit des Fahrzeugs um den Faktor 5 erhöht wird, dann wären, über den Daumen gepeilt, 300 Stunden Dienstleistungen Dritter nötig. Verloren haben wir durch die Verlängerung der Lebensdauer 80 Stunden Zeit für Endmontage, denn unser langlebigeres Auto macht die Produktion von vier Autos überflüssig. Dabei habe ich angenommen, daß die Endmontage des langlebigen Autos genausolange dauert wie die des heutigen. Die Dematerialisierung hat also den Bedarf an Arbeitszeit um einen Faktor von mehr als 3,5 erhöht.

Diese Zahl kann noch beträchtlich steigen. Der Verteuerung der Arbeitskraft sind in den vergangenen Jahrzehnten viele Unternehmen dadurch begegnet, daß sie Dienstleistungen auf den Konsumenten übertragen haben. Wer im Supermarkt einkauft und dort gezwungenermaßen seine Lebensmittel selbst sucht und aus den Regalen nimmt, verzichtet auf die Beratung und Bedienung durch eine Fachkraft und verrichtet damit eine beim Einkaufen notwendige Dienstleistung selbst. Möbelabholmärkte haben die Dienstleistung der Zustellung und sogar eines Teils des Zusammenbaus der Möbel auf die Kunden verlagert – zum finanziellen Nutzen des Kunden, wohlgemerkt, vorausgesetzt, dieser berechnet seine Arbeitszeit für die Dienstleistung nicht, die er nun selbst erbringen muß. Im Bereich unseres Beispiels, des Straßenverkehrs, wurde der Tankwart so gut wie abgeschafft. Statt dessen tanken die Kunden selbst. Der finanzielle Gewinn für den Kunden ist minimal. Alles in allem deuten die genannten Argumente darauf hin, daß eine Dematerialisierung der Wirtschaft den Bedarf an Arbeitskraft insgesamt erhöhen wird. Ein entscheidender Teil der zusätzlich notwendigen Arbeit wird der Wartung und Aufrechterhaltung technischer (und nichttechnischer) Systeme dienen. Arbeitsplätze in der Systemerhaltung werden geographisch weit verteilt anfallen, bis tief in solche Regionen hinein, die heute als »wirtschaftlich benachteiligt« bezeichnet werden, weil nun mal Arbeitsplätze in einer hoch zentralisierten Produktion nur an wenigen Orten entstehen.

Die neuen Arbeitsplätze sind zudem hochwertige Arbeitsplätze. Arbeiten zur Systemerhaltung setzen einen hohen Wissensstand und unterschiedliche Fertigkeiten voraus. Dies bedeutet, daß die Menschen auf diesen Arbeitsplätzen ihr ganzes Leben lang aus- und weitergebildet werden müssen, und dazu werden weitere Arbeitskräfte gebraucht, nämlich qualifizierte Ausbilder.

Es gibt bereits Beispiele, daß dies alles keineswegs Spekulation ist. So berichtet die Firma Rank Xerox, bekannt durch ihre Kopierautomaten, in letzter Zeit seien 400 zusätzliche Arbeitskräfte eingestellt worden, um die Weiterverwendung und Wiederverwendung von Kopiergeräten sicherzustellen, die von den Kunden zurückgegeben wurden.

Wenn Arbeitsplätze in der Produktion überflüssig werden, kann dies das Ende von produzierenden Unternehmen bedeuten. Doch das muß nicht sein. Es spricht nichts dagegen, daß die Produzenten von heute die Dienstleistungsanbieter von morgen sind. Das könnte bedeuten, daß ein Autoproduzent von heute seine eigenen Produkte zum Leihen, Mieten oder Leasing anbietet und alleine in diesem Bereich einen erheblichen Teil der im Produktionsbereich verlorengegangenen Arbeitsplätze auffängt. Wohlgemerkt: Solche Strukturveränderungen gehen auch in Betrieben nicht von heute auf morgen vor sich. Ich spreche hier von Entwicklungen, die sich in Jahrzehnten abspielen, nicht bis morgen oder übermorgen.

Zusammengefaßt: Durch die Dematerialisierung der Wirtschaft könnten neue Arbeitsplätze in folgenden Bereichen entstehen:

– *Mehr Arbeitsplätze durch aufwendige Fertigungsprozesse:* Wenn es der Wirtschaft gelingt, die Ressourcenströme wesentlich zu verringern, dann entweder durch eine Verringerung des Fertigungsvolumens von Rohstoffen und Gütern oder mit Hilfe von neuen Techniken und Dienstleistungen, die zwangsläufig mit einer Verminderung dieses Fertigungsvolumens verbunden sein werden. Dadurch werden arbeitsintensive und flexible Fertigungsprozesse wieder interessant. Eine dematerialisierte Wirtschaft beschäftigt trotz verringerter Ressourcenströme also tendenziell mehr Arbeitskräfte als die heutige Wirtschaft.

– *Mehr Arbeitsplätze in den Bereichen Design und Konstruktion:* Damit Güter, Komponenten und Rohstoffe wirtschaftlich wiederverwendet werden können, ist eine Konstruktion nach dem Baukastenprinzip mit einzelnen, standardisierten Modulen vorteilhaft. Dies kann bedeutende Mehrarbeit beim Design und bei der Konstruktion zur Folge haben. Auf der anderen Seite erlaubt die Standardisierung der Komponenten höhere Skalenerträge in der Komponentenherstellung und senkt damit die Kosten. Bei Xerox wurden die höheren Arbeitskosten in der Entwicklungsphase dadurch sowie durch die Einsparung von Lager- und Transportkosten und stark verminderte Kosten im Rohstoffeinkauf und in der Abfallentsorgung ausgeglichen.

– *Mehr Arbeitsplätze in der Produktentwicklung:* Die Qualitätssicherung ist bei langlebigen Produkten sinnvoll und wesentlich. In der Produktentwicklung ist der Arbeitsaufwand entsprechend größer. Hierdurch fällt mehr Arbeit für hoch qualifizierte Entwicklungsingenieure an, denn die Tätigkeit der Produktentwicklung kann kaum automatisiert werden. Obwohl sich das Produktionsvolumen verringert, kann sich also beim Hersteller der Arbeitsaufwand erhöhen.

– *Mehr Arbeitsplätze durch Systemerhaltung:* Strategien zur Verlängerung der Nutzungsdauer von Gütern bewirken eine Verschiebung der Arbeitsplätze von der Fertigung zur Instandhaltung, wie das Beispiel vom Automobil gezeigt hat. Damit verbunden wächst die Anzahl von Arbeitsplätzen, die eine hohe Qualifikation erfordern. Damit Güter wirklich lange genutzt und erhalten werden können, müssen dort, wo sie genutzt werden, rund um die Uhr und das ganze Jahr über Wartungs- und Reparaturdienste angeboten werden. Entsprechende Werkstätten und Betriebe müssen also regional in Kundennähe angesiedelt sein. Während Produkte auf Vorrat gefertigt werden können, ist das bei Dienstleistungen und Bedarfsgütern für Dienstleistungen nur in gewissem Umfang möglich. (Auf Vorrat produzieren kann man zum Beispiel Software, die das Reparaturteam benötigt.) Dieses Arbeiten ohne Lagervorräte erhöht den Arbeitsaufwand und verlangt von den Dienstleistern höhere Qualifikation und entsprechende lebenslange Weiterbildung. Das schafft weitere Arbeitsplätze.

– *Mehr Teilzeitarbeitsplätze und mehr selbstbestimmte Arbeitsplätze:* Güter instand zu halten und ihren Wert zu erhalten, verlangt hohe Flexibilität in der Arbeitswelt und setzt Selbstverantwortlichkeit und hohe Qualifikation bei den Beschäftigten voraus. Mit dem Bereitstellen von Dienstleistungen rund um die Uhr werden sich flexible Formen der Arbeits- und Arbeitszeitgestaltung allgemein durchsetzen. Bisher gibt es sie nur in wenigen Dienstleistungssektoren (Hotel- und Gaststättengewerbe, Krankenhaus- und Pflegewesen, Transportwesen, öffentliche Sicherheitsdienste). Aus diesen Gründen wird auch die Zahl der selbständigen Unternehmer (einschließlich der Handwerker) in allen Dienstleistungsbereichen zunehmen.

Neue berufliche Qualifikationen

Die Strategien zur Verlängerung der Nutzungsdauer von Gütern lassen in bestimmten Bereichen nicht nur mehr Arbeitsplätze entstehen, sie schaffen auch einen Bedarf an Beschäftigten mit völlig neuen Berufen und neuen Qualifikationen.

In allen Bereichen, in denen Ressourcen gespart werden können, werden Spezialisten für die Beratung der Unternehmen oder Unternehmensbereiche gebraucht, sei es auf den Gebieten der Energieversorgung, der Nutzung von Wasser, dem Einsatz oder der Produktion von Chemikalien, der Abfallentsorgung oder Wiederverwendung und natürlich auch in der ökologischen Landwirtschaft und der Produktion und Verarbeitung von gesunden Lebensmitteln. Hier entstehen in jedem der einzelnen Bereiche völlig neue Berufe, oder es werden Zusatzausbildungen notwendig. Der Schulungs- und Weiterbildungsbedarf innerhalb dieser neuen Berufsgruppen ist aufgrund der schnell wachsenden Erfahrungen und Erkenntnisse in der neuen Wirtschaft von morgen zeitlich unbegrenzt.

Neben dieser Vielfalt an völlig neuen Berufen[22] wird es eine nicht weniger große Vielfalt von neuen Zusatzqualifikationen bei den traditionellen Tätigkeiten geben. Orientiert man sich an den verschiedenen Phasen des Produktlebenszyklus, kann man diese neuen Anforderungen wie folgt grob skizzieren:

Die in der *Produktherstellung* Beschäftigten brauchen zusätzliche Qualifikationen, um sogenannte gemischte Montagelinien, in denen sowohl neue als auch aufgearbeitete Komponenten verwendet werden, zu entwickeln.

Die im *Handel* Beschäftigten werden vor die neue Aufgabe gestellt sein, Nutzungswerte zu verkaufen, die Rücknahme gebrauchter Waren zu organisieren sowie die Kunden mit Informationen über Warenkennzeichnungen zu versorgen und sie bei Bedarf kompetent zu beraten. Von entscheidender Bedeutung ist dabei die Bereitschaft zur bestmöglichen Erfüllung der Kundenwünsche. In Europa, und vor allem in Deutschland, ist hier ein großer Nachholbedarf festzustellen, man denke nur an die Ladenöffnungszeiten. Der Handel muß sich, um seine wichtige Rolle in einer modernen Wirtschaft erfüllen zu können, sehr viel mehr auf die Kunden einstellen. Der Schulungsbedarf der Dienstleistenden ist entsprechend groß.

Die in der *Wartung und Instandhaltung* Beschäftigten müssen sich auf die neuen, ökointelligenten Produkte, Geräte und Maschinen einstellen, die anders konstruiert sind als herkömmliche. Eine Erweiterung der Produktkenntnisse ist für sie unabdingbar. Auch der Erfolg dieser Dienstleister steht und fällt mit der Einsatzbereitschaft für den Kunden. Um bestmögliche Serviceleistungen rund um die Uhr zu erbringen, ist eine entsprechende Schulung erforderlich, wie sie auch heute schon für Servicetechniker üblich und notwendig ist.

In den Bereichen *Verpackung/Transport und Sammlung gebrauchter Produkte* für die Wiederaufarbeitung werden Logistikspezialisten gebraucht. Sie werden wiederverwendbare Systeme zur Verpackung von Waren, insbesondere Transportverpackungen, aber auch Systeme für das Einsammeln von gebrauchten Produkten für die Wiederaufarbeitung aufbauen.

In der *Demontage und Wiederaufarbeitung* von gebrauchten Gütern werden Fachkräfte gebraucht, die es zur Zeit noch kaum gibt. Die Wiederaufarbeitung leistet heute entweder der Hersteller des Produkts oder er vergibt Lizenzen dafür an darauf spezialisierte Firmen. Solche Firmen können auch noch intakte Produkte den Kundenwünschen entsprechend technologisch aufrüsten.

Viele der hier angesprochenen Zusatzqualifikationen von Beschäftigten können nicht nur direkt am Arbeitsplatz in den Firmen durch Erfahrung erworben werden, sondern erfordern Schulung durch qualifizierte Lehrkräfte. Damit werden wiederum neue Arbeitsplätze in Weiterbildungsstätten geschaffen.

Auf den Punkt gebracht

Wirtschaft und Politik stehen heute vor einer Reihe von Problemen, deren Lösung mit den klassischen Mitteln nicht in Aussicht zu sein scheint. Der Staat bekommt immer größere Schwierigkeiten, seine Aufgaben zu finanzieren, und sieht sich mit dem sozialen Druck einer hohen und weiter wachsenden Arbeitslosigkeit konfrontiert. Die Wirtschaft ist unter dem Globalisierungsdruck in die Defensive geraten. Kostensenken wird zum obersten Ziel, soziale und ökologische Anforderungen geraten in den Hintergrund oder bleiben vollends auf der Strecke. Die hohen Arbeitskosten in vielen Ländern Europas legen es nahe, das Kostensenken bei den Arbeitsplätzen zu beginnen. So ist also das System der Staatsfinanzierung, das sich im wesentlichen auf die Besteuerung der Arbeit stützt, Mitverursacher einer hohen, »strukturellen«, das heißt, dauerhaften Arbeitslosigkeit und obendrein nicht einmal mehr in der Lage, seine Aufgabe zu erfüllen, nämlich soziale und politische Aufgaben zu finanzieren.

Strukturänderungen scheinen demnach unvermeidlich. Der Staat muß seine Selbstfinanzierung grundlegend umstrukturieren, und eines der wichtigsten Ziele dieser Strukturveränderungen sollte es sein, die organisatorische und technische Phantasie in der Wirtschaft weg vom Einsparen von Arbeit und hin zum Einsparen von Umweltressourcen zu lenken. Ob dies über eine Ressourcensteuer oder auf anderem Wege geschieht, ist zweitrangig, solange das Ziel nicht aus dem Blick gerät. Wir haben zwei Jahrhunderte lang gelernt, die Arbeitsproduktivität zu erhöhen, jetzt muß die Ressourcenproduktivität an die Reihe kommen. Dies ist eine Aufgabe für Wirtschaft und Verbraucher, doch staatliche Rahmenbedingungen geben die Leitlinien vor. Bisher führen diese Leitlinien hin zum Gebrauch billiger, oft stark subventionierter Umweltressourcen und zum Einsparen von Arbeitskräften.

Vorreiter in der Wirtschaft haben das Problem erkannt und entwickeln schon unter den heute noch geltenden Rahmenbedingungen neue Modelle des Wirtschaftens. Nutzen statt Produkte anbieten, heißt ein vielversprechender Ansatz. Das ökonomisch und ökologisch intelligente, das »ökointelligente« Unternehmen schreckt nicht vor den ökologischen Herausforderungen zurück, sondern erkennt gerade in ihnen neue Marktchancen. Die Wandlung der wirtschaftlichen Strukturen in einer Nutzenwirtschaft schafft neue Arbeitsplätze mit höheren oder neuen Zusatzqualifikationen.

10 MIPS weltweit

Das MIPS-Konzept und Wirtschaftsräume

Kein Wirtschaftssystem kann sich heute auf eine autarke Ressourcenbasis stützen. Riesige Stoffströme überqueren alle nationalen Grenzen in Form von Rohmaterialien und Sachgütern. All diese materiellen Dinge tragen mehr oder weniger große Rucksäcke mit sich herum, auch über Grenzen hinweg.

Wenn die weitere Entwicklung aller Wirtschaftsräume so gestaltet werden soll, daß die physischen Austauschprozesse zwischen Wirtschaft und Natur die Grenzen der natürlich gegebenen ökologischen Leitplanken einhalten, dann ist es dazu unerläßlich, zunächst einmal zuverlässige Daten über die nationalen und regionalen Stoff- und Energieströme zu ermitteln, um dann in einem nächsten Schritt die Verteilung der Ströme innerhalb der nationalen Wirtschaftssektoren zu analysieren. Nur auf der Grundlage dieser Informationen wird es künftig ökologisch sinnvoll und wirtschaftlich verantwortbar sein können, gezielte Dematerialisierung vorzunehmen.

Stefan Bringezu und Helmut Schütz haben sich am Wuppertal Institut in den letzten Jahren intensiv mit der Frage auseinandergesetzt, wie die physische Basis der Wirtschaft Deutschlands wirklich aussieht, und sie haben inzwischen auch Freunde in einigen Ländern gefunden, die jetzt zusammen mit ihnen vergleichbare Daten für die USA, die Niederlande und Japan nach dem Wuppertaler Muster zusammengestellt haben.[1]

Beginnen wir mit der Stoffstrombilanz Deutschlands. Abbildung 25 zeigt die Situation im Jahr 1991. Insgesamt flossen in diesem Jahr 5883 Millionen Tonnen Ressourcen in die deutsche Wirtschaft hinein, davon 2920 Millionen Tonnen aus dem Ausland, also 49 Prozent. Von den 4027 Millionen Tonnen abiotischer Rohmaterialien kamen 2183 aus dem Ausland, also 54 Prozent. Sie trugen einen Rucksack von 2532 Tonnen, das heißt, daß 63 Prozent der bewegten Massen in der Umwelt verblieben sind, ohne wirtschaftlichen Nutzen und zum Schaden der

Ökosphäre. Von den 5883 Tonnen Gesamtinput in die deutsche Wirtschaft im Jahre 1991 können mindestens 4200, also etwa 70 Prozent, grundsätzlich *nicht* recycelt werden, nämlich alle Rucksäcke, dazu etwa 90 Prozent der Energieträger sowie der gesamte Bodenaushub, Erosionsbewegungen und die »verbrauchte« Luft. Nur dreißig Prozent aller Rohstoffe, die der Mensch der Ökosphäre entnimmt, können also das Eingangstor eines Recyclingunternehmens passieren. Wenn man nun noch berücksichtigt, daß während des Recyclings im Durchschnitt wiederum rund ein Drittel des Rohmaterials verlorengeht, bleiben 20 Prozent übrig. Dies ist der Prozentsatz der Rohstoffe, den man tatsächlich wieder in die Produktion zurückführen kann; die Zahl habe ich an anderer Stelle bereits genannt. Tatsächlich wurden im Jahr 1991 in Deutschland aber nur 64 Millionen Tonnen recycelt, also etwas mehr als ein Prozent.

Was nach Deutschland importiert wird, muß im Ausland gewonnen, vorverarbeitet oder produziert werden. Dadurch entstehen im Produktionsland Stoffströme, welche dort die Umwelt rein mengenmäßig in der gleichen Größenordnung belasten wie die Rohstoffförderung in Deutschland selbst (wenn man Wasser und Luft nicht berücksichtigt, denn die werden dort verändert, wo gefördert wird, und bleiben dort). Will man im Inland gezielte Strukturveränderungen mit dem Ziel einleiten, den Ressourcenbedarf zu verringern, dann muß man diese im Ausland entstehenden Rucksäcke berücksichtigen, sonst kann es allzu leicht geschehen, daß Verbesserungen im Inland darin bestehen, daß Stoffströme nun in anderen Ländern und Regionen erzeugt werden. So hat Frankreich zum Beispiel die Gewinnung von Bauxit, aus dem Aluminium erzeugt wird, ins Ausland verlegt, zum Wohle der Provence, aber nicht im Interesse der ökologischen Zukunftsfähigkeit der Weltwirtschaft. Würde Deutschland in Zukunft verstärkt Elektrizität aus Kohlekraftwerken importieren, so erschiene zwar die inländische Stoffstrombilanz in besserem Licht. Aus ökologischer Sicht aber kann die Situation als Folge davon noch schlechter werden, wenn zum Beispiel die technische Effizienz der Verstromung von Kohle im Ausland geringer ist als bei uns, oder der Ökologische Rucksack schwerer.

Ganz erheblich sind die Unterschiede im Ressourcenverbrauch der ver-

**Stoffstrombilanz von Deutschland
BRD 1991 – Millionen t**

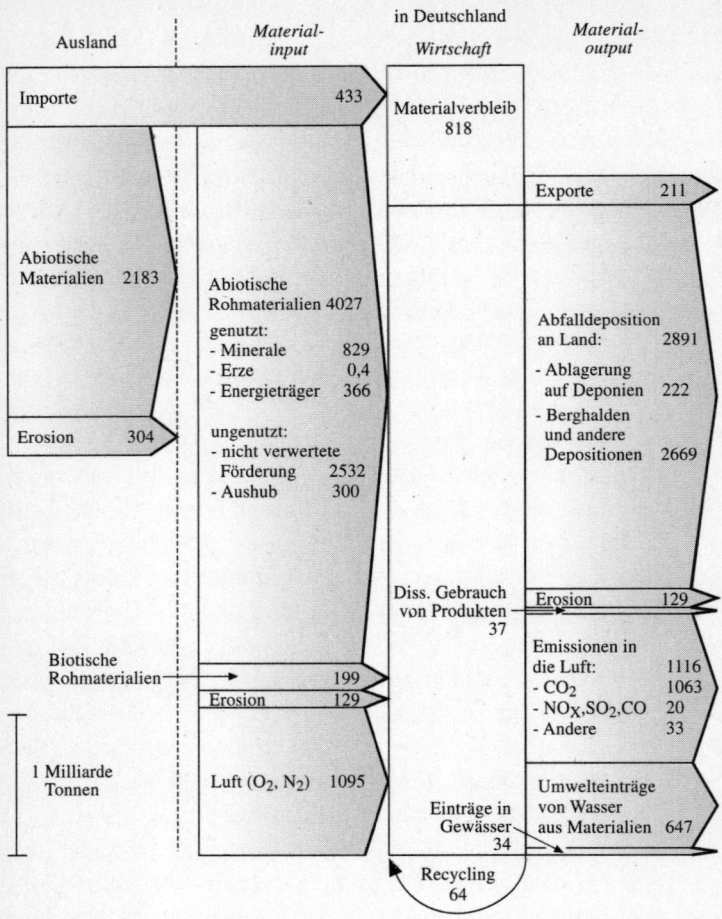

Abbildung 25: Stoffstrombilanz der deutschen Wirtschaft einschließlich der Hochrechnung der Ökologischen Rucksäcke der Importe. (Quelle: Bringezu und Schütz)[2]

schiedenen Wirtschaftssektoren in Deutschland. Abbildung 26 zeigt die Ergebnisse der Arbeiten von Ralf Behrensmeier und Stefan Bringezu.

Wir haben die Einteilung in Wirtschaftssektoren so vorgenommen, wie die Statistik der Bundesrepublik Deutschland dies vorsieht.

Der Sektor Bauen und Wohnen steht mit einem Verbrauch von etwa 20 Tonnen pro Person jährlich weit an der Spitze.[3] Aus diesem Grunde sind auch Projekte unter dem Stichwort »das MIPS-Haus« und Umbauvorhaben nach dem MIPS-Konzept von erheblicher Bedeutung für eine Dematerialisierung der deutschen Wirtschaft. (So zum Beispiel die Entwicklung von Plänen zu einem »Wuppertal-Haus« nach dem MIPS-Konzept oder für das »MIPS-Haus« in Klagenfurt.) Es ist nicht ganz zufällig, daß diese aus ökologischen Gründen wichtige Entwicklung übereinstimmt mit dem gegenwärtigen Trend zum »Sparhaus«.

Will man die Umweltbelastungspotentiale bewerten, die durch diese Stoffströme entstehen, und will man daraus Konsequenzen für die Dematerialisierung der Wirtschaft ableiten, dann spielt eine große Rolle, wie sich der Trend des Rohstoffverbrauchs mit der Zeit entwickelt. Stefan Bringezu und seine Mitarbeiter sind dieser Frage im Detail nachgegangen.[4] Ihr wesentliches Ergebnis: Einerseits gibt es zwar keine direkte Koppelung mehr zwischen dem Bruttoinlandsprodukt und dem Materialinput in die deutsche Wirtschaft. Der Stoffverbrauch hat sich also von dem klassischen Maß für wirtschaftliche Entwicklung abgekoppelt. Andererseits aber stagniert der Input von (abiotischen) Stoffen seit etwa zehn Jahren auf einem ökologisch nicht haltbaren hohen Niveau, nämlich bei etwa achtzig Tonnen pro Kopf im Jahr.

Gemessen an dem Ziel einer Dematerialisierung um den Faktor 10 ist die (rechnerische) Entkoppelung der Wirtschaftsentwicklung von ökologischen Inputs also bei weitem noch nicht ausreichend. Die frühindustrialisierten Länder haben es inzwischen geschafft, daß der Stoffinput pro umgesetzter Geldeinheit zurückgeht. Aber die Summe der jährlich der Umwelt entnommenen Rohstoffe blieb seit einem Jahrzehnt ungefähr dieselbe. Man kann auch sagen: die Intelligenz des Parasiten hat sich in den Ländern der OECD zwar relativ zur Wirtschaftsrechnung verbessert, der Gastgeber Ökosphäre aber merkt davon nichts. In den Entwicklungsländern wächst die absolute Ressourcenentnahme pro Kopf rasant an. Davon aber hängt das Überleben der Menschen auf diesem Planeten ab, nicht vom Bruttoinlandsprodukt!

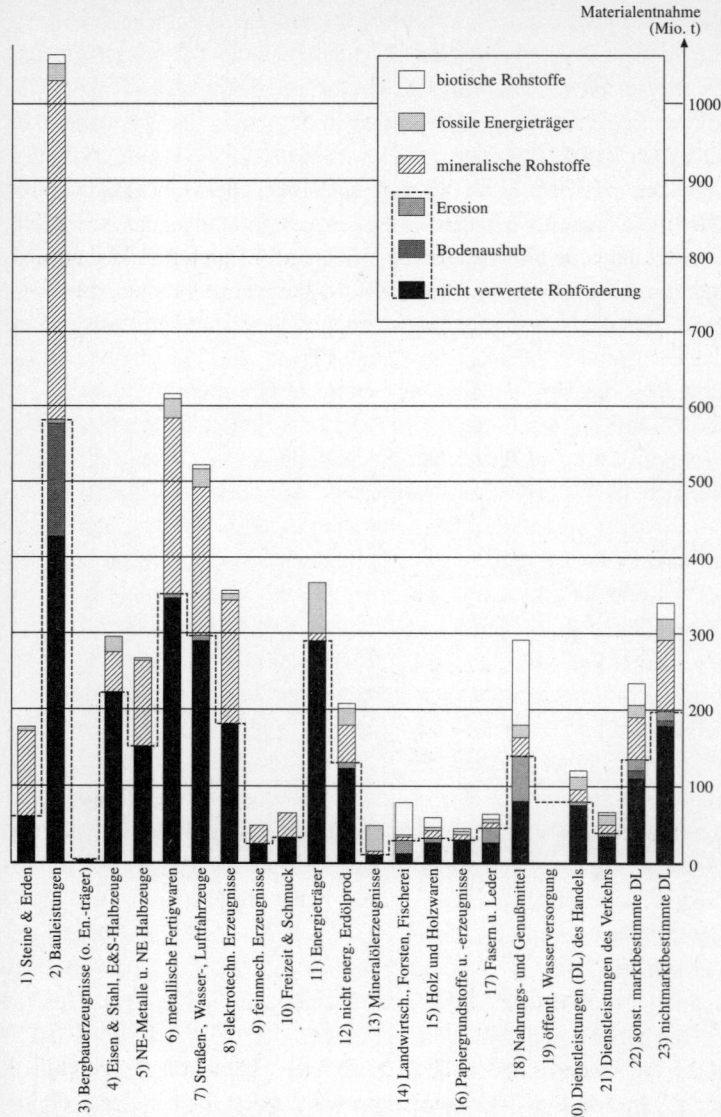

Abbildung 26: Vergleich des Ressourcenhungers der verschiedenen Wirtschafts-sektoren in Deutschland[5]

Selbst im Vergleich mit den anderen untersuchten Industrieländern USA, Japan und den Niederlanden steht Deutschland nicht besonders gut da. Abbildung 27 zeigt die seit kurzem verfügbaren Zahlen[6]. Sie sind nach dem Schema der Abbildung 25 errechnet. Danach verbraucht der Amerikaner über Zeit etwas mehr als der Deutsche, während Deutsche und Niederländer etwa gleich liegen; die Japaner kommen im Durchschnitt mit etwa der Hälfte aus. Wenn wir einmal annehmen, daß die Menschen in diesen Ländern sich ungefähr gleich sicher, gesund und zufrieden fühlen, dann sind, alles zusammengenommen, die Japaner aus ökologischer Sicht bereits doppelt so gut im Produzieren von Wohlstand wie wir.

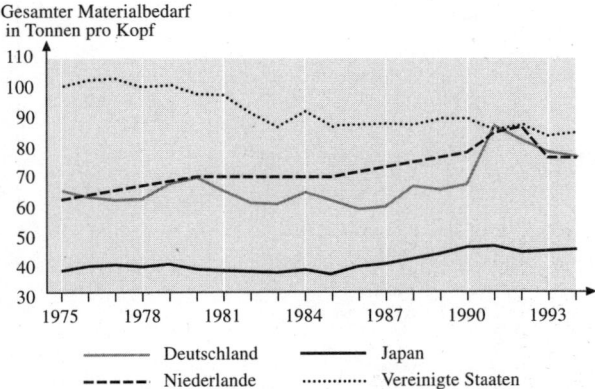

Abbildung 27: Vergleich des durchschnittlichen nationalen Pro-Kopf-Verbrauchs an natürlichen Ressourcen pro Jahr in den USA, Deutschland, Japan und in den Niederlanden.

MIPS und Welthandel

Mehr als hundert Länder dieser Erde haben gemeinsame Richtlinien vereinbart, wie der faire internationale Austausch von Waren funktionieren soll. Sie wollen zum Beispiel gemeinsam verhindern, daß ein Land seine Güter zu »Dumpingpreisen« auf den Binnenmarkt eines an-

235

deren Landes bringt, das heißt, die Güter außerhalb der eigenen Grenzen absichtlich zu Preisen anbietet, die unter den Herstellungskosten liegen und damit zur Arbeitslosigkeit im Importland beitragen können. Sie wollen aber vor allem, daß Zölle und willkürliche Sicherheitsstandards möglichst nicht als Barrieren für den freien Warenaustausch mißbraucht werden. Sicherheitsstandards können sich auch auf Gesundheit oder die Umwelt beziehen.

Der ursprüngliche weltweite Handelsvertrag, das GATT (Allgemeines Abkommen über Tarife und Handel) von 1947, erwähnt Umweltbelange nicht. Hingegen wurde nach Abschluß der »Uruguay-Runde« im Jahre 1995 in der Präambel für die neue Welthandelsorganisation (WTO) – die das GATT ablöste – die Bedeutung der optimalen Nutzung natürlicher Ressourcen in Einklang mit den Zielen der zukunftsfähigen Entwicklung und zum Schutze der Umwelt ausdrücklich festgehalten.

Wenn es denn richtig ist, daß jedwede Entnahme und Bewegung von Ressourcen aus ihrer natürlichen Umgebung zu irreversiblen Veränderungen der ökologischen Evolution führt, dann folgt zwangsläufig der Schluß, daß jedwedes Produkt, zu dessen Gestaltung natürliche Ressourcen und Technik eingesetzt wurde, prinzipiell mehr oder weniger *un*ökologisch ist. Je größer der Ökologische Rucksack und MIPS, je größer die spezische Flächenbeanspruchung und die spezifische Ökotoxizität von Gütern und Infrastrukturen, desto mehr kommt jede Unterstützung für ihren weltweiten Absatz dem Vertrieb besonders wirksamer Zeitbomben gleich.

In der derzeitigen Fassung des WTO-Vertrages fordert Artikel III die Gleichstellung ausländischer mit inländischen Waren. Das ist eine international (auch supranational in der Europäischen Union) allgemein angewandte Formulierung, welche die willkürlichen nationalen Abschottungen gegenüber Konkurrenzprodukten aus dem Ausland einschränken soll.

Artikel XX räumt dennoch grundsätzlich die Möglichkeit ein, zum Erreichen übergeordneter Politikziele Handelsbeschränkungen zu erlassen. Die erlaubten Ausnahmen betreffen unter anderem auch Maßnahmen zum Schutze des Lebens und der Gesundheit von Menschen, Tieren und Pflanzen sowie Maßnahmen in Verbindung mit der Erhaltung nicht erneuerbarer Ressourcen. Die in der Präambel angesprochene optimale Nutzung von Ressourcen wird also auf das Belassen von nicht erneuerbaren natürlichen Ressourcen in ihren Lagerstätten bezogen.

Das bedeutet aber, daß es nach den WTO-Verträgen grundsätzlich statthaft ist, die pro Jahr in die Wirtschaft fließenden Stoffströme absichtlich zu verringern, wenn es sich dabei um eine wesentliche Voraussetzung für das Erreichen der Zukunftsfähigkeit handelt. Genau dies ist nach dem MIPS-Konzept der Fall.

Allerdings sind Handelsbeschränkungen wie zum Beispiel Einfuhrzölle generell und ausdrücklich dann nicht zulässig (»PPM-Regelung«), wenn damit unterschiedliche Umwelt-*Produktions*standards ausgeglichen werden sollen. Das bedeutet, daß die »Produktionsgeschichte« eines Produktes bis zum Zeitpunkt des Importes aus Sicht der WTO unerheblich ist. Dies gilt für vorher entstandene soziale Unkosten ebenso wie für die Ausgaben des Exportlandes für den Umweltschutz. Im Extremfall gilt dies selbst dann, wenn das Exportland nicht die geringsten Anstrengungen für den Umweltschutz unternimmt. Dahinter steht die Annahme, daß sich in von Land zu Land unterschiedlichen Standards nationale gesellschaftspolitische Präferenzen und geographisch unterschiedliche Aufnahmekapazitäten der Umwelt für Schadstoffe widerspiegeln.

Abgesehen davon, daß die Abgabe von Schadstoffen während der Produktion mitnichten nur nationale Umweltschäden verursacht – CO_2 zum Beispiel verteilt sich von selbst weltweit und verursacht auf diese Weise weltweite klimatische und andere Veränderungen –, verursacht zum Beispiel die Einfuhr von Rohstoffen nach Deutschland massive Umweltveränderungen in den Bergbaugebieten der Exportländer. Man schaue sich zum Beispiel die durch die Kupfergewinnung entstandenen Schäden in Chile an, oder auch die flächenhaften Schäden, die beim Abbau von Braunkohle entstanden sind, ob nun im Appalachengebirge in den USA oder in Deutschland selbst im Jülicher Raum oder südlich von Leipzig.

Angesichts der weltweiten Verflechtungen und Überlappungen von Umweltveränderungen durch die Produktion, den Transport und Gebrauch von Produkten scheint es mir unverantwortlich, die Effizienz der Umsetzung nachhaltiger Umweltziele ausgerechnet von den Ländern bestimmen zu lassen, die selbst am wenigsten Umweltschutz betreiben. Es gibt in den allgemein anerkannten Menschenrechten kein Recht auf freien Welthandel, wohl aber ein verbrieftes Recht auf körperliche Unversehrtheit aller Menschen. In diesem Zusammenhang muß man wohl ernsthafter als bisher über Sinn und Grenzen nationaler Souveränitätsansprüche nachdenken.

Einfuhrzölle sind also laut WTO als Ausgleich für unterschiedliche Umwelt-*Produktions*standards nicht zulässig. Doch dies sollte kein Hindernis für die nationale Umsetzung des MIPS-Konzeptes sein. Bei der Ressourcenproduktivität von Produkten im Sinne des MIPS-Konzeptes geht es gar nicht um Umwelt-*Produktions*standards, sondern um wesentliche ökologische Aspekte der Produkt*qualität*. Leider entspricht das heute (noch) nicht der allgemeinen Auslegung von GATT. Das mag aber einfach daran liegen, daß die Verantwortlichen das vorliegende Buch noch nicht lesen konnten.

Die gültigen Welthandelsbestimmungen erlauben Einfuhrbeschränkungen für Waren (Beaufschlagung mit Zöllen) mit niedriger Umweltqualität dann, wenn auch einheimische Produkte erhöhten Ansprüchen genügen müssen. Will ein Land also Zölle auf importierte Güter erheben, weil ihre Ressourcenintensität zu hoch beziehungsweise ihre Ressourcenproduktivität zu gering ist, dann setzt das voraus, daß vergleichbare einheimische Güter nachweisbar kleinere Ökologische Rucksäcke oder kleinere MI-Werte aufweisen als die importierten Waren. Dies wäre zum Beispiel der Fall, wenn im Inland vorgeschrieben wäre, für einheimische Produkte recycelte Metalle oder Papiersorten zu verwenden.

Nach all dem wäre es also zulässig, Preisvorteile ökologisch minderwertiger Produkte über nach dem MIPS-Konzept kalkulierte Zölle abzuschöpfen. Deutschland – oder besser noch die EU – könnte demnach auf diesem Wege sehr wohl den Rest der Welt herausfordern, systematisch Schritte in Richtung Zukunftsfähigkeit zu unternehmen.

Auf den Punkt gebracht

Stoffstrombilanzen kann man nicht nur für Unternehmen aufstellen, sondern auch für Regionen, für Staaten und für die gesamte Weltwirtschaft. Zunächst einmal geben diese Bilanzen Auskunft darüber, wie die Region, das Land oder die Welt mit den Ressourcen wirtschaftet, die der Umwelt entnommen werden. Wie groß ist das Verhältnis zwischen tatsächlich genutzten Rohmaterialien und Stoffbewegungen wie dem Bodenaushub, die die Rucksäcke füllen, ohne Nutzen zu stiften? Wieviel Materie gelangt tatsächlich in die Wirtschaft und verbleibt dort, und wieviel wird nach kurzer Zeit wieder ausgeschieden? Bezieht man die Bilanzergebnisse auf die Einwohnerzahl, dann erhält man einen Indikator, mit dem sich die ökologische Leistungsfähigkeit von Regionen und Staaten untereinander vergleichen läßt. Erste Datensammlungen für Regionen in Deutschland (das Ruhrgebiet) und wichtige Industriestaaten liegen bereits vor. Schon in ihnen wird deutlich: Materialdurchfluß und Wohlstand sind keineswegs aneinander gekoppelt. Daß für jeden Deutschen 80 Tonnen Rohmaterialien pro Kopf und Jahr bewegt werden und für jeden Japaner nur die Hälfte, läßt sich nicht mit Unterschieden im Wohlstandsniveau der beiden Staaten erklären, wohl dagegen mit einem weniger großzügigen Umgang mit den Ressourcen.

Eine international verflochtene Wirtschaft muß sich den Gesetzen und Vereinbarungen des internationalen Handels anpassen. Damit läßt sich zwar nicht – wie es zuweilen versucht wird – jedes nationale Versäumnis rechtfertigen. Doch internationale Abkommen, wie sie in der Welthandelsorganisation WTO diskutiert und abgeschlossen werden, gewinnen zweifelsohne einen immer stärkeren Einfluß auch auf regionale Wirtschaftspraxis und nationale Standards. Um so wichtiger ist es, daß diese internationalen Abkommen auch die ökologisch richtigen Signale setzen. Das GATT, beziehungsweise sein Nachfolger, die WTO, ist zwar in erster Linie zur Sicherstellung eines möglichst uneingeschränkten Welthandels formuliert worden, läßt den einzelnen Vertragsstaaten aber durchaus Freiräume, die sie nutzen können, um eine Vorreiterrolle bei der Dematerialisierung der Wirtschaft einzunehmen.

Vielleicht wird ein Traum von mir doch noch wahr. Ich sehe einen großen, transparenten Globus vor mir, auf dem sich Stoffströme in vielen Farben bewegen, um den ungeheuer intensiven Transport von denaturierter Natur zu verdeutlichen, den wir zum »Wohle der Menschheit« in Bewegung setzen, wie die Verfechter des möglichst freien Handels mit allen Rohstoffen und Produkten dieser Welt fordern.

11 Zwei Hände voll Erde – Bericht über einen Besuch im Jahr 2005

Heute ist Samstag; ich habe frei. Ich habe einen langen Tag vor mir, denn ich werde meinen immer wieder aufgeschobenen Besuch bei der Familie Norac absolvieren. Da brauche ich viel innere Ruhe, fürchte ich. Die Noracs sind außerordentlich mitteilsam, und, ehrlich gesagt, finde ich, daß sie manchmal auch ein wenig übertreiben. Irgendwie bin ich aber auch neugierig, denn Herr Norac schwärmt mir schon eine Weile davon vor, was sich seine Familie und der Vermieter so alles ausgedacht haben, um einen »Beitrag gegen den Ökokollaps« zu leisten, wie er sagt. »Man kann ja nicht immer nur meckern.«

Also habe ich mich aufgerafft und eine der vielen Einladungen der Noracs angenommen.

Aber bevor ich aufbreche, habe ich erst einmal in aller Ruhe meine Zeitung gelesen. Auf abwaschbarer Plastikfolie bekommen wir sie jetzt. Anfangs habe ich gedacht, der Verlag sei vollkommen übergeschnappt. Plastik! Und das auch noch angeblich aus Umweltschutzgründen! Aber dann haben sie mich doch eines Besseren belehrt. Auf einer Sonderseite haben sie ihren skeptischen Lesern erklärt, daß der Ökologische Rucksack von Papier 15 beträgt, dagegen der von Plastik 3. Die Umstellung ergebe eine Dematerialisierung bis zu einem Faktor 5 für den Materialunterschied bei gleichbleibender Dienstleistung. In der Tat lese ich meine Plastikzeitung auch nicht anders als die aus Papier. Es fühlte sich am Anfang nur etwas ungewohnt an. Und die Nachrichten sind auch nicht anders als vorher.

Was sie auf der Sonderseite natürlich nicht geschrieben haben, ist, daß man aus dem Faktor 5 ganz einfach einen Faktor 10 machen kann. Ich tue das jeden Morgen. Ich schiebe nämlich die Zeitung meinem Nachbarn unter der Tür hindurch. Er liest sie dann auch noch – voilà, doppelte Dienstleistung bei gleichem Ökologischen Rucksack, macht Faktor 10!

Allerdings klappt es mit meinem Nachbarn noch nicht ganz. Weiß der Teufel, was der mit meinen Zeitungen macht. Jedenfalls fehlen immer einige, wenn der Zeitungsverlag einmal die Woche kommt, um die Folien zurückzuholen. Das kostet mich bares Geld. 50 Prozent teurer wird die Zeitung, wenn ich sie nicht wieder abliefere!

An Neuigkeiten gibt es zu berichten, daß Mexiko, Portugal und Australien gestern als letzte im Club der dreißig reichsten Länder der Erde, der Organisation für Wirtschaftliche Zusammenarbeit und Entwicklung (OECD) in Paris, der Verpflichtung beigetreten sind, ihre Wirtschaft bis zum Jahre 2040 um den Faktor 10 zu dematerialisieren. MIPS als Maß für die Durchführung ist damit einbegriffen. Und da war noch eine ganz amüsante Geschichte. Die schneide ich lieber aus und lege sie Ihnen bei.

Verhinderung von Ladendiebstählen mit Millionen subventioniert

Reuter, Berlin. Millionen Tonnen natürlicher Ressourcen werden noch immer jedes Jahr zu Billigpreisen eingesetzt, um Arbeitskräfte im Einzelhandel zu sparen. Kleinteilige Produkte werden zum Schutz vor Diebstahl in extra große, ressourcenfressende Verpackungen gesteckt, statt daß sie von Fachpersonal über die Ladentheke verkauft werden. Der Minister für Wirtschaft und Ökologie zeigte sich gestern auf einer Pressekonferenz sehr verärgert über die Ergebnisse einer von ihm angeforderten Studie. »Es ist mehr als bedauerlich, daß unsere Absprachen mit den Vertretern des Handels offenbar von einigen Handelsketten nicht eingehalten werden. Ich werde nicht weiter hinnehmen, daß die Natur mit riesigen Mengen an Ressourcen Verpackungen subventioniert, die nur zur Vermeidung von Ladendiebstählen um den Faktor 20 oder gar 40 größer sind als nötig«, sagte der Minister und fügte hinzu: »Für viele dieser Sachen braucht man eigentlich überhaupt keine Verpackung.« Als Beispiele nannte er Schrauben, Klebeband und Radiergummis.

Der Minister bezog sich auf eine freiwillige Vereinbarung mit dem Einzelhandel aus dem Jahre 1999. Dieser hatte sich vor allem angesichts der rasch steigenden Verpackungskosten in der EU verpflichtet, bis zum Ende des Jahres 2001 Verpackungen auslaufen zu lassen, die vorwiegend der Vermeidung von Ladendiebstählen dienten. Dafür sollte zusätzliches Personal eingestellt werden. »Offenbar gelingt es einem gewissen Teil der Verpackungsbranche immer noch, mittels Billigstimporten aus Drittländern Waren in Verpackungen der alten Art erfolgreich anzubieten. Wie zur Beruhigung ist da dann auch überall der Grüne Punkt drauf«, sagte der Minister und fügte hinzu, daß die Bundesregierung gegenwärtig prüfe, wie solchen Importen am besten ein Riegel vorgeschoben werden könne, auch dann, wenn es wieder Ärger mit der Welthandelsorganisation (WTO) gebe.

Informationen aus gut unterrichteten Kreisen zufolge dürften die eingetretenen Verzögerungen auch damit zusammenhängen, daß die von der Verpackungsindustrie neu entwickelten Verkaufssysteme erheblich teurer sind als früher angenommen, und wohl auch noch nicht verläßlich genug funktionieren. Hierbei handelt es sich um diebstahlsichere Automaten, die bei Eingabe von Plastikkarten jede gewünschte Stückzahl von Unterlagscheiben, Haken, Nagelfeilen, Zahnbürsten und dergleichen abgeben können, wobei sie der Kasse am Ausgang jeweils Meldung machen.

Die Beantwortung der Frage, warum die Bundesregierung noch immer keine Wertschöpfungsabgabe für Automaten und Roboter zugunsten der Arbeitsplatzbeschaffung eingeführt habe, lehnte der Minister unter Hinweis auf die noch laufenden Koalitionsverhandlungen zur großen Finanzreform ab.

Zur Mittagessenszeit treffe ich bei den Noracs ein. Ich bin zum Essen eingeladen. Danach wollten wir weitersehen.

Das Haus liegt mitten in der Stadt. Früher war da eine Versicherungsfirma drin. Die hat Telearbeit eingeführt. Die meisten Mitarbeiter machen deshalb ihre Arbeit jetzt von zu Hause aus und kommen nur jedes zweite Wochenende für ein paar Stunden in einer Schule in der Südstadt zusammen, damit sie den »Stallgeruch nicht verlieren«. Herr Norac gehört da auch zu. Die Versicherung hat das Gebäude nicht verkauft oder als Bürohaus verpachtet, sondern zu einem Wohnhaus umgebaut. Wohnungen ganz verschiedener Größen gibt es dort, hat mir Herr Norac erzählt, »vom Kleinkind über Singles bis zur Oma«, wie er sich ausdrückte.

Der Hausmeister grüßt mich höflich und sagt mir genau, wie ich zu den Noracs komme. Er habe sich schon gedacht, sagt er, daß die Besuch erwarteten, weil sie sich für heute Abend ein größeres Auto bei ihm ausleihen wollten. Donnerwetter, denke ich, der ist aber großzügig! Der Hausmeister sieht mir mein Erstaunen wohl an. »Wissen Sie«, sagt er, »bei mir können die Hausbewohner fast alles leihen, gegen Bezahlung, versteht sich. Ich habe auch Sportgeräte, Idustriestaubsauger, Video-

kameras, Fahrräder, Schlagbohrer, Gartengeräte, ein Batterieladegerät und viele Werkzeuge. Im Keller gibt es sogar eine eingerichtete Werkstatt. Auch die können die Bewohner benutzen, nach Voranmeldung. Kostet auch was. Reparieren tue ich im Hause das meiste selbst, das kostet die Leute etwa die Hälfte von dem, was sie sonst bezahlen würden. Und den Car-Sharing-Ring fürs ganze Haus leitet meine Frau. 25 Mietpartien machen da mit. Wir haben sechs ganz verschiedene Autos. Für uns lohnt sich das, wir sind unser eigener Herr und haben viel zu tun. Drei Studenten helfen uns zeitweise.« Wohl der neue Unternehmertyp, denke ich. Freundliche Dienstleistung, schnell und billig. »Haben Sie das alles selbst finanziert?« frage ich. »Nee, wissen Sie, der Hauseigentümer hat – außer für die Autos – das Geld zinsfrei vorgeschossen und verlangt keine Miete für den Lagerraum und die Werkstatt, auch nicht für die Garage. Das sei so ein Stückchen Mithilfe zur Schonung der Umwelt, meinte der Finanzchef.«
Na bitte.
Frau Norac begrüßt mich, noch ehe ich klingeln konnte. Es riecht gut. Spargel. »Ich muß eben noch die Wäsche holen. Kommen Sie mit?« Eigentlich habe ich Hunger. Sie aber zieht schon los, die Schürze läßt sie um. Aufzug, fünfter Stock. Ein kleiner Palmengarten empfängt uns. Und ein großer bunter Strauß von Sommerblumen. »Low-MIPS-flowers«, klärt mich Frau Norac auf. »Plastik, kein Wasser, halten beliebig lange, müssen nur einmal im Jahr abgestaubt werden.« Ich grinse etwas gequält. Plastikblumen? Wo bleibt denn da die Romantik? Nun, ehrlich gesagt, ich hätte es nicht gemerkt, wenn Frau Norac es mir nicht gesagt hätte. Die Imitation ist perfekt. Aber es ist eben eine Imitation. »Also, ich weiß nicht«, murmele ich zögernd. Doch weiter läßt mich Frau Norac nicht kommen. »Sie sind sehr viel ressourcensparender als ihre natürlichen Vorbilder. Der Dematerialisierungsfaktor liegt weit über 50. Viele Schnittblumen, die man bei uns kaufen kann, auch sogenannte Hollandblumen, kommen per Flugzeug aus Südamerika und anderen fernen Ländern, wo sie oft mit sehr viel Pestiziden und Wasserverbrauch fabrikmäßig hergestellt werden.« Und dann wird Frau Norac sehr ernst: »Wissen Sie, wie viele Kinder für die hübschen, natürlichen Blumen arbeiten müssen? Tausende Kinder sterben jedes Jahr

an Chemikalienvergiftungen.« Ich halte den Mund und beschließe, meine Vorstellungen von Romantik zu überdenken.

Einige Hausbewohner spielen in einer behaglich eingerichteten Glaskanzel mit getönten Scheiben Karten. In der nächsten nehmen zwei Frauen ein Sonnenbad – wohl für eigene Tönung. Ein Mann ist am Bügeln. Frau Norac grüßt die anderen und steuert auf eine überraschend große Waschmaschine zu. »Toll, dieses Ding. Braucht kein Gramm Waschmittel und viel weniger Wasser, als das früher so war, zehnmal weniger, und viel weniger Strom. Die macht alles tadellos mit Ultraschall. Rentiert sich aber für Einzelhaushalte in der Anschaffung nicht. Macht ja auch Spaß, hier mit den anderen Hausbewohnern ab und zu zu klönen. Bezahlt wird übrigens mit einer Plastikkarte, für die Maschinen und auch für den Kaffee hier im Gemeinschaftsraum. Wir bezahlen überhaupt alles hier im Haus mit derselben Karte. Das wird der Miete jeden Monat automatisch zugerechnet. Die Bücher dahinten sind Taschenbücher von uns allen im Hause. Wenn wir sie gelesen haben, bringen wir sie einfach hierher. Das spart Platz in der Wohnung. Da liegen übrigens auch einige Zeitschriften, wie der Spiegel und sein Vetter aus Bayern, der Focus, und Tageszeitungen.«

Wir fahren zum Dachgarten hinauf und hängen die Wäsche in einem luftigen Verschlag auf. Von hier gibt es einen wunderschönen Blick über die Stadt bis weit zu den Bergen im Süden. Es ist ein warmer Frühlingstag. Hier oben sind die Blumen und die Büsche echt Natur. Das ist mir, ganz ehrlich gesagt, lieber. Jedenfalls im Freien.

»Jetzt haben Sie Ihr Mittagessen aber verdient«, meint Frau Norac. Kurz darauf sitzen wir um den großen runden Tisch. Herr Norac hat sich ums Essen gekümmert, und die Kinder haben gedeckt. Den Spargel hat ihnen ein Bauer aus der Umgebung gebracht, die frischen Kartoffeln auch. Dazu gibt's wunderbaren Schinken, eine besonders gut schmeckende Mayonnaise und einen Krug Wein. Herz, was willst du mehr?

Ich frage Frau Norac, wo sie die Mayonnaise bekomme. »Bei mir«, sagt sie. »Die mache ich selbst nach einem alten Bauernrezept aus der Provence. Hat mir meine Freundin Marie mal mitgegeben. Gebe ich Ihnen nachher, wenn Sie mögen.« Ich mag.

Die Kinder trinken »Kranenberger« aus dem Wasserhahn. Als ich darüber eine Bemerkung mache, erklärt Herr Norac: »Aus einem der zwei Wasserhähne in der Küche kommt nur Wasser aus der öffentlichen Trinkwasserversorgung heraus, zum Trinken, Kochen und Geschirrspülen. Vom anderen Hahn bekommen wir recyceltes Wasser aus dem Haus, welches automatisch gegen frisches Regenwasser vom Dach ausgetauscht wird. Fürs Putzen, fürs Klo und so ist das o.k. Dafür sorgt schon unser bestes Stück, Herr Schulze, der Hausmeister.«

Und nach kurzem Überlegen fügt er hinzu: »Der Vermieter läßt übrigens zur Zeit prüfen, ob der Teil des Daches, der bisher nicht als Garten und für die Solaranlage genutzt wird, als Sterling-Motor zu Gewinnung zusätzlicher Energie ausgebaut werden soll. Das wäre eine wirklich interessante Neuerung. Ich glaube aber, das rentiert sich nur bei einem neuen Gebäude, wo die ganze aufwendige Technik von vornherein eingepaßt wird und die erzeugte Bewegungsenergie gezielt für den Ersatz von Elektromotoren verwendet werden kann; zum Beispiel für Fahrstühle.«

Sterling-Motor? Das klingt so etwa wie Sterling Silber. Muß ja was Edles sein, denke ich bei mir und schweige, um mich nicht zu blamieren. Später habe ich nachgelesen, um meine Bildungslücke zu füllen. Das besondere am Sterling-Motor ist, daß ihm schon die Sonnenwärme als

Energiequelle genügt, um sich zu drehen und Arbeit zu leisten. Er hat Kolben und Zylinder, wie ein Benzinmotor. Auf der einen Seite muß der Zylinder beheizt werden, zum Beispiel durch die Sonne oder einen Sonnenkollektor, auf der anderen Seite wird gekühlt, etwa dadurch, daß die Wärme abgeführt und genutzt wird. Der Sterling-Motor braucht also eine warme und eine kalte Seite. Er »pumpt« die Energie von der einen zur anderen Seite und arbeitet dabei. Ein Sterling-Motor, der in eine Dachkonstruktion integriert wird, kann also die Sonnenwärme so in das Haus hineinpumpen, daß sie dort genutzt oder gespeichert werden kann.

»Übrigens habe ich Ihnen noch gar nicht gesagt«, fährt Herr Norac fort, »womit der Vermieter, meine Versicherungsfirma, die meisten Schwierigkeiten beim Umbau des Gebäudes hatte. Das waren nämlich keineswegs die neuen technischen Ausstattungen. Das waren vielmehr die endlosen Normen, Standards und Bauvorschriften, von denen viele nur sehr schwer mit Forderungen für echte Sparhäuser unter einen Hut zu bringen sind. Ein einzelner Architekt oder ein privater Bauherr hätte wahrscheinlich die Flinte viel früher ins Korn geworfen. Der Chef meiner Firma kennt den Leiter des Deutschen Instituts für Normung (DIN) in Berlin. Er hat ihn gebeten, sich diese Dinge einmal genau anzusehen und auch mit Normen in anderen Ländern in Europa vergleichen zu lassen.«

Ich bewundere die Bilder an der Wand, Öl, Aquarelle, Gouachen. Frau Norac erklärt etwas verschmitzt: »Das sind Leihgaben aus dem Museum. Suchen wir auf dem Computer aus. Macht richtig Spaß, und die Kinder sind dabei inzwischen zu kleinen Kunstexperten geworden. Ist natürlich viel billiger, als vergleichbare Bilder zu kaufen. Und wir können andere bekommen, wann immer wir uns an denen hier satt gesehen haben. Leah hat jetzt auch angefangen zu malen.« Stolz schwingt da mit! Leah ist das zweite der drei Kinder.

Warum bin ich darauf nicht schon längst auch gekommen? Edeldekoration, Spaß und Abwechslung als Paket verschnürt für wenig Geld! Und Bildung (fast) umsonst. Ist ja wie ein Reiseangebot zum Bauernhof mit Frischmilchgarantie und Muskeltraining!

Beim Thema Kunst fällt mir auch ein, daß es bekannte Künstler gibt,

Abbildung 28: »Metamatic Nr. 9, Skorpion« von Jean Tinguely

die mit alten Teilen von allen möglichen Geräten und Maschinen – und zuweilen sogar Mauerresten aus Berlin – Werke zusammenbauen, große und auch ganz kleine Sachen. »Ja«, sagt Leah und ist ganz in ihrem Element: »Zum Beispiel der Jean Tinguely. Der hat ganze Anlagen fröhlicher Maschinen gebaut, die sich bewegen und irren Radau machen. Klasse. Besonders gut gefallen hat mir das monumentale Crocodrome de Zig et Puce, das er 1977 zur Eröffnung des Centre Georges Pompidou in Paris geschaffen hat. Wie hießen die beiden anderen, die daran beteiligt waren? Bernard Luginbühl und Niki de Saint-Phalle, nicht wahr?« Jean Tinguely, 1925–1991, Schweizer Künstler, Neuer Realist, sagt mein Lexikon. Die Kleine kennt sich gut aus.

Das Essen ist exzellent. Anschließend helfe ich, das Geschirr und das Besteck im Geschirrspüler zu verstauen. Herr Norac nutzt die Gelegenheit, mir die Küche vorzuführen. »Hier sind die Kühlkammern.« Er deutet auf zwei Wandschränke über der Spüle. »Sie sind integraler Teil der Küchenwand, direkt an der Außenwand gelegen. Die abgegebene

Wärme wird zum Vorwärmen von Wasser benutzt, ebenso wie die Abwärme von der Spülmaschine und der Waschmaschine. Im Winter besorgen sich die Kühlkammern die kalte Luft von draußen, natürlich vollautomatisch. Wenn Sie nichts kühlen wollen, dann benutzen Sie einen Schrank oder beide als Vorratsraum. Ausreichend gelüftet wird dann automatisch, so daß nichts verdirbt. Die Idee ist schon ein paar Jahre alt – 1994, Wuppertal Institut. Das kennen Sie wahrscheinlich. Damals fing man an, konkret über die Dienstleistung nachzudenken, die ein Produkt liefern soll, und nach Verfahren zu suchen, diese Dienstleistung möglichst dematerialisiert anzubieten. Eine junge Designerin, Ursula Tischner, nahm sich den Kühlschrank vor, und das hier war das Ergebnis. Eignet sich natürlich nicht zum umziehen; aber wir fanden, daß es nicht unbedingt zu den Aufgaben eines Kühlschranks gehört, daß man ihn im Möbelwagen spazierenfahren kann.«

In seiner Begeisterung zieht mein Gastgeber mich in die Hocke und öffnet die Spülentür. »Das Kühlaggregat steht hier unten und gehört der Herstellerfirma. Die sorgt immer dafür, daß alles in Ordnung ist und dem neuesten Stand der Technik entspricht. Darum kümmere ich mich nicht. Das gleiche gilt auch für den Herd, den Geschirrspüler und die Waschmaschine.« Er erhebt sich wieder. »Der Geschirrspüler und die Waschmaschine müssen übrigens nicht unbedingt mit gemietet werden. Der Hausmeister verhandelt mit den Herstellerfirmen. Der Preis ist in der Miete enthalten. Und wenn mal was kaputt ist« – er wackelt an einem der Schalter des Geschirrspülers herum –, »sehen Sie, hier zum Beispiel, dann sehen wir das sofort.« In der Tat, auf einer Flüssigkristallanzeige erscheint eine Warnmeldung: *Kontaktverschleiß. Bitte Service benachrichtigen.* »Alle Geräte haben sogenannte produktbegleitende Informationssysteme, die uns vollautomatisch warnen, wenn etwas nicht in Ordnung ist. Im übrigen aber optimieren die Geräte den Verbrauch an Strom, Wasser und Waschmittel selbst.«

Mir war vorher beim Essen schon aufgefallen, daß nirgends Vorhänge hängen. Ich frage Herrn Norac: »Sagen Sie mal, haben sie auch in den Schlafzimmern keine Vorhänge?« Er grinst mich an. »Die Fenster sind von außen völlig undurchsichtig. Wir brauchen also Vorhänge nur zur Zierde. Dafür waren uns aber 10 000 Mark zu schade. In unserem

Schlafzimmer hängen dafür zwei gute Gemälde. Die sind garantiert langlebig, und der Schmidt-Bleek hat irgendwann mal geschrieben, das sei die beste Geldanlage aus ökologischer Sicht.«

Nach diesen etwas erschöpfenden Ausführungen holt Herr Norac erst einmal tief Luft. »Möchten Sie etwas trinken?« Ja, das Wasser aus dem Hahn in der Küche möchte ich gerne einmal probieren. Es schmeckt wirklich gut. »Mehr als 200mal billiger als Wasser aus der Flasche«, sagt er. »Macht bei drei Kindern 60 bis 70 Mark Unterschied im Monat, das sind zwei Monatskarten für die Straßenbahn.« Schon merkwürdig, womit man Geld sparen kann. »Macht außerdem 30 Kilo weniger Plastikabfall im Jahr. Das ist zehnmal mehr, als die Zeitung im Jahr wiegt. Und erinnern Sie sich an die Zeitungsmeldungen, denen zufolge man dringend aufgefordert wird, angebrochene Mineralwasserflaschen möglichst bald aufzubrauchen, wegen der Keimbildung? Das Problem haben wir mit dem Wasser aus dem Wasserhahn nicht«, ergänzt mein Gastgeber.

Während ich noch darüber grüble, ob ich meine Vorliebe für Mineralwasser aus der Flasche nicht doch irgendwie verteidigen kann, hat Herr Norac mir schon wieder etwas anderes zu zeigen. »Jetzt kommt aber der Clou!« sagt er. Ich schaue ihn gespannt an. »Die ganze Küchenwand kann in wenigen Stunden um zwei Fenstereinheiten verschoben werden – das sind nahezu sechs Meter –, damit die Wohnung dem Raumbedarf der Mieter angepaßt werden kann. Die Ver- und Entsorgungsleitungen sind in Schächten in den tragenden Wände untergebracht, über die auch der Abfall – getrennt – entsorgt wird. Übrigens können alle nichttragenden Wände im Haus verschoben werden. Außer den Wänden für die Küche und das Bad sind sie dünn und leicht, faserverstärkter Kunststoff. Sie dämmen Wärme und Schall gut. Haben Sie vorhin die Aufhängung der Bilder bemerkt? Da sind Leisten entlang der Decke an allen Wänden eingebaut, in denen Läufer verschoben werden können. Damit läßt sich so ziemlich alles an die Wand hängen, auch Spiegel, Schränkchen und Kleiderhaken, ohne daß man bei Herrn Schulze jedesmal eine Bohrmaschine mieten muß. Und die Wände bleiben so, wie sie sind. Das verlangt übrigens auch der Mietvertrag.«

Herr Norac ist mit seinen Erklärungen noch nicht fertig. »Die Stromversorgung ist in der Decke und in den tragenden Wänden verlegt. Lichtschalter bestehen in vielen Räumen aus Strippen, die von den Decken hängen. Steckdosen sind an einigen strategischen Stellen im Boden und an den tragenden Wänden montiert. Auf diese Weise werden Kilometer an Kupferkabel im Hause gespart – bei einem Rucksack von 500 für Kupfer eine ausgesprochen reife Leistung! Im übrigen sorgt die zentrale Vollautomatik bei Dunkelheit sowieso dafür, daß immer dort das Licht angeht, wo jemand auftaucht. Es geht auch von selbst wieder aus, wenn keine Bewegung stattfindet. Die Steuerungsautomatik sorgt auch für die billigst mögliche Erwärmung der Räume nach einem vorgegebenen Zeitplan, also nur, wenn wir die Wärme auch brauchen. Der setzt sich aber selbst außer Betrieb, wenn außer zu den vorgegebenen Zeiten jemand ein Zimmer betritt. Meine Frau sagt zum Jux immer, das sei so eingerichtet, damit Einbrecher nicht zu frieren brauchen. Die Fensterscheiben sind übrigens so konstruiert, daß sie das Tageslicht in besondere Richtungen lenken können, nämlich dorthin, wo es besonders gebraucht wird.«

Wir setzen uns an den runden Tisch. Es gibt eine Tasse Kaffee und damit auch eine kleine Pause von dem doch etwas ermüdenden Strom von Informationen. Merkwürdig, die Worte »Umwelt« und »ökologisch« hat Herr Norac noch gar nicht gebraucht. Er redet mit wachsender Begeisterung nur von technischen Neuerungen und vom Sparen. »Sagen Sie mal«, frage ich, »macht Ihnen denn all dieser technische Kram Spaß? Haben Sie noch Gedanken frei für die Kinder, für schönes Essen, für die Freizeit? Und können Sie mit all diesem Überwachungszeug noch unbeobachtet alleine sein mit Ihrer Frau, mit der Familie?«

»Aber ja doch«, kommt die Antwort, »von Hand können wir alle Sensoren außer Betrieb setzen, welche Bewegungen in der Wohnung aufspüren. Nach sechs Stunden schaltet sich die Automatik dann wieder von selbst ein und meldet sich mit einem Ton zurück. Die Anlage ist auch außerhalb der Wohnung niemandem zugänglich, es sei denn, ich schalte die Leitung für eine bestimmte Zeit zu Herrn Schulze, zur Polizei oder zur Feuerwehr. Und was die Technik angeht, da gewöhnt man sich daran und denkt nicht mehr darüber nach. Spaß macht sie natürlich nur, wenn sie einem lästige und langweilige Dinge abnimmt, verläßlich und einfach ist, Geld spart und möglich lautlos und unsichtbar funktioniert.« Nach kurzem Nachdenken fügt er hinzu: »Und außerdem erhöht sie die Sicherheit. Als Julian noch ein Baby war, hat die Anlage uns jede Unregelmäßigkeit aus dem Kinderzimmer automatisch auf einen Taschenmonitor gemeldet, auch wenn wir woanders zu Besuch waren. Dafür zahlen wir auch weniger Versicherung.«

»Wußten Sie schon«, fragt mich Frau Norac, »daß ich nebenberuflich für Hersteller von Haushaltsgeräten und Sicherungsanlagen tätig bin?« Ich weiß das nicht, interessiere mich aber dafür, was sie denn da so mache. »Ich berate die als – wie nennen die das noch gleich? – als Prosumentin. Die wollen von mir wissen, wo sie Schalter an Geräten anbringen sollen, damit man sie leicht findet und Kleinkinder dennoch nicht dran können, oder welche Farben und Oberflächen sie verwenden sollen, und vor allem, welche Funktionen sie in ihre Geräte einbauen sollen und welche nicht. Und noch viel mehr. Jedesmal, wenn die eine Neuerung vorhaben, bitten sie eine Reihe von Frauen und Männern – oder sollte ich Damen und Herren sagen? – zu sich, um alles mit ihren Leuten in der Firma gemeinsam zu besprechen. Manchmal werden da Sachen besprochen, die fast ein wenig verrückt klingen. Neulich zum Beispiel dachten wir über Produkte nach, die gar nicht an Kunden abgegeben werden, sondern ihre Dienstleistungen per Glasfaserkabel verfügbar machen. Das könnten Computer sein oder Blutdruckmeßgeräte. Der Endnutzer hat eine Sonde zu Hause, die er an das Handgelenk legt, und bekommt auf seinem Bildschirm die Angaben über Blutdruck, Blutzucker, Puls und Körpertemperatur. Man kann auch Produkte mit Hilfe von Software aus der Ferne reparieren oder aufrüsten.«

»Übrigens zahlt mir meine Firma außer einem sehr anständigen Tagessatz auch die Reisekosten, und ich kriege Prozente auf die neuen Sachen. Die bekommt Herr Schulze von mir. Er zieht uns einen entsprechenden Betrag von der Miete ab, wenn er ein Gerät oder Maschine bei meiner Firma billiger bekommt.«

Hadrian und der kleine Julian sind an einem Monitor in ein Spiel vertieft. Ich schaue mir das an und frage, was denn das für eine Sendung sei. »Das ist eine von den CD-ROMs aus der Serie *MIPS für Kids*«, erklärt Hadrian. »Da gehört auch ein Kasperletheater zu, das wir in der Schule aufführen. Und einige andere Sachen, Brettspiele und Anleitungen zum Design dematerialisierter Maschinen und so. Ziemlich geile Sachen kann man da erfinden.« Ich erinnere mich, davon gelesen zu haben. Die Initiative kam vom Wuppertal Institut. Dr. Maria Welfens und Heike Steinkamp haben dort zusammen mit ihren Mitarbeitern und mit Geldern der Umweltstiftung Osnabrück eine Serie von spielerischen Instrumenten entwickelt, die Jugendlichen von etwa vier Jahren aufwärts den Sinn und die Bemessung von Ökologischen Rucksäcken nahebringen sollen.

»Hinterher bekomme ich bestimmt wieder einen Vortrag von den zweien«, beklagt sich Frau Norac ironisch, »was ich einkaufen soll und was nicht. Und Hadrian gibt mir altkluge Ratschläge für meine Industrieberatungen.« Ein bißchen stolz scheint sie auf ihren Nachwuchs aber doch zu sein.

Herr Norac will mir noch einige andere Besonderheiten in der Wohnung zeigen. Auf dem Boden liegt ein schöner »echter« Teppich, etwa drei mal vier Meter. »Kostet noch nicht einmal 250 Mark pro Quadratmeter, wenn man ihn kauft, und hält vier- oder sechsmal so lange wie jede Auslegeware. Das ist doch geschenkt! Wir haben freiwillig 300 Mark in den Weltfond gegen Kinderarbeit bezahlt und immer noch Geld gespart. Im übrigen mieten wir ihn vorläufig nur von Herrn Schulze. Wir können ihn bei ihm umtauschen oder auch kaufen. Ganz leicht sauberzuhalten. Übrigens nehmen wir dazu den Teppichbürster, wie zu Omas Zeiten. Design Agim Meta, Wuppertal Institut. Im Unterschied zu den alten Bürstern aus Omas Zeiten dreht dieser hier sich immer in die gleiche Richtung, egal ob man ihn zieht oder schiebt, und er hat ein eingebautes Schwungrad aus Stahl, so daß er für kurze Zeit auch weiterarbeitet, wenn er nicht bewegt wird. So kommt man auch in Ecken. Den benutzen wir auch für alle anderen Teppiche und die Böden selbst. Er ersetzt den Staubsauger in den allermeisten Fällen problemlos. Nimmt nur fünf Prozent soviel Platz weg wie ein Staubsauger und paßt hinter die Küchentür. Das macht zehn Mark Miete aus im Monat für den Platz, den wir so nicht für den Staubsauger brauchen. Wenn nötig, leihen wir von Herrn Schulze einen aus. Kommt aber nur ein-

oder zweimal im Jahr vor. Die Böden sind aus irgendeinem Plastikzeug, obschon man ihnen das gar nicht ansieht. Die nehmen nichts, aber auch gar nichts übel und sehen immer gepflegt aus. Und sehen Sie sich mal die Wand da an. Sieht doch gut aus, oder? Rauhfasertapete mit hellem Anstrich. Denkste. Die ist ebenfalls aus faserverstärktem Kunststoff, abwaschbar. Die Decke auch. Sind für sechzig Jahre garantiert, sagt Herr Schulze. Spart den Anstrich alle fünf Jahre. Macht den Faktor 10 oder mehr an Farbe und vor allem auch an Arbeitskosten – also eine ganz erhebliche Dematerialisierung, und dazu noch Tausende von Mark an Einsparungen. Und sehen Sie mal hier diese Wand. Die hat nun als einzige wirklich einen Anstrich. Der ist aber gleichzeitig eine elektrische Zusatzheizung für sehr kalte Tage. Den Strom macht das Haus selber.«

Ich setze mich wieder an den Tisch, schon ziemlich schlapp, das muß ich zugeben. Noch einen Kaffee? Aber gerne. Und ein Stück Marmorkuchen? Aber gerne. Das hilft meinem Zuckerspiegel und gibt neue Kraft zum Zuhören und Nachdenken.

Frau Norac fragt mich unvermittelt: »Braucht Ihre Schwester eine Babyausstattung, so mit allem Drum und Dran für etwa das zweite und dritte Jahr? Mein Mann sagte, Ihre Schwester habe ein kleines Baby.« Etwas verdutzt sehe ich Frau Norac an und fange an zu stottern »Ja – ja, schon, ja, vielleicht kann sie das schon brauchen, ich weiß nicht recht, wissen Sie ...« Sie fängt an zu lachen und sagt: »Ach, wissen Sie, heute ist es ganz normal, daß man Dinge weiterverkauft, die man nicht mehr braucht. Und wir werden kein weiteres Kind mehr haben. Nur deshalb frage ich. Fragen Sie doch einfach Ihre Schwester.« Dann fügt sie hinzu: »Wir versuchen, unseren Kindern schon von Anfang an beizubringen, daß das Anhäufen von Sachen eigentlich ziemlich lästig ist, unnötig viel Zeit kostet und Platz. Sie haben alle »ihre Kiste«, eine große Holzkiste, so einen halben Kubikmeter groß, wo sie alles hineintun, was sie unbedingt behalten wollen. Mehr Platzbedarf wird vom Taschengeld abgezogen. Die Idee haben wir einem genialen Designer abgeschaut. Der hatte uns begeistert davon erzählt, was das für Aha-Erlebnisse gibt, wenn die Kinder darüber nachzudenken beginnen, was ihnen wirklich wichtig ist und was nicht! Alles übrige wird getrödelt, an das Rote Kreuz gegeben oder an Bekannte verschenkt und verkauft. Kleidung, aus der die Kinder herausgewachsen sind, Spielzeuge und Fahrräder und Sportzeug ebenso.«

Ein Ton rettet mich aus meiner – völlig überflüssigen, wie mich meine Schwester später aufklärt – Verlegenheit, und eine Stimme sagt im Raum, so als sei der Sprechende unter uns, »Grüß euch, ihr Guten, hier Christopher. Wollte nur fragen, kommt ihr mit in den Biergarten heute abend, wie abgemacht?« Herr Norac sagt vor sich hin mit ganz normaler Stimme: »Na klar, Chris«, und zu mir gewandt: »Wir wollten Sie gerne dazu einladen. Kommen Sie mit? Das Auto ist groß genug.« Als ob ich das nicht schon von Herrn Schulze erfahren hätte. »Ja«, sage ich, »sehr gerne.« – »Okay«, sagt Herr Norac in den Raum, »um sieben Uhr sind wir da. Wir kommen mit den Kindern und unserem Gast. Ciao Chris, grüß die Katharina.«

»Auf dem Weg muß ich aber noch einkaufen«, sagt Frau Norac, »wo wir doch schon das große Auto zur Verfügung haben.« Und zu mir gerichtet: »Macht Ihnen das etwas aus?« Nein, das macht mir überhaupt nichts aus. Ich frage sie: »Kaufen Sie nicht über Tele ein?« Sie nickt. »Doch schon, aber wissen Sie, selber im Laden einkaufen macht eigentlich mehr Spaß. Und den Spaß gönnen wir uns manchmal.«

Das Auto ist ein Kombi. Es sieht riesengroß aus neben all den Zweisitzern, die normalerweise jetzt in der Stadt zugelassen sind. Wenn mehr als drei Leute im Auto sitzen, darf eben auch ein größeres Fahrzeug auftauchen, ohne von der Polizei als Verkehrssünder behandelt zu werden.

Am Armaturenbrett sind die normalen Digitalanzeigen für COPS und MIPS angebracht, neben dem Tachometer und dem Kilometerzähler. Schon faszinierend zu sehen, daß jedesmal, wenn Herr Norac nach einem Stopp das Auto beschleunigt, die Fahrtkostenanzeige kurzfristig auf 6 Mark pro Kilometer steigt. Die COPS-Anzeige zeigt einen Preis von 0,46 DM pro Kilometer. Das scheint mir doch etwas wenig. »Das kommt hauptsächlich daher«, sagt Herr Norac, »daß das Auto eine Nutzungsgarantie von 500 000 Kilometern hat. Übrigens unterbieten wir zu sechst in einem Auto die COPS des Nahschnellverkehrs deutlich, und deren MIPS allemal!« Die MIPS-Anzeige steht bei knapp über 20

Kilo Naturverbrauch für 100 Kilometer. Ganz schön happig, verglichen mit dem Benzinverbrauch!

Am Eingang des Einkaufszentrums gibt Herr Norac alle leeren Pfandbehälter wie Flaschen, Marmeladengläser, Zahnpastadispenser und Dosen zurück und bekommt auf der Bargeldkarte den entsprechenden Betrag elektronisch gutgeschrieben. Dann lädt Frau Norac an einem Bankautomat die Karte mit zusätzlichem Geld von ihrem Konto auf. »Damit kann ich jetzt auch alle Ausgabegeräte in Betrieb setzen«, erklärt sie. Aha, denke ich, die Plastikkarte aus dem Zeitungsartikel von heute morgen über den bitterbösen Minister. Offenbar hält sich dieses Geschäft an die Vereinbarungen mit der Regierung über Verpackungen. Für die kleinen Waren, die während des Einkaufes im Geschäft aus den Ausgabegeräten besorgt werden, nimmt Julian einen Drahtkorb zur Hand. Für die anderen Sachen nimmt sich Frau Norac einen Einkaufswagen.

»Die Kosten für die Entnahme aus den Ausgabemaschinen werden vom Geld auf der Karte abgezogen. Ohne die Karte bleiben die Maschinen geschlossen. Die restlichen Kosten für meine Einkäufe werden mir, wie früher auch, zum Schluß an der Kasse von der Karte abgezogen.« Das ist ja vielleicht noch sicherer gegen Diebstähle, denke ich mir, als die Zeitung das angedeutet hat. Herr Norac ergänzt: »Mit Hilfe des Streifencodesystems für alle Waren, das es ja für den ursprünglichen Zweck der Preiserkennung schon seit über dreißig Jahren gibt, wird übrigens leicht feststellbar, was wo entnommen wurde. Bei der Schlußabrechnung an der Kasse wird alles noch einmal automatisch überprüft. Mit diesen Informationen wird natürlich auch das Nachfüllen für die Ausgabemaschinen und das Nachbestellen der Waren automatisch veranlaßt, die täglichen Umsätze und die Profite errechnet, wie auch die fälligen Steuern. Fast alles bargeldlos. Nur eine Kasse nimmt auch Schecks und Bargeld.«

Mir schwimmt jetzt doch ein bißchen der Kopf mit dem ganzen automatischen Zeug. Ich bin ganz zufrieden, daß ich das nicht alles wirklich wissen muß – und schon gar nicht verstehen muß.

Wir kommen im Geschäft zunächst an Gemüsen und Früchten vorbei. Alle Preisschilder zeigen neben dem Preis in Mark und Mark pro Kilo das Herkunftsland, alle für die Produktion, Verarbeitung und Frischhaltung zugesetzten Chemikalien, und schließlich »Erosion« in drei verschiedenen Farben: Grün, Gelb und Rot. (Grün bedeutet weniger als 0,5 Tonnen Erosion pro Tonne Produkt; das trifft zum Beispiel für bestimmte deutsche Kartoffeln, für Rotkohl und deutsche Äpfel zu. Gelb bedeutet zwischen 0,5 und 2 Tonnen Erosion pro Tonne Produkt, zum Beispiel bei dicken Bohnen, Rosenkohl, grünen Pflückbohnen oder deutschen Trauben. Rot bedeutet schließlich mehr als 2 Tonnen Erosion pro Tonne Produkt, wie etwa bei Mais, Ackerbohnen oder Winterrüben.) Hauchdünne Plastiktüten können für 10 Pfennige das Stück aus einem Gerät mit der Karte besorgt werden. Frau Norac hat ihre Tüten vom letzten Mal dabei. Wie das früher auch schon üblich war, wiegt sie die Ware selbst und klebt das Schild, welches die Waage abgibt, auf die jeweilige Tüte. Das Schild ist aber nur ein Zehntel so groß wie früher und zeigt einen Streifencode anstelle der früher üblichen Angaben. »Schon wieder ein Faktor 10 an Papier und Leim gespart«, sagt Frau Norac dazu, »und das so ungefähr dreitausendmal an einem Tag, allein in diesem Laden.«

Wir kommen zu den Fleisch- und Wurstwaren. Auch Käse gibt es hier – und zwar so viele Arten, wie früher nur in Frankreich üblich. Die Auszeichnungen sind ähnlich denen, wie wir sie gerade bei den Frischwaren gesehen haben. Nur fehlt hier »Erosion«. Dafür gibt es aber eine Farbskala für »kg Grünfutter verfüttert pro kg Ware«. Grün, so erklärt eine Informationstafel, bedeutet, daß weniger als 2 Kilo Biomasse pro Kilo Fleisch verfüttert werden, etwa bei Huhn, Ente und allen Fischen, die nicht mit Tierresten gefüttert werden; solche Fische sind rot markiert. Rot bedeutet, so wird erklärt, mehr als 5 Kilo Biomasse pro Kilo Fleisch, was zum Beispiel zutrifft für Rind, Ochse, Kalb, Weißwurst und alle Käsesorten von der Kuh.

Endlich stehe ich vor einer »Ausgabemaschine«, und zwar für Saft! Wer wird denn schon Saft stehlen wollen? »Wohl niemand«, meint Herr Norac. »Hier geht es um die Verpackung, nicht um Diebstahl. Der Geschäftsführer hat mir neulich erklärt, daß diese Maschine eine Probezeit durchläuft. Er will herauszufinden, ob sie sich bewährt und ob ähnliche Geräte auch für Milch und andere Flüssigkeiten, die nicht unter Druck stehen, eingesetzt werden können. Jetzt schauen sie mal, was da passiert.« Damit stellt er einen mitgebrachten Korb aus Plastik unter den Trichter des etwa einen Meter hohen Gerätes, welches auf einer Stahlplattform angebracht ist. Der Plastikkorb hat vier halbrunde Ausbuchtungen, als ob man verschieden große Bälle damit transportieren wollte. Die größte Ausbuchtung ist jetzt genau unter dem Trichter. Frau Norac steckt die Plastikkarte ein und wählt 2,40 Liter Milch. Sofort bildet sich aus der Maschine kommend in der Ausbuchtung eine hauchdünne Plastikblase und füllt sich mit Milch. In Sekunden ist die Blase ohne Luft versiegelt, kugelrund, leicht zitternd.

»Die ›Stahlkuh‹ ist mit Kohlendioxyd auf Druck gebracht«, sagt Frau Norac. »Zu Hause paßt der Korb in eine der Kühlkammern. Den Henkel kann man abnehmen. Wir haben kleine Ventile, die man auf die Blase aufkleben kann. Kann man immer wieder verwenden. Weil vom Bauernhof bis zu uns auf den Tisch nie Luft an die Milch herankommt, haben wir auf diese Weise für drei oder vier Tage ganz frische Milch in der Kühlkammer. Außerdem ist sie nicht teurer als die H-Milch, weil die Verpackung 500mal weniger wiegt und die H-Energie, die Hochheizungsenergie, gespart wird. Der Geschäftsführer hier sagt, wenn das System erst einmal voll funktioniert und die Bauern aus der Umgebung sich darauf eingestellt haben, kann die Milch noch billiger werden.«

Wir kommen an Eiern vorbei. Viele werden in offenen Körben angeboten. Die in Kartons sind um 50 Prozent teurer. Ausgezeichnet sind sie in Mark pro Stück und Mark pro zehn Stück. Außerdem sind Herstellungsort und -datum angegeben, sowie »Freiland« oder »Stallung«.

Wir kommen an einer ganzen Reihe von »Ausgabemaschinen« vorbei. Gelinde Enttäuschung macht sich bei mir breit. Die Dinger sehen aus wie die seit vielen Jahren üblichen Verkaufsapparate für Süßwaren in Bahnhöfen. Nur sind sie sehr viel kompakter, sauberer, heller als ihre alten Vettern. Und dabei war ich so gespannt auf etwas ganz Neues.

Man kann tatsächlich einige hundert verschiedene Dinge herausholen – Nägel zum Beispiel in zehn verschiedenen Größen und aus verschiedenen Metallen, Schrauben, Unterlagsscheiben, Scharniere, Griffe, Vorhangzubehör und vieles mehr. Wählen kann man in Mengen von einem bis zu fünfzig Stück.

Daneben steht eine Reihe ähnlicher Geräte für die Abgabe von Büro-, Haus- und Schulmaterial. Nur einige Dinge kann man nicht einzeln haben: Papier, Zahnstocher und Reißbrettstifte zum Beispiel. Die gibt es in dünner Folie zu 50 abgepackt. Streichhölzer sind wie früher verpackt, wahrscheinlich wegen der Reibefläche. Auch für Toilettenartikel gibt es Ausgabegeräte. Da gibt es Zahnpasta, Rasierwasser, Lockenwickler. Nagelfeilen und vieles mehr.

Bei allen Ausgabegeräten sind die einzelnen Waren mit Preisen in Mark pro Stück ausgezeichnet sowie mit dem Ökologische Rucksack (ÖR) in Gramm pro Stück.

Ich probiere die Nagelausgabemaschine aus. Das muß einfach sein. Dazu erbitte ich mir Frau Noracs Karte. Ich stecke sie in die Maschine und wähle die Nummer 321 für 50 mm Holzstifte. Der Preis wird mit 0,02 DM pro Stück angegeben, und der Ökologische Rucksack mit 30 Gramm Pro Stück. Für jeden Nagel (zu 5 Gramm) werden also 30 Gramm feste Natur verbraucht. Mengenmäßig ist das etwa soviel wie eine Hand voll Erde, erklärt eine Informationstafel.

Ich wähle zwei Stück. Sofort taucht an der vorderen Kannte des schräg nach oben führenden Schachtes für die 50 mm Holzstifte ein Nagel auf und fällt über die Kante nach unten. Kurz danach fällt der zweite über die Kante. Dann ist Schluß. Offenbar wird die Stückzahl mittels einer Lichtschranke kontrolliert, durch welche die Sachen in den offenen und auf bequemer Höhe angebrachten Ausgabeteil fallen. Etwas verstohlen krame ich nach meinem Taschentuch. In irgend etwas muß ich die zwei Nägel ja einpacken! Und verlieren will ich meine zwei Hände voll Erde auf keinen Fall. Schließlich sind sie schon bezahlt.

Zu guter Letzt kommen wir noch an Haushaltsgeräten und Sportgeräten vorbei. Alle sind mit Preisen (in DM pro Stück), mit COPS (in DM pro Nutzungseinheit), mit Nutzungsgarantien, MIPS und den Schadstoffen ausgezeichnet, für die es gesetzliche Regelungen gibt. Für zwei verschiedene Waschmaschinen sieht das zum Beispiel so aus wie in Abbildung 29.

Offenbar ist die Waschmaschine A teurer in der Anschaffung und im Gebrauch als das Gerät B. Der ökologische Nutzungspreis, MIPS, ist hingegen bei A deutlich günstiger, der Ökologische Rucksack der Ma-

	Waschmaschine A	Waschmaschine B
Preis	1200 DM	1000 DM
Nutzungsgarantie	2500 Waschgänge	2600 Waschgänge
COPS (ohne Waschmittel)	0,81 DM	0,71 DM
MIPS pro Waschgang mit 5 kg Wäsche	7,6 kg	8,9 kg
Schadstoffe		

Abbildung 29: Beispiel dafür, wie eine erweiterte Auszeichnung von Waschmaschinen aussehen könnte.

schine A ist kleiner, obwohl sich einem Informationsblatt des Herstellers, das auf der einen Maschine liegt, entnehmen läßt, daß die Materialzusammensetzung beider Maschinen die gleiche ist. Schadstoffe sind keine gelistet.

An der Kasse werden alle noch nicht abgerechneten Einkäufe mit der Plastikkarte bezahlt. Frau Norac hatte sich etwas verschätzt und zu wenig Geld von ihrem Bankkonto auf die Karte geladen. Das wird unmittelbar an der Kasse durch Eingabe des Geheimcodes der Noracs korrigiert. Nach der Abrechnung zeigt die Karte einen Stand von Null und ist damit (geld-)wertlos. Es entsteht also kein finanzieller Schaden, wenn sie verlorengehen sollte. Frau Norac erhält eine komplette Abrechnung. Für die »Maschineneinkäufe«, einschließlich meiner zwei Nägel, und für alle anderen Sachen.

Interessiert hatte ich mir das alles an der Kasse mit angesehen und dabei zunächst nicht bemerkt, daß ein freundlicher junger Mann alle Einkäufe sorgfältig in die mitgebrachten Beutel und Körbe verstaut hatte. »Muß noch schnell nebenan zum ›Vom Faß‹, Wein holen«, sagt Herr Norac. »Kommen Sie mal mit, das ist ein ganz interessanter Laden.« Er greift sich eine Dreiliterflasche aus Plastik vom Auto, und wir tigern zu »Vom Faß«. Rund 100 offen angebotene Produkte sind in sehr ansprechender Form um uns in Fässern, Fäßchen und großen Flaschen ausgebreitet. Es gibt Essig- und Speiseölspezialitäten, offene Weine,

Spirituosen und Liköre. Schön, daß es so was noch gibt, denke ich. Herr Norac ist bereits in ein Gespräch über einen neuen Syrah aus der Provence mit dem freundlichen Ladenbesitzer vertieft. Dann füllen die zwei andächtig die mitgebrachte Flasche aus einem Faß mit der Aufschrift »Zweigelt, Ungarn, 1999«. »Raten Sie mal, wann ›Vom Faß‹ hier angefangen hat mit dem Geschäft«, fragt mich Herr Norac. Ich zucke mit den Achseln, denke dabei an den schönen offenen Wein, den es mittags zu dem Spargel gab. Herr Norac stellt mich dem Ladenbesitzer, Herrn Brodell vor. »Herr Brodell ist erst seit drei Jahren im Geschäft. Vorher war er bei einer Bank tätig. Die hat Leute entlassen. Wir kennen uns noch von früher. ›Vom Faß‹ hat Herr Brodell als Franchising-Lizenz erworben.«

Der Ladenbesitzer nutzt die Gelegenheit, mir nicht ohne Stolz ein paar Details zu erzählen: »Der Franchising-Geber heißt Kiderlen und hat die ›Vom Faß AG‹ 1994 in Ravensburg gegründet. Das Unternehmen gehörte schon 1997 zu den dreißig führenden Franchise-Systemen in Deutschland. Bei etwa 120 000 DM Einsatz war der Durchschnittsumsatz 1997 etwa eine halbe Million jährlich.«

Für Herrn Norac ist das nur am Rande wichtig. »Wir holen unsere Sachen hier, weil wir Geld und Verpackung sparen. Und guten Rat gibt's immer umsonst. Mußte Herr Brodell alles lernen, ehe er einsteigen konnte. Läuft wie Butter. Gut für uns, daß die Bank den Franz nicht mehr brauchte. Tschüs, Franz, wir gehen jetzt zur Konkurrenz in den Biergarten.«

Ehe wir in das Auto steigen, nimmt Julian noch eine große Glasflasche – mit vier oder fünf Liter Volumen – zu einer nahen Handpumpe und füllt sie mit wuchtigen Bewegungen des Schwengels. »Hier hat die Stadt eine alte Grundwasserquelle wieder in Betrieb gesetzt«, erklärt Leah. »Das Wasser schmeckt besser als das aus der Leitung zu Hause.«

Am Brunnen ist eine gut lesbare Mitteilung angebracht: »Dieses Wasser ist gutes Trinkwasser aus tiefliegenden Quellen. Es wird laufend vom städtischen Gesundheitsamt auf seine Qualität überprüft. Bitte verschwenden Sie dieses Wasser nicht. Benutzen Sie es nur zum Trinken und Kochen.«

Wir fahren zum nahegelegenen Schloßbiergarten. Die alten Kastanienbäume zeigen schon ihre neue, grüne Pracht. Christopher und Katharina mit ihren Kindern Lorenz, Oskar und Anselm sind bereits da. Sie haben Plätze für uns freigehalten.

Bier gibt es natürlich, gutes frisches Bier vom Faß aus kühlen Glaskrügen, und Apfelsaft für die Kinder, Brezeln, Kartoffelsalat und Leberkäse. Die Kinder ziehen danach los, um die Schwäne und Enten mit trockenem Brot zu füttern. Und Ball wollen sie auch spielen.

Die Unterhaltung ist angeregt. Es geht um die neuen Flüchtlingswellen aus Bangladesch wegen der weiter zunehmenden Küstenüberflutungen und um die immer schlimmer werdende Wasserknappheit um Stuttgart. Beim Thema Finanzreform kriegt Christopher einen richtig roten Kopf. »Es ist doch unglaublich, daß acht Jahre nach der Pleite um Kohl und Lafontaine immer noch nichts Vernünftiges geschehen ist. Hoffentlich machen die in Brüssel bald ernst mit ihrer Drohung, Berlin vor den Kadi zu holen!« Aber auch der neue Film vom alten Woody aus New York wird diskutiert, und der Nachfolger des Smartautos.

Natürlich geht es auch immer wieder um das Wohnen. Christopher mockiert sich darüber, daß im Haus der Noracs immer noch ausschließlich mit 220 Volt Wechselstrom gearbeitet wird. »Wir haben eine vernünftige Stromversorgung bei uns«, sagt er. »Bei uns hat ein intelligenter Physiker an der Planung mitgearbeitet. Für alle Gleichstromgeräte haben wir eine gemeinsame Versorgungsleitung; so ersparen wir uns Dutzende von Transformatoren und Gleichrichtern, die doch alle das gleiche machen, und jeder mit neuem Materialaufwand. Zählen sie einmal nach«, fordert er die anderen am Tisch auf, »wie viele Gleichrichter sie im Hause haben. Sind es zwanzig? Sind es vierzig? Was für ein Aufwand an Natur! Elektronische Geräte brauchen doch fast alle ohnehin Gleichstrom! Nur in der Küche liegt bei uns Drehstrom für den Herd.«

Er macht eine Atempause, und Katharina nimmt die Gelegenheit wahr, die Wogen zu glätten und einen neuen Vorschlag zu machen: »Kommt doch noch auf ein Gläschen zu uns ins neue Holzhaus. Ich finde es da viel heimeliger als in eurer supertechnischen Öko-Zementburg.« Herr Norac findet diese Bemerkung etwas übertrieben, muß aber zustimmen, daß ein Holzhaus jedem Stahl- oder Betongebäude ökologisch deutlich überlegen ist. Alle stimmen der Einladung von Katharina zu. Es ist ja auch schon ein wenig kühl geworden im Biergarten.

Während wir an dem Holztisch saßen, hatte ich gemerkt, daß eines der Bretter los war. Als wir aufbrachen, ging ich zum Wirt und gab ihm meine zwei Nägel. »Der Tisch dahinten muß ein wenig repariert werden. Ich habe Ihnen etwas sehr Wertvolles dafür mitgebracht. Zwei Hände voll Erde. Vergeuden Sie nichts davon.«

Er schaute uns lange nach.

12 Einsichten und Aussichten

Die neuen Wegweiser

Wir haben zusammen einen weiten Weg zurückgelegt in diesem Buch: von den ersten Überlegungen, warum die heutige Umweltpolitik nicht zielführend sein kann, bis hin zu Vorschlägen, wie eine ökologisch und wirtschaftlich zukunftsfähige Dienstleistungsgesellschaft aussehen kann.

Ich wünsche mir, daß dem Leser vor allem eines klargeworden ist bei der Lektüre: Eine soziale Zukunftssicherung wird es ohne Beachtung der ökologischen Leitplanken nicht geben können. Der materiellen Wachstumswirtschaft sind natürliche Grenzen gesetzt. Mehr Arbeit für Menschen als heute kann im Rahmen einer Systemerhaltungsgesellschaft geschaffen werden, nicht aber in einer ressourcenverzehrenden Produktionswirtschaft. Zu viele und immer neue Produktschwemmen helfen weder dem Wohlbefinden der Menschen, noch sind sie ökologisch verkraftbar.

Wenn wir über den Tellerrand unseres eigenen Landes hinweg schauen, wird deutlich, daß eine neue Generation von Kriegen droht, Kriege nämlich zur Verteidigung und Sicherung von Wasser und anderen natürlichen Ressourcen –vor allem aber auch Konflikte um Zugang von Millionen Menschen zu den »reichen« Ländern.

Eine der Grundaussagen dieses Buches ist die Forderung, aus den der Umwelt entnommenen Ressourcen so lange und so viel wie möglich Nutzen zu ziehen. Jeder Material-, jeder Energie- und jeder Flächeneinsatz sollte technisch so gestaltet sein, daß mit möglichst wenig Natur ein Maximum an Dienstleistungen erbracht und damit Wohlstand erzeugt wird. Das scheint eine selbstverständliche Forderung zu sein, doch sie ist es keineswegs, wie die Vergangenheit lehrt. Solange wir Maschinen, Gebäude, Verkehrssysteme und Infrastrukturen mit 90 Prozent Abfall bauen, solange wir weniger als 10 Prozent der nachwachsenden Biomasse zu unserem Nutzen verwenden, haben wir noch ein großes Fenster in eine ökologisch stabile Zukunft – vorausgesetzt natürlich, wir nutzen die Chance. Unsere Produkte müssen ihre ökologischen Rucksäcke loswerden, sie müssen intelligenter werden. Hier liegen die Weltmärkte von morgen!

Zu zeigen, daß wir uns auch ohne Verlust von Lust ganz anders einrichten können auf diesem Planeten, war eine der Triebfedern für mich, dieses Buch zu schreiben.

Während wir uns dem dritten Jahrtausend nähern, verschiebt sich die Nachfrage auf den Weltmärkten weiter in Richtung Dienstleistungen. Diese Entwicklung wird von der wachsenden Erkenntnis unterstützt, daß nicht die Produkte an sich wichtig sind, sondern der Nutzen, den sie bringen, die Aufgaben, die sie erfüllen, und die Bedürfnisse, die sie befriedigen.

Einige Unternehmer machen sich diesen Trend schon heute zunutze. Sie haben längst damit begonnen, ihre Betriebe und ihr Marketing entsprechend umzustrukturieren. Vom Produzenten führt der Weg zum Dienstleister. Hersteller neuer und dauerhafter Produkte werden ihre Waren vermieten und verleasen, sie werden sie selbst aufarbeiten nach dem Motto: Aus alt mach neu. Auch Chemikalien kann man erfolgreich vermieten!

Händler, deren oberstes Interesse heute noch immer der Verkauf möglichst vieler, kurzlebiger Produkte ist, werden sich in (hoffentlich freundlicherer) Dienstbereitschaft zukünftig intensiver um die Beratung der Endnutzer kümmern und für die Instandhaltung der verkauften Produkte einsetzen.

Das MIPS-Konzept hat eine Wirtschaft zum Ziel, die sich der natürlichen Evolution der Ökosphäre so nahe wie nur möglich anpaßt – und dabei alles bereitstellt, was wir vom Leben auf dieser Erde erwarten können. Das erfordert die Dematerialisierung westlicher Wirtschaften um den Faktor 10 und mehr. Weniger als ein Faktor 10 wird weder ausreichen, innerhalb der ökologischen Leitplanken zu wirtschaften, noch gar, den Ärmeren dieser Welt Hoffnung auf eine materiell gesicherte Zukunft zu geben. Zu dieser Zukunft gehören auch ausreichende Ernährung und ärztliche Versorgung.

Noch einmal will ich jedoch darauf hinweisen, daß das betriebswirtschaftliche Ziel der Optimierung des Gewinns durch möglichst großen Absatz von »lean products« (Produkte mit hoher Ressourcenproduktivität) dem ökologischen Ziel der Verlangsamung von Ressourcenströmen aus der Umwelt entgegensteht. In der Geschichte haben technische Effizienzerhöhungen nie zu einer absoluten Abnahme des Naturverbrauches geführt. Man sehe sich nur einmal an, wozu die enormen Verbesserungen der Effizienz von Ottomotoren geführt haben: größer, schneller, öfter! Diese Gewinne haben allerdings dazu beigetragen, die ökologische Katastrophe zu verzögern. Wege müssen gefunden werden, dem Markt die richtigen Signale zu geben, um diesen »Bumerang« künftig vermeiden zu können. Die weiter unten genannten Zertifikate könnten hier einen Lösungsansatz bedeuten.

Wenn durch eine Strategie zwei Parteien gewinnen, die sonst im Konflikt miteinander liegen, nennt man das in den USA eine Win-Win-Strategie. Das MIPS-Konzept ist so eine Strategie – und mehr. Das MIPS-Konzept eröffnet die Chance, aus dem kostenintensiven und subventionierten Umweltschutz von gestern in eine Wirtschaftsweise überzugehen, in der wirtschaftliche Vorteile auch die Erhaltung der Ökosphäre als Basis für menschliches Leben bedeuten. Die Ökopolitik von morgen belastet nicht länger öffentliche Kassen und die Gewinne der Wirtschaft, sondern wird zum integralen Teil der Wirtschaftspolitik. Vom bisher ziemlich inhaltslosen Reden darüber, daß Umweltschutz und Wirtschaftsinteressen doch wohl durchaus nicht verschiedene Ziele seien, kommen wir zu einer marktbedingten Wirtschaftspolitik, welche die Leitplanken der Umwelt ganz selbstverständlich als eine der wesentlichen Stabilitätsbedingungen einbezieht.

Fürwahr eine »Win-Win-Win-Strategie«.

Neue Erkenntnisse

In den westlichen Industrieländern können wir die Effizienz von Produkten und Dienstleistungen durchschnittlich um den Faktor 10 erhöhen oder, anders ausgedrückt, die Wirtschaft im Durchschnitt um den Faktor 10 dematerialisieren – bis zur Mitte des nächsten Jahrhunderts.

In vielen Bereichen erreichen wir vielleicht einen sehr viel höheren Faktor. Allerdings wird es keinem einzelnen Akteur auf dem weiten Feld des Markts leichtfallen, solche Leistungssprünge allein zu vollbringen. Geht man vom einzelnen aus, ist ein Faktor 4 bis 6 wahrscheinlicher; im System läßt sich dagegen ein Faktor 10 erreichen. Wirklich entscheidende Fortschritte bei der Erhöhung der Ressourcenproduktivität wird es denn auch vor allem dann geben, wenn Menschen wieder mehr in Systemen denken lernen und gemeinschaftlich planen und handeln. Von der Wiege bis zurück zur Wiege der Natur reicht die Verantwortung aller Akteure – auch der Konsumenten. Nur derjenige, der seine Dematerialisierungsziele auch bei seinen Lieferanten durchsetzt und allen Kunden anbietet, wird über die Konkurrenz hinauswachsen.

Überraschend mag für manchen Leser sein, daß durch ideenreiche Verhaltensweisen einzelner Menschen oder Interessengemeinschaften Innovationen schneller und wesentlich billiger zur Verbesserung von Ressourcenproduktivitäten führen können als technische Entwicklungen. Das haben wir am Beispiel des Unternehmensberaters aus Köln gezeigt, der sein Ferienhaus verkauft hat und seine Wohnung im Urlaub mit Freunden aus aller Welt tauscht. Das Beispiel, im Hotel das Handtuch drei Tag lang zu benutzen anstatt nur einmal und damit die Ressourcenproduktivität des Bereitstellens eines Handtuches um den Faktor 3 zu erhöhen, sollte uns allen im Gedächtnis bleiben. Solche Entscheidungen schützen nicht nur die Umwelt, sie sparen auch eine Menge Geld.

Technische Innovationen der Zukunft können weit über das hinausgehen, was man sich im Sinne der stetigen Verbesserung bereits vorhandener Lösungen zur Erfüllung von Wünschen vorzustellen vermag.

Es ist zum Beispiel denkbar, daß Zeitungen auf abwaschbaren Plastikfolien gedruckt werden. Bibliotheken der alten Art werden zum Teil durch das Vorhalten von elektronisch gespeicherter Information bereichert. Autokarosserien werden aus faserverstärkten Kunststoffen bestehen, und Zeppeline werden in Indien einen erheblichen Teil des Frachttransportes übernehmen.

So mag es Wirklichkeit werden. Doch diese Beispiele einer technischen

Innovation werden vielleicht gar nicht entscheidend für das Erreichen
der ökologischen Zukunftsfähigkeit sein. Um festzustellen, ob solche
oder andere, vielleicht viel nützlichere technische Innovationen möglich sind oder nicht, muß man die Ressourcenproduktivität von Prozessen und Produktionszyklen messen und berechnen können, systemweit,
von der Wiege bis zurück zur Wiege. Das MIPS-Konzept gibt hierfür
zum ersten Mal ein praktisches Maß – MIPS. Das Ziel, die Wirtschaft
um den Faktor 10 oder mehr zu dematerialisieren, bliebe ohne konkrete
Zahlen nur leere Theorie. Die Berechnungsmethode, wie sie im vorliegenden Buch ausgeführt wird, bildet das Fundament für das Erreichen
dieser Ziele.

Wo sind die treibenden Kräfte für den Faktor 10?

Hersteller und Handel

Aus meiner Sicht sind die Garanten einer zukunftsfähigen Entwicklung
vor allem vorwärtsblickende Unternehmer, Handwerker, kleine und
mittlere Betriebe und sicherlich einige ganz große Firmen. Sie erkennen die Zeichen der Zeit und füllen mit ihren Innovationen Marktnischen. Wer mit weniger Ressourcen mehr Lebensqualität schafft, bietet mehr für weniger Geld, vor allem in Bereichen wie Bauen und Wohnen, Ernährung, Freizeit und Transport.
Die große Mehrheit der Unternehmer muß allerdings erst noch erkennen, daß das MIPS-Konzept etwas ganz anderes ist als die kostenträch-
tige Umweltpolitik von gestern. Kluge Unternehmer werden in der Zukunft Bonn, Berlin und Brüssel veranlassen wollen, das MIPS-Konzept – oder ein vielleicht noch wohlstandsfreundlicheres Konzept zum
Schutz der Ökosphäre – mit zielgerichteten politischen Strategien zu
unterstützen, aus wirtschaftlichen Gründen und um der Zukunft unserer
Enkel und deren Kinder willen.
Tatkräftige Hersteller werden zu Dienstleistungsanbietern, die ihre
Kunden und deren Wünsche noch besser kennen als bisher, und sie
auch ernster nehmen. Mehr und mehr Computer und Haushaltsgeräte

mit Niedervoltanschlußgeräten zu produzieren, die nicht zueinander passen und nicht ausgetauscht werden können, ist, ökologisch und aus wirtschaftlicher Sicht des Verbrauchers, blanker Unfug. Vielleicht wird ein großer Autobauer, der heute schon mit dem mutigen Schritt zum smarten Kleinauto Furore macht, auch endlich ein fahrgastgerechtes, ökologisches Taxi konstruieren. Und schön wäre es auch, wenn Computerhersteller ihre Kunden nach deren Bedürfnissen fragten, bevor sie sechzig Funktionen in den PC einbauen, die kaum einer braucht oder haben möchte. Vielleicht einigen sich Hersteller von Computern und anderen elektronischen Geräten in Zukunft auch darauf, wie man Schalter an den Geräten so anbringt, daß der Nutzer sie auch ohne zwei Kilo schwere Benutzungsanweisungen findet.

Wenn sich heute noch Unternehmer und ganze Unternehmensverbände gegen Steuern auf Umweltressourcen und eine Strategie hin zu mehr Ökoeffizienz wehren, so tun sie damit möglicherweise nicht einmal sich selbst einen Gefallen. Das zeigen zwei Nachrichten, die an ein und demselben Tag nebeneinander im Wirtschaftsteil der Wochenzeitung »Die Zeit« standen (24.10.1997). So hat das Mannheimer »Zentrum für Europäische Wirtschaftsforschung« (ZEW) im Auftrag des baden-württembergischen Umweltministeriums die Auswirkungen verschiedener Ökosteuermodelle auf zehn verschiedene Branchen untersucht. Das Fazit im Originalton, zitiert nach »Die Zeit«: »Die meisten der untersuchten Unternehmen würden tendenziell von einer ökologischen Steuerreform profitieren.« Die zweite Nachricht kommt aus dem Hause der Schweizer Bank Sarasin & Cie. Dort hat man sich zusammen mit dem wirtschaftswissenschaftlichen Zentrum der Universität Basel des Themas »Umwelt und Shareholder Value« angenommen. Die Ergebnisse widersprechen dem weitverbreiteten Vorurteil, Umwelt und das Schielen auf möglichst hohe Aktienkurse schlössen sich gegenseitig aus. Das Gegenteil ist richtig, so die Studie. Ein intelligenter Umweltschutz stärke die sogenannten Werttreiber. Materialarme Technik erhöhe den Unternehmenswert ebenso wie das umsatzsteigernde Vordringen in »grüne« Marktsegmente. Umweltmanagement erleichtere den Zugang zu günstigen Krediten und vermeide »systemische Risiken« wie etwa plötzliche Preisschübe als Folge der Einführung von Ökosteuern. Konfliktpotentiale zwischen Umweltzielen und finanziellen Zielen eines Unternehmens könnten also durchaus gemindert werden, meinen die Autoren der Studie.

Kaufpreise von Sachgütern sagen herzlich wenig über die Kosten ihrer Nutzung aus. Stellen Sie sich vor, sie fragen Ihren Friseur nach dem Preis für einen Haarschnitt, und er erzählt ihnen, wieviel er für seine Geräte bezahlt hat. Das wäre sicherlich wenig hilfreich und würde Sie auch gar nicht interessieren. Sie wollen nicht seine Investitionen kennenlernen, sondern den Preis für eine einzelne Dienstleistung. Genauso verfährt aber Ihr Autohändler, wenn er Ihnen den Preis für ein Auto nennt. Er sagt ihnen etwas über die Höhe einer Investition, ohne Ihnen zu verraten, wieviel Nutzen Sie von dieser Investition haben und was Sie dieser Nutzen kostet. Die Kosten pro Einheit Service, COPS, ist das, was Sie von Ihrem Friseur (für einen Haarschnitt) oder von der Fluggesellschaft (für eine Flugkarte) als Angebot erwarten und selbstverständlich auch bekommen. Warum eigentlich erwarten wir keine Preisangabe in COPS beim Kauf eines Autos (nämlich die Gesamtkosten pro Kilometer Fahrt) oder beim Kauf einer Waschmaschine (die Gesamtkosten pro Waschgang)? Die meisten Kunden müßten es eigentlich satt haben, nach dem Kauf teurer Geräte allein gelassen zu werden, die Benutzungskosten des Kühlschranks oder der Waschmaschine nicht zu kennen und die technischen Details nicht verstehen zu können. Und niemand ist da, der das Gerät bei einem Defekt zu einem vernünftigen Preis repariert. Das alles kann man auch ganz anders organisieren – im Rahmen einer Marktwirtschaft!

Der Endnutzer

Der Kunde oder Endnutzer trägt eine große Verantwortung für die Zukunftssicherung, stehen ihm doch viele Möglichkeiten offen, die Dinge, die ihm gehören oder die er mietet oder least möglichst lange und intensiv zu nutzen und zu pflegen. Ihm entstehen dadurch, daß er nicht ständig etwas Neues kauft, keine Verluste, sondern er profitiert davon. Es geht um die kluge Vermehrung des Wohlbefindens bei geringen Kosten, wie folgende Geschichte zeigt:

Herr Kunst, ein mittlerer Beamter, ist vor kurzer Zeit von Bonn in die alte Hauptstadt gezogen. Er besaß zu dem Zeitpunkt ein Auto. Jetzt benutzt er für seinen Weg zur Arbeit die S-Bahn und spart auf diese Weise eine Stunde Zeit pro Tag. Bevor er morgens seinen Dienst beginnt, ist er schon voll und ganz über die neuen Ereignisse informiert, denn die Zeitung liest er in der S-Bahn. Er kommt mit guter Laune ins Büro, denn Parkplatzsorgen hat er keine mehr.

Da er nicht ganz auf seinen Wagen verzichten wollte, ist er einem Stattauto-Ring beigetreten, damit er am Wochenende mit der Familie ins Grüne oder auch mal in die Ferien fahren kann. Er hat sein Auto nämlich an diesen Ring verkauft. Eingekauft wird jetzt um die Ecke und einmal die Woche mit dem Taxi oder mit dem Kombi vom Ring. Er genießt den zusätzlichen Vorteil, auch mal einen Kleinbus billig benutzen zu können, zum Beispiel wenn die Großeltern zu Besuch sind oder der Schrank vom Trödel bei Zille nach Hause gebracht werden muß.

Herr Kunst spart mit dieser Entscheidung nicht nur mehr als fünf Prozent seines Nettoeinkommens, er hat auch, wenn sein Auto jetzt nur doppelt so intensiv genutzt wird wie vorher, die Nutzungsproduktivität seines Autos verdoppelt –mit einer einzigen Entscheidung und in ganz kurzer Zeit. Das wäre auf dem Wege der technischen Produktivitätsverbesserung nicht möglich gewesen.

Endnutzer, und auch die anderen Marktbeteiligten, brauchen verläßliche Informationen über den ökologischen Preis von Produkten, sonst können sie sich nicht marktgerecht verhalten. Das MIPS-Konzept macht es möglich. Und Konsumenten werden lernen wollen, als *Prosumenten* beratend auf die Weiterentwicklung von Dienstleistungserfüllungsmaschinen Einfluß zu nehmen, Herstellern klarzumachen, was sie sich wünschen und brauchen.

Der Staat

Der Staat, die öffentliche Hand, wird eine entscheidende Rolle spielen auf dem Wege in die Nachhaltigkeit; dies vor allem in den drei Bereichen Einkauf, Handelspolitik und Wirtschaftshilfepolitik im allgemeinen.

Die öffentliche Hand verbraucht in Deutschland fast zwanzig Prozent des Materials. Sie hat also eine sehr starke Position als Verbraucher, die sie dazu nutzen kann, Einfluß auf die Herstellung zu nehmen und die Dematerialisierung voranzutreiben. Diese Macht kann sehr schnell Wirkung zeigen. Dies gilt für den Verbrauch von Klopapier ebenso wie für Büroeinrichtungen, Waffen, Straßen und bei der Finanzierung von Bauvorhaben.

Zum zweiten ist der Staat für außenpolitische Beziehungen und Verträge verantwortlich. Neue Initiativen sind längst überfällig zur Frage der Grenzen nationaler Souveränität mit Blick auf die unwiederbringliche Ressourcenbasis Erde, die jeden Mißbrauch zum Schaden aller Menschen ahndet, Es gibt keine nationale Ökosphäre, auch für große Staaten wie die USA oder Rußland.

In dieses Bild paßt auch die herkömmliche finanzielle und technische Unterstützung von Entwicklungsländern nicht mehr. Ihnen weiterhin hergebrachte Technik zu verkaufen, ist doppelt verkehrt. Einmal überbeansprucht sie die Natur. Zum anderen aber lenkt sie die gesamte Entwicklung dieser Länder in die falsche Richtung. Begierden zu wecken, die vernünftigerweise innerhalb ökologischer Leitplanken nicht erfüllt werden können, kann nicht hilfreich sein.

Sollte die Zahl der Pkw pro Kopf in China je die der Vereinigten Staaten erreichen und sollte das Land dabei ähnlich großzügige Autos und Straßen besitzen wollen, so müßten etwa 20 Prozent des Ackerlandes für die Verkehrsinfrastruktur aufgegeben werden. Und wenn die Chinesen dann auch noch auf klimatisierte Autos Wert legten, so würde dies etwa 50 Milliarden Liter Benzin im Jahr zusätzlich kosten. Am Montag, den 6. Oktober 1997 meldete die Financial Times, daß der Weltverbrauch von Stahl (Ökologischer Rucksack zwischen 3,4 und 7, je nach Stahlart) 1997 um 4,5 Prozent ansteigen wird. Am selben Tag vermeldete sie auch, daß China ab dem Jahre 2000 jährlich 100 Millionen Tonnen Eisenerz wird einführen müssen und zusätzlich eine Million Tonnen Kupfer (Ökologischer Rucksack 500!). Ein chinesischer Entscheidungsträger rechnete mir kürzlich in Beijing vor, daß der Konsum von einem Liter Bier pro Einwohner in China pro Tag mehr als die gesamte Weltgerstenproduktion verschlucken würde. Er erwähnte dies, um mir die großen Sorgen der Regierung klarzumachen, den materiellen Zuwachs nach westlichen Maßstäben überhaupt abdecken zu können. Kein Wunder, daß er am Faktor-10-Konzept Interesse fand.

Die existierenden internationalen Handelsabkommen sind für das Ziel Nachhaltigkeit nicht hilfreich. Noch immer wird dem freien Handel Vorrang eingeräumt vor der gemeinsamen Verantwortung für eine stabile Ökosphäre. Die fast hilflosen und vergeblichen Versuche in Tokio im Dezember 1997, sich international auf eine Absenkung des CO_2-Ausstoßes der Industrieländer um 20 Prozent gegenüber 1995 zu einigen, lassen vermuten, daß sich die Völkergemeinschaft insgesamt in absehbarer Zeit nicht darauf verständigen können wird, den Ressourcenverbrauch um einen Faktor 10 zu senken. Deutschland und Europa werden deshalb darüber nachdenken müssen, wirksame und ressourcenverbrauchsabhängige Einfuhrbegrenzungen einzuführen, um die zukunftsfähige Gestaltung der Wirtschaft auf den Weg zu bringen. Wie wir bereits im Kapitel »Kosten, Preise, Produktivität« gesehen haben, können mit Hilfe des MIPS-Konzeptes die spezifische Ressourcenintensität von Produkten in Form von ökologischen Rucksäcken oder MIPS errechnet und damit auch Grenzausgleichsmechanismen (Zölle) festgesetzt werden. Dies ist kein einfaches, aber ein lösbares Problem.

Besonders bedeutsam ist schließlich die Rolle des Gesetzgebers bei der Gestaltung von Rahmenbedingungen für wirtschafts-, finanz- und umweltpolitisches Handeln. Es wäre allerdings falsch zu glauben, staatliche Maßnahmen allein könnten in naher Zukunft – in fünf bis zehn Jahren – zu deutlichen Veränderungen führen. Das staatliche Handeln darf deshalb jedoch nicht verzögert werden, denn die Wirtschaft braucht verläßliche Richtlinien, um ihren Ideenreichtum und ihre Kraft auf das Ziel einer ökologischen Dienstleistungsgesellschaft hin voll zu entfalten.

Welche staatlichen Signale aber sollten da gesetzt werden? Hier folgen einige Überlegungen, die aus unserer Arbeit am Wuppertal Institut erwachsen sind. Vor allem der Wirtschaftswissenschaftler Friedrich Hinterberger und seine Mitarbeiter haben zu ihrer Erarbeitung sehr viel beigetragen. Hinterbergers Habilitationsschrift wird viel mehr ins Detail gehen, als ich es hier in notwendig konzentrierter Weise tun kann.

Eine der wesentlichen Forderungen des MIPS-Konzeptes ist, zur Stabilisierung der Ökosphäre die Bewegung und Entnahme von natürlichen Rohstoffen so weit wie möglich einzuschränken – unter der Voraussetzung akzeptabler Versorgung der Menschen mit qualitativ hochwertigen Dienstleistungen, hinreichender Existenzsicherung und im Rahmen marktwirtschaftlicher Bedingungen. Hierfür wäre die Ausgabe von »Gutscheinen für den Umweltverbrauch« in Form von Zertifikaten nützlich.

MI-Zertifikate (MIZ) werden staatlicherseits für die jeweils maximal erwünschte Jahresmenge bestimmter Ressourcen in Tonnen ausgestellt, die im Lande gewonnen oder eingeführt werden können. Dies könnte zum Beispiel Sand, Kalkstein, gepflügte Erde, Holz, Fische, Öl, Erdgas, Kohle und Frischwasser betreffen. Alle Zertifikate berücksichtigen die entstehenden Rucksäcke, sofern sie erheblich sein können, einschließlich Naturverbrauch für Transport.

Die Einführung von solchen Zertifikaten zur Materialintensität (MI) wird dazu führen, daß die Marktpreise von Gütern die zu ihrer Herstellung gebrauchten Rohstoffmengen widerspiegeln. Es bestünde also für alle Marktakteure ein finanzieller Anreiz, mit weniger Ressourcen mehr Wohlstand zu schaffen. MIZ werden jährlich an alle Bürger verteilt, zum Beispiel verlost oder versteigert. Wer Rohmaterial bewegen und vorhalten will, besorgt sich die entsprechende Anzahl von Zertifikaten auf dem Markt und reicht diese zur Berechtigung der Rohstoffgewinnung ein, zum Beispiel beim Finanz- oder Bergamt. Dies werden weitgehend solche Unternehmer sein, die am Beginn der Wertschöpfungskette stehen. Das betrifft verhältnismäßig wenige Branchen, was die Kontrolle vereinfachen würde.

Von Endnutzern gepflückte Äpfel, abgeschnittenes Gras und eigenes Brunnenwasser könnten einer Geringfügigkeitsklausel unterliegen. Wer mehr MI bewegen will, als er hierfür MIZ besitzt, muß sich zusätzliche MIZ besorgen, im allgemeinen wohl kaufen. Wer zuviel hat, verkauft sie meistbietend.

Im zweiten Jahr werden dann – dem Ziele des Faktors 10 entsprechend – etwa drei bis fünf Prozent weniger MIZ (Tonnen) ausgegeben. Bei allen Marktteilnehmern entstünde hierdurch ein erhöhter Anreiz, mit noch weniger Ressourcen auszukommen. Hersteller werden als Folge hiervon versuchen, dem steigenden Preisdruck durch Recycling und durch »Low-MIPS«-Innovationen auszuweichen. Endnutzer werden mehr Sinn darin erkennen, vorhandene Geräte, Produkte, Fahrzeuge und Gebäude länger zu benutzen, als sonst vielleicht der Fall wäre, und sie besser zu pflegen und instand zu halten. Reparaturen würden sich wieder eher lohnen. Die durchschnittliche Ressourcenproduktivität stiege an.

In den folgenden Jahren geht das MIZ-Spiel weiter, mit immer begrenzteren Mengen von Zertifikaten.

Ein funktionierendes MIZ-System erfordert, daß für die betroffenen Ressourcenbewegungen oder -entnahmen Zertifikate abgegeben werden. Das setzt Kontrollen voraus. Fernerkundung entsprechender Aktivitäten an der Erdoberfläche und existierende Kontrollsysteme in Land- und Forstwirtschaft sowie im Bergbau dürften hierfür ausreichen.

Ein zweites staatliches Signal könnten Material-Input-Steuern (MIT, T für taxes) sein. Auch sie sollten dazu führen, daß die Materialintensität MI sich in den Preisrelationen auf dem Markt niederschlägt.

Mehrwertsteuern werden häufig nach dem »Bestimmungslandprinzip« erhoben, was bedeutet, daß Exporteure zwar im Ursprungsland die auf den exportierten Produkten liegende Steuer erstattet bekommen, im Importland aber die dort gültigen Steuersätze bezahlen müssen. Dieses Verfahren wurde von GATT ausdrücklich anerkannt. Man könnte also den Mehrwertsteuermechanismus auch für ökologische Zwecke nutzen, indem für jedes Produkt offen die zu zahlende Ökosteuer ausgewiesen wird, womit ressourcensparend hergestellte Produkte einen sichtbaren Wettbewerbsvorteil hätten. Dieses Verfahren hätte den Vorteil, daß auch eine deutliche Ressourcenbesteuerung nicht zu Wettbewerbsvorteilen für ausländische Anbieter führen würde.

Im Unterschied zu MIZ, die ja in Tonnen ausgestellt und der Preisfindung auf dem Markt überlassen werden, würde bei MIT die Besteuerung in DM oder Euro pro Tonne Ressource vorher festgelegt. Hier besteht also das Problem der Festsetzung eines angemessenen Steuersatzes in DM pro Tonne, um die Dematerialisierung im angestrebten

Ausmaß zu erreichen. Dies ist natürlich ein etwas riskantes Unternehmen, kann aber bei gutem Willen aller Betroffenen ebenso erreicht werden wie die Besteuerung von Energiemengen. Ich weise in diesem Zusammenhang noch einmal darauf hin, daß die Ressourcenproduktivität von Elektrizität erheblich vom Stromgewinnungsverfahren abhängt (siehe Kapitel »MAIA, Rucksäcke und Erosion«), entsprechende Energiesteuern also diesen Umstand berücksichtigen sollten.

Zusätzliche staatliche Maßnahmen wären zumindest für eine gewisse Übergangszeit von der Wegwerf- zur Nutzengesellschaft sinnvoll. Dazu gehören Kennzeichnungen von Waren mit ihren jeweiligen ökologischen Rucksäcken. Außerdem könnte für dienstleistungsfähige Produkte eine Nutzungsgarantie (die Zahl der garantierten Nutzungseinheiten) vorgeschrieben werden, um dem Nutzer zu gestatten, verläßliche MIPS-Vergleiche anstellen zu können. Aber dafür sorgen die Anbieter künftig möglicherweise schon aus eigenem Interesse, um den Abnehmern zum Beispiel klarzumachen, daß ein teureres Produkt sich durch Langlebigkeit bezahlt macht. Nutzungsgarantien, gestützt auf produktbegleitende Informationssysteme zum Schutz vor dem Mißbrauch der Produkte, wären damit ein Kaufanreiz für den Kunden.

Der Staat sollte auch ohne zu zögern damit beginnen, Subventionen massiv abzubauen – zumindest die ökologisch destruktiven Subventionen.

Eine ökologisch inspirierte Industriepolitik, also die gezielte Förderung der Entwicklung technischer Lösungen für die Einsparung von natürlichen Rohmaterialien, kann für eine festgelegte Übergangszeit hilfreich sein. Hierzu zählen der erleichterte Zugang zu Startkapital für junge Unternehmer sowie gezielte Mittel für Forschung und Entwicklung. Nicht angebracht hingegen ist eine wie auch immer geartete gesetzliche Festlegung von Zielwerten oder gar technischen Details in einzelnen Produkten oder Produktbereichen.

Messen und Design-Preisausschreiben zur Förderung der Dematerialisierung können erheblich zur Verbreitung des Wissens um die ökologische Bedeutung der Ressourcenproduktivität beitragen. Dies zeigen auch die Erfahrungen mit dem Staatspreis für Öko-Design in Österreich.

Letztlich werden wir wohl nur mit einer Mischung verschiedener staatlicher Mittel den Weg ebnen können, der zu einer zukunftsfähigen Symbiose zwischen Wirtschaft und Ökosphäre führen wird.

Der Appell des Faktor-10-Clubs von 1997 an die Chefetagen in Regierungen und in der Wirtschaft

Im April 1997 hat der internationale Faktor-10-Club einen dringenden Appell an Führungspersönlichkeiten in allen Ländern erlassen. Ich gebe diesen Text hier wieder, weil er die wesentlichen Aussagen dieses Buches zusammenfaßt und weil mir seine Prägnanz und Geschlossenheit geeignet scheint, dem Leser dieses Buches noch einmal eindringlich vor Augen zu führen, was die Zukunftsfähigkeit uns abfordert – und welche Chancen wir haben, dorthin zu gelangen.

Dieser Appell wurde von einer Reihe herausragender Persönlichkeiten zum ernsthaften Studium empfohlen. Hierzu gehören: Präsident Nelson Mandela; Gro Harlem Brundtland, ehemalige Ministerpräsidentin von Norwegen und Vorsitzende der Brundtland-Kommission; Maurice Strong, Exekutivkoordinator für UN-Reformen; die Minister Anna Lindh (Schweden), Martin Bartenstein (Österreich), Klaus Töpfer (Deutschland) und Mishiko Ishii (Japan); Rumen Gechev, Vorsitzender der UN-Kommission für Nachhaltigkeit, Unguruh Park, Präsident des Samsung-Instituts für Wirtschaftsforschung; Stephan Schmidheiny, Vorsitzender der Unotec Holding und Gründungspräsident des Business Council for Sustainable Development; Tadahiro Sekimoto, Vorstandsvorsitzender von NEC; und Emil Salim, Präsident der Indonesischen Stiftung für Artenvielfalt und ehemaliger Umweltminister.

Der Text des Appells:

Nationen können innerhalb einer Generation eine zehnfache Effizienzsteigerung beim Einsatz von Energie, Ressourcen und anderen Materialien meistern. Der Faktor-10-Club – eine ursprünglich aus dem Wuppertal Institut in Deutschland hervorgegangene internationale

Gruppe hochrangiger Persönlichkeiten aus Regierung, Bürgervereinigungen, aus der Industrie und Wissenschaft – glaubt, daß ein solches Ziel nunmehr technisch erreichbar ist und mit Hilfe entsprechender institutioneller und politischer Anpassungen auch in die Reichweite von Politik und Wirtschaft gebracht werden kann. Im Laufe dieses Prozesses sollte es gelingen, die Wettbewerbsfähigkeit von Betrieben anhaltend zu verbessern, eine bessere Beschäftigungslage zu erreichen sowie mehr Reichtum zu schaffen und ihn gerechter zu verteilen.

Ein Sprung dieser Größenordnung in Energie- und Ressourcenproduktivität würde die Basis für das Zustandekommen sozialer, wirtschaftlicher und ökologischer Zukunftsfähigkeit stärken. Damit wäre auch die Chance gegeben, die gesamten Ressourcenflüsse aus der Umwelt zu verkleinern.

Dies alles ist jedoch keine einfache Aufgabe. Maßnahmen an vielen Fronten wären erforderlich, und mutige neue Verpflichtungen müßten von internationalen Organisationen, von Regierungen, von der Industrie und der Gesellschaft eingegangen werden. Allerdings würden sie hierbei von einer Reihe bereits vorhandener Trends Unterstützung erfahren.

Hierzu zählt insbesondere der Umstand, daß, während wir uns dem neuen Jahrtausend nähern, schon einige Veränderungen begonnen haben. So haben im Laufe der letzten Jahrzehnte bereits wirtschaftliche und technische Entwicklungen zu einer Reduktion des Energiebedarfes pro Produktionseinheit sowie zur Verringerung der Nachfrage nach einigen Materialien geführt. Ebenso wurde das Wachstum von seinen Auswirkungen auf die Umwelt abgekoppelt. In der Tat befinden wir uns im Übergang zu einer neuen Ökonomie, die effizienter und potentiell zukunftsfähiger ist. Sie ist durch Menschen gekennzeichnet, die in der Lage sind, mehr Güter, mehr Beschäftigung und mehr Einkommen mit weniger Energie und Ressourcen für jede geschaffene Produktionseinheit zu schaffen. Diese neue Ökonomie ist das Ergebnis einer komplexen Kombination von Faktoren, die durch neue Techniken und Veränderungen der historischen Beziehungen zwischen Kapital, Arbeit, und Ressourcen – vor allem Energie – bestimmt wird. Besonders deutlich wird dies in Marktwirtschaften, die für Veränderungen offen sind.

Diese neue Ökonomie wird von der Weltindustrie angeführt und verändert sie gleichzeitig.

Diese Entwicklung wird noch dadurch verstärkt, daß sich die Nachfragestruktur unaufhörlich in Richtung Dienstleistungen bewegt. In Industrieländern ist der Anteil der Produktion an den Gestehungskosten bereits auf 20 bis 25 Prozent gesunken. Auch hier wird der Trend von fortschrittlichen Firmen angeführt.

Diese Trends sind in einigen Ländern stärker ausgeprägt als in anderen. Bedauerlich ist, daß ihre Folgen noch immer nicht allgemein verstanden werden. Ungeachtet aller Tatsachen gehen z.B. die meisten Regierungen, Vereinigungen und Wähler weiterhin davon aus, daß eine Wirtschaft dann gesund ist, wenn Energie-, Material- und Ressourcenverbrauch ansteigen, um mehr Güter, Arbeitsplätze und Einkommen zu schaffen. Diese Annahme ist ein Überbleibsel der Massenwirtschaft einer zu Ende gehenden Epoche, in der Wachstum gekennzeichnet war durch stete Expansion der Energiebereitstellung, der Ausbeutung von Ressourcen und der Umweltzerstörung. Obwohl diese Annahmen inzwischen längst der Vergangenheit angehören, dominieren sie nach wie vor die Finanz-, Energie-, Land- und Forstwirtschaftspolitik sowie weitere Bereiche. Dies hat eine Verlangsamung, teilweise sogar eine Verhinderung der Entwicklung hin zu einer neuen, effizienten und zukunftsfähigen Wirtschaft zur Folge.

Diese irrigen Annahmen dominieren aber auch die Umweltpolitik, die sich unverändert auf die Ausgangsseite der Wirtschaft konzentriert, anstatt auf das gesamte System. Eher werden End-of-pipe-Lösungen und Ressourcenverarbeitung oder -recycling gefördert, als daß über Produktivitätssteigerungen nachgedacht wird. Dies führt zu einer ständigen Zunahme der Umweltschutzkosten.

Umweltschäden entstehen nicht nur durch Umweltverschmutzung, sondern auch durch die Prozesse beim Abbau von Ressourcen. Tatsächlich überwiegt sogar die Bedeutung der Ressourcenentnahme und -bewegung, da alle von der Wirtschaft benötigten Materialien früher oder später zu Emissionen oder Abfällen werden. Die Senkung von Umweltschutzausgaben erfordert deshalb sowohl eine Reduzierung der Emissionen als auch der Ausbeutung natürlicher Ressourcen.

Die Industrie hat sich seit langem gewünscht, den zunehmenden Belastungen durch End-of-pipe-Umweltschutz zu entgehen, und gewisse fortschrittliche Unternehmen waren dabei auch erfolgreich. Durch den Druck steigender Energie-, Material- und Kapitalkosten während der siebziger und achtziger Jahre wurden leichtere, dauerhaftere und weniger material- und energieintensive Produkte eingeführt. Ferner wurden Produktionsprozesse so umgestaltet, daß weniger Kapital erforderlich war und Nebenprodukte im Produktionsprozeß profitabel wieder- oder weitergenutzt werden konnten. Durch systemweite Investitionen in Energie- und Ressourceneinsparung sowie Verbesserungen der Umwelteffizienz konnte gezeigt werden, daß sich ökointelligentes Design von Gütern und Dienstleistungen auszahlt und zu neuer Beschäftigung, neuen Märkten und zu neuen Profitbereichen führt.

Untersuchungen zeigen, daß ökologische Vorteile dieser »Dematerialisierung« der Wirtschaft bei der »Wiege« des Produktionszyklus ihren Anfang nehmen. Dies wirkt sich in geringeren Abbaumengen und -abfällen, einer Reduzierung von Wasserverbrauch und -belastung sowie einem Rückgang von Emissionen, Entwaldung und Erosion aus.

Leider blockieren althergebrachte und heute noch immer dominierende Formen der Umwelt-, Fiskal- und Ressourcenpolitik weiterhin die Entwicklung zu dieser neuen Energie- und Ressourceneffizienz und somit zur dematerialisierten Wirtschaft. Diese Situation muß sich unbedingt ändern!

Ein steigendes Konsumniveau der Reichen und eine Verdopplung der Weltbevölkerung in den nächsten vierzig bis fünfzig Jahren erfordern eine Steigerung der Nahrungsproduktion um den Faktor 4, eine Erhöhung des Energiebedarfs um den Faktor 6 und eine Steigerung des Einkommens um den Faktor 8 oder mehr. Wenn dies erreicht werden soll, ohne unseren Planeten über kritische Werte – die wir gerade erst langsam zu verstehen beginnen – hinaus zu belasten, müssen die Regierungen eine Politik unterstützen, die Industrie und Gesellschaft anhält, immer größere Fortschritte in der Energie- und Ressourcenproduktivität und der Dematerialisierung zu erreichen. Ferner muß sichergestellt sein, daß diese Fortschritte nicht durch »Bumerangeffekte« vernichtet werden. Die Erfahrung hat nämlich gezeigt, daß mit stabilen oder fallenden Preisen Effizienzerfolge leicht durch ein höheres Konsumniveau wettgemacht werden.

Die Zukunftsfähigkeit – Sustainability – erweist sich als Schlüsselkomponente jedes Paradigmawechsels auf dem Weg ins nächste Jahrtausend. Zukunftsfähigkeit erfordert eine neue Wertschätzung der Natur und eine neuartige Bewertung der Inputmengen für wirtschaftliche Entwicklungen – insbesondere für Energie, Rohstoffe, Chemikalien und andere materielle Inputs. Sie erfordert, daß Umwelt und Entwicklung wechselseitig unterstützend gestaltet werden, und zwar bereits an der Eingangsseite der Wirtschaftszyklen, also eben nicht erst an der Schwanzspitze, wenn Gesellschaft und Wirtschaft bereits die Schadkosten für eine nicht zukunftsfähige Entwicklung verursacht haben.

Das Ziel kurzfristig wachsenden Wohlstandes wurde schon zu oft verfolgt, ohne die langfristigen Konsequenzen für Umwelt und Wirtschaft zu beachten. Dadurch, daß 20 Prozent der Weltbevölkerung 80 Prozent der weltweiten Ressourcen verbrauchen, wurden die Unterschiede zwischen Arm und Reich sowohl innerhalb einzelner Länder als auch zwischen den Nationen verstärkt. Dieses Gefälle hat auch die Schwierigkeiten vervielfacht, die einem kooperativen Risikomanagement für unsere gemeinsame Zukunft entgegenstehen. Zukunftsfähigkeit erfordert eine sorgfältige Balance zwischen lang- und kurzfristigen Zielen und eine Betonung auf Effizienz, Gleichheit und Lebensqualität.

Wird dieser Weg eingeschlagen, so können wir uns auch weiterhin eines hohen Lebensstandards erfreuen und diesen auch der sich entwickelnden Welt eröffnen. Wir können eine Wirtschaft schaffen, die sehr viel schonender mit der Ökosphäre umgeht. Und wir können eine Erde erhalten, auf der zu leben sich lohnt.

Damit dieses Ziel erreicht werden kann, rufen wir Regierungen, die Industrie sowie internationale und Nichtregierungsorganisationen auf, den Faktor 10 als strategisches Ziel für die Steigerung der Energie- und Ressourcenproduktivität zu übernehmen.

Einige Regierungen sowie internationale und Wirtschaftskörperschaften haben bereits damit begonnen, sich in diese Richtung zu bewegen. Österreich und die Niederlande zum Beispiel haben dieses strategische Ziel 1995 übernommen. In Deutschland wurde eine Enquêtekommission des Bundestags über Stoffströme eingesetzt, um die Basis für weitere politische Maßnahmen zu schaffen. Der »Business Council for Sustainable Development« und das »United Nations Environment Program – Industrie- und Umweltbüro« setzten sich 1995 gemeinsam für eine Erhöhung der Ökoeffizienz um den Faktor 20 ein. Das Umweltministerium in Wien bereitet zusammen mit dem jüngst gegründeten Faktor-10-Institut eine landesweite Informationskampagne vor, um kleine und mittelständische Betriebe beim Design ökointelligenter Produkte zu unterstützen. Die kanadische Regierung hat einen Kommissar für Umwelt und Sustainable Development ernannt, der Regierungspolitik und -programme daraufhin überprüft und dem Parlament jährlich Bericht erstattet. Die OECD überprüft, ob der Faktor 10 eine mögliche Stoßrichtung sein kann. Der Rat für Sustainable Development des Präsidenten der Vereinigten Staaten von Amerika hat Interesse am Faktor 10 und an Ökoeffizienz bekundet.

Wir rufen die Regierungen weiterhin auf, Maßnahmen zu modifizieren, die derzeit noch Fortschritte in Richtung Zukunftsfähigkeit behindern, und Anstrengungen der Industrie und von Einrichtungen der Wissenschaft und Technik in diese Richtung zu erleichtern, anstatt sie zu erschweren. Wir rufen Industrie und Nichtregierungsorganisationen auf, diese Veränderungen politisch zu unterstützen.

Mit Hilfe vorwiegend durch Marktkräfte vorangetriebener Technik wurde bereits eine graduelle Reduktion der Energie- und Materialintensität des Wachstums erreicht. Aber unsere öffentlichen und privaten Institutionen bleiben weit hinter den Möglichkeiten zurück. Eine Vielzahl wesentlicher Änderungen ist erforderlich.

Am wichtigsten hierbei ist, die Signale und Anreize, die Menschen und Gewerbe vom Markt erhalten, mit den ökonomischen und ökologischen Tatsachen in Einklang zu bringen. In der Marktwirtschaft ist das wichtigste und vorherrschende Signal der Preis.

Heutzutage sind die meisten Energie- und Rohstoffpreise verzerrt – teilweise sogar stark verzerrt – durch Interventionen der Regierungen in die Märkte. Steuern und fiskalische Anreize, Preisbindungs- und Marktpolitik, Wechselkurse und Handelsbeschränkungen beeinflussen ausnahmslos die Energie- und Ressourcenintensität des Wachstums und das Ausmaß, in dem das Wachstum ökologische Kapitalreserven steigert oder senkt. Dasselbe gilt für einige Bereiche der Politik. Energiesubventionen führen in der Regel dazu, daß fossile Brennstoffe und Kernenergie gefördert und Effizienztechniken, Biomasse und erneuerbare Energien benachteiligt werden. Steuerliche Erleichterungen für Rodung, Ansiedlung und Bewirtschaftung beschleunigen Entwaldung, Artensterben und Boden- sowie Wasserverschmutzung. Die Subvention von Pestiziden führt zu deren exzessivem Gebrauch und beeinträchtigt damit die menschliche Gesundheit, fördert die Gewässerverschmutzung und erhöht die Anzahl pestizidresistenter Arten. Subventionen für die Erschließung und Benutzung von Wasserressourcen können zu Übernutzung durch Bewässerung sowie in Industrie und Städten führen.

Diese Subventionen sind eine riesige Last für die öffentlichen Haushalte. Einige neuere Studien beziffern ihren Wert mit Größenordnungen von 1500 Milliarden Dollar jährlich. Dies ist etwa so viel, wie die Regierungen auf dem Höhepunkt des kalten Krieges für die Rüstung ausgegeben haben. Diese Subventionen lenken die Umwelt- und Ressourcenintensität des Wachstums in die falsche Richtung. Sie ermutigen in aktiver – wenn auch unbeabsichtigter – Weise zu öffentlichen und privaten Entscheidungen, die zu nicht nachhaltigen Entwicklungen führen. Sie sind oftmals gleichzeitig ökonomisch verkehrt, wettbewerbsverzerrend und ökologisch destruktiv.

Eine Reform dieser perversen Anreize wird auch die wesentliche Ursache für Preisverzerrungen zurückdrängen, die sich gleichzeitig gegen die Umwelt wie gegen die Wirtschaft auswirken. Aber auch eine derartige Reform würde an der grundsätzlichen Schieflage nichts ändern. Um diese zu korrigieren, müssen Regierungen wirksame Maßnahmen zur Internalisierung der Umweltkosten von Produkten, Prozessen und Dienstleistungen ergreifen.

Einige Experten haben vorgeschlagen, Regierungen sollten schrittweise die Art und Weise verändern, wie sie ihre Aufgaben finanzieren. Wir besteuern heute offensichtlich die falschen Dinge. Wir sollten steuerliche Belastungen von Einkommen, Ersparnissen und von solchen Investitionen, die Arbeitsplätze schaffen, schrittweise reduzieren und sie dafür entsprechend auf Energie, Ressourcenausbeutung und -nutzung, Verschmutzung und Produkte mit negativer ökologischer Auswirkung umschichten. Der Wechsel könnte langsam, einkommensneutral und so gestaltet werden, daß keine zusätzlichen Belastungen der ärmeren Teile der Bevölkerung entstehen. Dies könnte ökologisch positive Auswirkungen auf Konsummuster sowie auf die Kostenstruktur der Industrie haben, ohne die Steuerlast insgesamt zu erhöhen.

Regierungen könnten durch dieser Reformen Marktkräfte zur Unterstützung einer zügigen Einführung der neuen energie- und ressorceneffizenten Wirtschaft freisetzen. Dadurch würde auch der Erlaß- und Kontrollaufwand des End-of-pipe-Umweltschutzes reduziert. Hinzu kommt, daß die öffentlichen Haushalte erheblich entlastet würden.

In Zusammenarbeit mit der Industrie sollten Regierungen beim Erschließen neuer Märkte kreativer vorgehen. Durch handelbare Gutschriften und andere Systeme könnte der Markt genutzt werden, um Emissionen von Kohlendioxyd oder anderen Treibhausgasen in die Atmosphäre zu reduzieren und andere ökologische Ziele der Politik zu erreichen.

Wir rufen Regierungen weiterhin auf, neue Maße und Indikatoren für die Wohlstandsmessung und eine zukunftsfähige Entwicklung voranzutreiben und anzuwenden. Und wiederum rufen wir Industrie und Nichtregierungsorganisationen auf, diese Veränderungen politisch zu unterstützen.

Obwohl das Prinzip der zukunftsfähigen Entwicklung bereits weithin akzeptiert worden ist, wurde doch der Fortschritt in diese Richtung bisher durch das Fehlen operationaler Definitionen behindert. Ganz besonders trifft dies für den Kern des Konzepts der Ressourcennutzung zu. Wir sind überzeugt, daß dringender Bedarf an robusten und richtungssicheren Indikatoren besteht, um die notwendigen Fortschritte zu stimulieren. Existierende Umweltindikatoren lenken die Aufmerksamkeit vorwiegend auf die Ausgangsseite der Entwicklungszyklen, auf die ökologischen Auswirkungen nicht zukunftsfähigen Handelns sowie auf additive Schritte von Politik und Technik mit dem Ziel, bestimmte Wirkungen zu reduzieren. Hingegen sollten Indikatoren für zukunftsfähige Entwicklungen das Interesse auf die Eingangsseite der Entwicklungszyklen lenken, auf Inputs von Energie, Ressourcen, Chemikalien und anderem, und auf politische Maßnahmen, diese zu beeinflussen. Internationale Übereinkünfte über solche Indikatoren sind notwendig.

Internationale Übereinstimmung ist auch über einige einfache Meßverfahren zur Erfassung der ökologischen Intensität von Stoffströmen nötig. Zwei Maße wurden am Wuppertal Institut entwickelt: Der Material-Input pro Einheit Service (MIPS) und die Kosten pro Einheit Service (Costs per unit Service, COPS).

Wir rufen Industrieführer auf, diese Veränderungen politisch zu unterstützen und entsprechende Veränderungen in ihren eigenen Unternehmen zu fördern.

Unternehmen haben ein natürliches Interesse an einer stabilen Wirtschaft, an stabilen politischen Bedingungen und an vorhersehbaren Märkten. Im Kontext zukunftsfähiger Entwicklung stellt die Umwelt nicht nur einen Kostenfaktor, sondern vielmehr ein Potential für Wettbewerbsvorteile dar. Das Unternehmen, welches sich dieses Konzept zu eigen macht, kann schnell Vorteile realisieren – effizientere Prozesse, Produktivitätssteigerungen, geringere Kosten und neue strategische Marktoptionen.

Dies erfordert die Verpflichtung durch die Unternehmensführung auf oberster Ebene. Die Chefetagen der Unternehmen, angefangen mit dem Vorstandsvorsitzenden, müssen die Zukunftsfähigkeit als fundamentale Bewertungsgrundlage für alle Entwicklungen und als Schlüsselprinzip für Betriebsplanung und für die Entscheidungsfindung über Investitionen, Produkte, Verfahren und das Marketing akzeptieren.

Wirtschaftsführer sollten darüber hinaus komplementäre Veränderungen in ihren Geschäftsberichten zur Integration des Konzepts der zukunftsfähigen Entwicklung einführen. Dies würde auch die Einführung neuer Maßzahlen bedeuten, um dem Management, den Investoren und Aktionären sowie anderen Beteiligten erkennbar zu machen, ob das Unternehmen den Energiedurchsatz, seinen Naturverbrauch, die Menge gefährlicher Chemikalien und andere Materialinputs pro Einheit Output erhöht oder senkt, ob das Unternehmen Abfall und Emissionen vergrößert oder verkleinert und schließlich, ob der gesamte Verbrauch an Naturkapital steigt oder sinkt.

Wir wollen hier nicht den Eindruck erwecken, daß alle Antworten schon bekannt sind. Es gibt Probleme, denen man sich stellen muß. Die Grenzen des internationalen Wettbewerbs sind ein Beispiel, die Rolle der Industrie in Hinblick auf soziale und politische Themen ein weiteres. Sollten wir möglicherweise das Konzept langfristiger sozialer Bindungen für Industriebetriebe wiederbeleben? Welche neuen internationalen Vereinbarungen und Organisationsstrukturen sind erforderlich, um gleiche Entwicklungsbedingungen für alle zu schaffen?

Trotz dieser Unsicherheiten sind wir davon überzeugt, daß mittelfristig sowohl der soziale Friede unserer Gesellschaft als auch die Stabilität des globalen Ökosystems stark gefährdet sind, wenn der Prozeß der Dematerialisierung nicht jetzt beginnt. Notwendige Reformen rechtzeitig zu beginnen heißt, bedächtigen evolutionären Veränderungen den Vorzug zu geben vor den Unwägbarkeiten revolutionärer Umbrüche.

Mitglieder und »Zuhörer« des Faktor-10-Clubs

Die Mitglieder des Faktor-10-Clubs sind derzeit:

Dr. Willy Bierter, Direktor des Instituts für Produktdauer-Forschung, Giebenach (Schweiz)

Dr. Frank W. Bosshardt, ANOVA Holding AG, Hurden (Schweiz)

Wouter van Dieren, Präsident des Instituut voor Milieu en Systeemanalyse, Amsterdam (Niederlande)

Hugh Faulkner, Executive Chairman des SPM – Sustainable Project Management, Geneva Executive Centre (GEC), Genf (Schweiz)

Claude R. Fussler, Vizepräsident Environmental Health and Safety der Dow Europe S.A., Horgen (Schweiz)

Maneka Gandhi, ehem. Umweltministerin Indiens, Mitglied des Bundesparlaments, New Delhi (Indien)

Prof. Dr. Miki Goto, Direktor des Institute for Ecotoxicology, Gakushuin University, Tokio (Japan)

Prof. Dr. Leo Jansen, Programme for Sustainable Technological Development (STD), Delft (Niederlande)

Prof. Ashok Khosla, President Development Alternatives, New Delhi (Indien)

Jacqueline Aloisi de Larderel, Direktorin des Industry and Environment Programme der UNEP, Paris (Frankreich)

Prof. Dr. Franz Lehner, Präsident des Instituts Arbeit und Technik im Wissenschaftszentrum Nordrhein-Westfalen, Gelsenkirchen (Deutschland)

Dr. Jim MacNeill, MacNeill & Associates und ehemaliger Generalsekretär der Brundtland-Kommission, Ottawa (Kanada)

Marie-Madeleine Marchal, Organisation und Ehrenmitglied im Faktor-10-Club, Paris (Frankreich)

Ioannis (John D.) Paleocrassas, ehem. griechischer Finanzminister und danach Umweltkommissar in Brüssel, London (Großbritannien)

Dr. Wolfgang Sachs, Wuppertal Institut für Klima, Umwelt, Energie im Wissenschaftszentrum Nordrhein-Westfalen, Wuppertal (Deutschland)

Prof. Dr. Ken Sasaki, Osaka University, Osaka (Japan)

Prof. Dr. Friedrich Schmidt-Bleek, Präsident des Faktor-10-Instituts, Carnoules (Frankreich)

Walter R. Stahel, Direktor des Instituts für Produktdauer-Forschung, Genf (Schweiz)

Prof. Dr. Paul Weaver, Rapporteur des Faktor-10-Clubs, Paris (Frankreich)

Prof. Dr. Ernst Ulrich von Weizsäcker, Präsident des Wuppertal Instituts für Klima, Umwelt, Energie im Wissenschaftszentrum Nordrhein-Westfalen, Wuppertal (Deutschland)

Jan-Olaf Willums, Direktor des World Business Council for Sustainable Development (WBCSD), Genf (Schweiz)

Prof. Dr. Heinrich Wohlmeyer, Präsident der Österreichischen Vereinigung für Agrarwissenschaftliche Forschung (ÖVAF), Wien (Österreich)

Prof. Dr. Ryoichi Yamamoto, Präsident MRS-Japan, Institute of Industrial Science, University of Tokyo, Tokio (Japan)

Die »Zuhörer« des Faktor-10-Clubs

Die folgenden Personen empfehlen die Erklärung des Faktor-10-Clubs zur Lektüre und haben dazu erklärt: »Wir haben uns dazu entschieden, der Botschaft des Factor-10-Clubs unsere Aufmerksamkeit zu schenken. Wir betrachten sie als mutigen und neuartigen Zugang zu einer zukunftsfähigen Entwicklung. Wir unterstützen die grundlegenden Ideen (der abgedruckten Carnoules-Deklaration), ohne notwendigerweise mit allen Aussagen im einzelnen übereinzustimmen. Wir würden eine weltweite Diskussion über das Faktor-10-Konzept begrüßen und hoffen, daß praktische Schritte in diese Richtung an Kraft gewinnen werden.«

Martin Bartenstein, Minister für Umwelt, Jugend und Familienangelegenheiten, Österreich

Gro Harlem Brundtland, ehem. Premierministerin von Norwegen, ehem. Vorsitzende der Weltkommission für Umwelt und Entwicklung (Brundtland-Kommission), Norwegen

Ricardo Diez-Hochleitner, Präsident des Club of Rome, Spanien

Rumen Gechev, Vorsitzender der United Nations' Commission on Sustainable Development, New York; ehem. stellv. Premierminister Bulgariens

Michiko Ishii, Staatsminister, Generaldirektor der Umweltagentur, zuständiger Minister für globale Umweltprobleme der japanischen Regierung

Anna Lindh, Umweltministerin, Schweden

Nelson Mandela, Präsident der Republik von Südafrika

Ungsuh K. Park, Präsident des Samsung Economic Research Institute, Korea

Emil Salim, Präsident der Indonesischen Stiftung für Artenvielfalt, ehem. Umweltminister, Indonesien

Stephan Schmidtheiny, Chairman der Unotec Holding AG, ehem. Gründungspräsident des Business Council for Sustainable Development, Schweiz

Tadahiro Sekimoto, Chairman of the Board, NEC Corporation, Japan

Maurice F. Strong, Exekutivkoordinator für UN-Reformen, Senior Advisor des Präsidenten der Weltbank, ehem. Generalsekretär der UNCED-Konferenz in Rio de Janeiro, 1992

Klaus Töpfer, Bundesminister für Regionalplanung, Bauen und Stadtentwicklung, Deutschland

13 Anhang

Checkliste für Produkthersteller

Bei der Planung eines neuen oder der Verbesserung eines vorhandenen
Produkts sind folgende Punkte zu berücksichtigen:

Materialaufwand gering halten

- Welche Materialien tragen die leichtesten Ökologischen Rucksäcke?
- Ist es sinnvoll, mehr Funktionen einzubauen, als der Endnutzer
  wünscht?
- Ist die Konstruktionsweise so einfach wie möglich?
- Ist die Materialzusammensetzung so einfach wie möglich?
- Sind alle Materialien gekennzeichnet?
- Ist das Gewicht so gering wie möglich?
- Ist die Größe/das Volumen des Produkts so klein/so gering wie mög-
  lich?
- Ist der Flächenbedarf für das Produkt so klein wie möglich?
- Wie können (bei kurzlebigen Produkten von weniger als zwanzig
  Jahren Lebensdauer) Verbundstoffe vermieden werden?
- Können die Ausschußraten noch verkleinert und die Durchlaufraten
  in internen Kreisläufen minimiert werden?
- Ist die Ergiebigkeit, sind die Ausbeuten noch verbesserungsfähig?
- Wie kann eine vorzeitige Materialermüdung vermieden werden?
- Ist das Design (besonders bei Leasing-Produkten) ausreichend ein-
  fach und das Produkt robust genug?
- Ist der Einbau von produktbegleitenden Informationssystemen mög-
  lich?

Langlebigkeit anstreben/erhöhen

- Sind Ersatzteile langjährig verfügbar?
- Wie kann man das Gerät bedienungsfreundlicher machen?

- Wie kann sein Erscheinungsbild zeitlos, aber ansprechend gestaltet werden?
- Welche automatischen Funktionen lassen sich in das Gerät/Produkt einbauen, um den Materialverbrauch während der Nutzung zu senken?
- Ist die Oberflächenbeschaffenheit optimal (korrosionsbeständig, witterungsfest, abwaschbar)?
- Wie kann dem Endnutzer die Reinigung des Produkts erleichtert werden?
- Ist ein modularer Aufbau möglich, damit das Produkt einfach und zeitsparend ohne Spezialwerkzeuge zerlegt, repariert und später auch aufgerüstet werden kann?
- Wie kann die Instandhaltung erleichtert werden?
- Kann die Zuverlässigkeit noch verbessert werden?
- Kann es robuster gemacht werden?
- Wie kann ein vorzeitiger Verschleiß von Teilen vermieden werden?
- Können die zu erwartenden Verschleißzeitpunkte der einzelnen Teile besser aufeinander abgestimmt werden?
- Wie können wichtige Bauteile standardisiert werden, damit sie mit den Teilen von Konkurrenzprodukten kompatibel sind?
- Läßt sich das Produkt mit anderen Produkten kombinieren?
- Wie kann ein variabler Einsatz erreicht werden?
- Ist das Design der wiederverwendbaren Teile optimal? (Subkomponenten, Gehäuse etc.)
- Kann das Design so ausgelegt werden, daß das Produkt, nachdem es seinen ursprünglichen Zweck erfüllt hat, ganz oder teilweise für mögliche weitere Nutzungen eingesetzt werden kann? (Kaskadennutzung)
- Wie können begleitende Produktanleitungen auf Papier vermieden werden? (Papier hat einen Rucksack von 15 für abiotische Rohmaterialien)
- Schließlich sollten während des Dialoges zum Materialaufwand und zur Langlebigkeit auch die Werksanlage selbst und der Maschinenpark sowie ihr möglicher Umbau, Erweiterung und ihre Unterhaltung angesprochen werden.

Energieaufwand gering halten

- Welche der zu Verfügung stehenden Energien hat den leichtesten Rucksack?
- Können (weitere) automatische »Sleep«- oder »Power-down«-Funktionen in das Produkt integriert werden?
- Wie kann Energiebedarf für Kühlung und Heizung während des Betriebs vermieden werden?
- Wie können die Antriebe für das ganze Produkt optimiert werden? (Kupfer hat einen enorm hohen ökologischen Rucksack, etwa siebenmal so schwer wie Aluminium; siehe im Anhang die Ökologischen Rucksäcke für Werkstoffe)?
- Welche Antriebsaggregate für Extras sind ganz vermeidbar? Können »externe« Antriebe verwendet werden?
- Können produktbegleitende Informationssysteme eingebaut werden?
- Läßt sich die Energie im Werksgebäude mehrfach nutzen, also in Kaskaden, in denen auf jeder Stufe die nicht genutzte Energie der Vorstufe verwendet wird?
- Schließlich sollten während des Dialoges zum Energieaufwand auch die Werksanlage selbst und der Maschinenpark sowie ihr möglicher Umbau, ihre Erweiterung und der Unterhalt angesprochen werden.

Abfall vermeiden oder minimieren

- Ist die Rücknahme der Produkte vom Endnutzer vorgesehen?
- Was kann wie werksintern wiederverwendet werden (Verpackungen, Abfälle, Wasser, Lösungsmittel)?
- Wie können die Verpackungen und Verpackungssysteme wiederverwendbar gemacht werden (keine Verbundstoffe in Verpackungen, Kennzeichnung, Überlegungen zur Stapelbarkeit der Ware auch ohne Verpackung)?

Transportaufwand verringern

- Welches sind die Transportalternativen mit dem geringsten Ressourcenbedarf?
- Wie lassen sich interne Transportwege verkürzen?
- Wie lassen sich die Transportwege von Lieferanten verkürzen?
- Wie lassen sich die durchschnittlichen Transportwege zum Händler verkürzen?
- Wie lassen sich die durchschnittlichen Transportwege zum Endnutzer verkürzen?
- Wie lassen sich die Transportwege vom Recyclingunternehmen verkürzen?

Gefahrstoffe vermeiden

- Ist berücksichtigt, daß alle gesetzlich geregelten Gefahrstoffe vermieden werden müssen?
- Wurde darauf geachtet, daß dort, wo Gasentwicklung (Brände etc.) Menschen gefährden kann, keine Probleme durch halogenierte Materialien (Chlor, Brom) entstehen?
- Wurde darauf geachtet, Material zu verwenden, das bei Brand oder Berührung mit Wasser keine Giftstoffe entwickelt?

Die Nutzung intensivieren

- Wurde der Endnutzer befragt, welche Zusatzfunktionen er wünscht, und wurden diese eingebaut?
- Ist das Produkt bewußt auf Langlebigkeit ausgelegt?

Fragen an die Prosumenten

Folgende Fragen kann der Hersteller an den Endnutzer (Prosumenten) richten, um die Ressourcennutzungsproduktivität des Produkts zu erhöhen:

- Welche Funktionen soll das Produkt erfüllen?

- Welche Art von Anleitung soll mitgegeben werden?
- In welcher Klimazone wird das Produkt eingesetzt?
- Wird das Produkt auch im Freien benutzt?
- Ist die Stromversorgung stabil, auch bei Unwettern und bei Erdbeben?
- Ist damit zu rechnen, daß Kinder das Produkt benutzen oder zumindest an das Produkt herankommen können?
- Ist damit zu rechnen, daß mehrere Personen das Produkt benutzen?
- Ist das Produkt für Leasing oder Sharing vorgesehen?
- Gibt es eine Reparaturwerkstatt in der Nähe des Nutzungsorts?
- Wo ist das nächstgelegene Recyclingunternehmen für das Produkt?

Wichtiger Hinweis:

Es ist sinnvoll, alle Lieferanten, Händler, Recyclingunternehmen und instand setzende Handwerker oder Techniker über die Ökologischen Rucksäcke ihrer Lieferungen, Leistungen, Prozesse und Anlagen zu befragen, um sie damit zum Handeln in Richtung einer Erhöhung der Ressourcenproduktivität zu bewegen. Eine ausreichende Dematerialisierung in der Wirtschaft (um einen Faktor 10 und mehr) kann im allgemeinen nur als Summe innerhalb eines Systems – in der Handlungskette – erreicht werden.

Fragen an den Lieferanten

Fragen vom Hersteller an den Lieferanten über ihn und seine Lieferungen:

Fragen an den Lieferanten abiotischer, also nicht lebender Materialien, Werkstoffe und Produkte

Zum Materialaufwand

- Wurden die Materialien/Werkstoffe/Produkte unter Berücksichtigung ihrer Ökologischen Rucksäcke hergestellt?

- Sind die Roh- und Werkstoffe, die Vorprodukte und die Ersatzteile langjährig lieferbar?

(Bei der Lieferung von Vorprodukten alle *relevanten* Eigenschaften abfragen, die ganz oben angeführt wurden.)

Zum Energieaufwand

- Wurden die Energieträger nach Rucksackvergleich ausgewählt?
- Konnte bei Bedarf von Elektrizität die Erzeugungsweise nach dem kleinstmöglichen Rucksack ausgewählt werden? Wenn nein, welches sind die Gründe?

(Bei Lieferung von Vorprodukten alle *relevanten* Eigenschaften abfragen, die ganz oben für Produkte des Herstellers angeführt wurden.)

Zur Entstehung von Abfall

- Wie hoch ist das Abfallaufkommen beim Lieferanten im Zusammenhang mit den Lieferungen?
- Nimmt er gelieferte Teile vom Hersteller (Endnutzer) zurück?
- Achtet er auf die Wiederverwendbarkeit der Verpackung bzw. Verpackungssysteme (keine Verbundstoffe in Verpackungen, Kennzeichnung, Überlegungen zur Stapelbarkeit der Ware – auch ohne Verpackung)

Zum Transportaufwand

- Wurde die ressourcengünstigste Lösung gewählt?
- Welche internen Transportwege gibt es beim Lieferanten?
- Welche Transportwege zum Lieferanten gibt es (z.B. Lieferung von Rohstoffen aus dem Ausland)?

Zur Vermeidung von Gefahrstoffen

- Werden alle gesetzlich geregelten Gefahrstoffe vorschriftsgemäß behandelt?

Zur Nutzungsintensität

- Wurde auf die Multifunktionalität für vom Hersteller gewünschte Funktionen geachtet?
- Wie langlebig sind die gelieferten Waren? Gibt es hierfür eine Garantie?

Fragen an den Lieferanten biotischer Güter (Produkte und Werkstoffe, die von lebender Materie herstammen)

Zunächst sollten alle Fragen berücksichtigt werden, die bereits unter »Fragen an den Lieferanten abiotischer Materialien« erwähnt wurden. Darüber hinaus zählen die folgenden Fragen zu den ökologisch relevantesten:

Forstwirtschaft

- Stammen die gelieferten Waren aus ökologisch nachhaltig betriebener Forstwirtschaft?
- Wie weitgehend wird der Einsatz schwerer Fahrzeuge (mehr als zwei Tonnen) vermieden?
- Sind die jährlichen Erosionen in den Anbaugebieten bekannt?
- Werden alle Vorschriften für den Umgang mit Gefahrstoffen strikt beachtet?

Landwirtschaft

- Wie groß ist die jährliche Erosion von den Anbauflächen?
- Wie oft wird pro Jahr gepflügt, und wie tief?
- Werden Maschinen von mehr als zwei Tonnen Gesamtgewicht auf den Anbauflächen eingesetzt? Wenn ja, welche?
- Werden Experten eingesetzt, um Chemikalien- und Energieverbräuche zu minimieren, die nicht den Lieferfirmen verpflichtet sind?
- Wurden alle Vorschriften für den Umgang mit Gefahrstoffen und Düngemitteln strikt eingehalten?

- Wurden weniger Chemikalien und Düngemittel eingesetzt, als gesetzlich zugelassen sind? Welche?
- Wieviel Kubikmeter Wasser wurden zur Bewässerung für die Produktion einer Tonne Ware eingesetzt?

Tier- und Fischwirtschaft

- Wurden tierische Reststoffe an die Tiere/Fische verfüttert? Welche? Woher? Wieviel Kilo insgesamt pro Kilo Rohprodukt?
- Wieviel pflanzliches Material wurde außer Grünfutter verfüttert in Kilogramm pro Kilogramm Rohprodukt?
- Wo wurde das verfütterte pflanzliche Material ursprünglich erzeugt?

An das Recyclingunternehmen und an den Händler sind die gleichen Fragen zu stellen wie an den Lieferanten abiotischer Güter.

Ökologische Rucksäcke einiger Werkstoffe und Produkte

In den folgenden Tabellen habe ich Materialinputwerte von Werkstoffen und Produkten zusammengestellt, die am Wuppertal Institut und an befreundeten Instituten ermittelt worden sind. Ich biete diese Zahlen hier an, damit die Leserinnen und Leser an Beispielen aus ihrem eigenen Alltag und Beruf nachprüfen können, an welchen Stoffströmen sie direkt oder indirekt beteiligt sind.

Alle Zahlen sind vorläufige Werte – auch die, bei denen nicht ausdrücklich angemerkt ist, daß sie geschätzt sind. Es handelt sich sehr oft um Durchschnittswerte, die ständig verbessert werden. Wenn ich die Zahlen hier veröffentliche, dann tue ich das nicht zuletzt, weil mir an einer Korrektur und Verbesserung der Datenbasis liegt. Ich lade alle Leserinnen und Leser herzlich ein, neue Berechnungen, die ihnen bekannt werden, dem Wuppertal Institut mitzuteilen, damit eine immer solidere Datenbasis für Berechnungen nach dem MIPS-Konzept heranwächst. Die jeweils aktuellen Daten werden vom Wuppertal Institut auch im Internet veröffentlicht (http://www.wupperinst.org.).

Materialinput für ausgewählte Rohmaterialien und Produkte (ohne Transport)

	MI abiotische Materialien	MI biotische Materialien	MI Wasser	MI Luft	MI Boden	elektrische Energie
	t/t	t/t	t/t	t/t	t/t	kWh/t
Metalle						
Aluminium (primär)	8,45	0,00	24,57	0,00	0,00	16302,1
(Strom incl.)	85,38	0,00	1378,62	9,78	0,00	
Aluminium (sekundär)	0,59	0,00	10,32	0,00	0,00	609,0
(Strom incl.)	3,45	0,00	60,90	0,37	0,00	
Aluminium (70:30)	6,09	0,00	20,29	0,00	0,00	11594,2
(Strom incl.)	60,80	0,00	983,30	6,96	0,00	
Blei**	15,60	0,00	0,00	0,00	0,00	k.A.
(Strom incl.)	–	0,00	0,00	0,00	0,00	
Gußeisen*	4,66	0,00	6,60	0,92	0,00	186,1
(Strom incl.)	5,55	0,00	22,06	1,03	0,00	
Roheisen	4,66	0,00	6,60	0,92	0,00	186,1
(Strom incl.)	5,55	0,00	22,06	1,03	0,00	
Ferronickel (33% Nickel)	46,20	0,00	62,78	13,50	0,00	180,6
(Strom incl.)	47,10	0,00	77,78	13,61	0,00	
Ferrochrom (53% Chrom)						k.A.
(Strom incl.)	16,27	0,00	12,51	3,71	0,00	
Gold**	539.254,00	0,00	0,00	0,00	0,00	k.A.
(Strom incl.)	–	0,00	0,00	0,00	0,00	
Kupfer (primär; abgeschätzt)						3000,0
(Strom incl.)	500,00	0,00	260,00	2,00	0,00	

* Minimumabschätzung ** Nur Rohförderung und Abraum

	MI abiotische Materialien	MI biotische Materialien	MI Wasser	MI Luft	MI Boden	elektrische Energie
	t/t	t/t	t/t	t/t	t/t	kWh/t
Kupfer (sekundär)	4,04	0,00	6,31	0,00	0,00	
(Strom incl.)	9,66	0,00	105,62	0,72	0,00	1195,7
Kupfer (50:50; abgeschätzt)	250,00		180,00	1,40		2100,0
(Strom incl.)	250,00	0,00	180,00	1,40	0,00	
Messing	350,00	0,00	200,00	1,50	0,00	k.A.
(Strom incl.)		0,00			0,00	
Nickel	138,60	0,00	188,34	40,50	0,00	541,8
(Strom incl.)	141,29	0,00	233,34	40,83	0,00	
Silber**	7505,00	0,00	0,00	0,00	0,00	k.A.
(Strom incl.)	–	0,00	0,00	0,00	0,00	
Stahl (Oxy)	4,89	0,00	7,94	1,03	0,00	441,4
(Strom incl.)	6,97	0,00	44,60	1,29	0,00	
Stahl (Elek)	0,16	0,00	0,93	0,15	0,00	681,3
(Strom incl.)	3,36	0,00	57,52	0,56	0,00	
Stahl (83:17)	4,08	0,00	6,75	0,88	0,00	482,1
(Strom incl.)	6,35	0,00	46,79	1,17	0,00	
V2A Stahl (18% Cr, 9% Ni)	20,86	0,00	43,67	5,39	0,00	k.A.
(Strom incl.)						
V4A Stahl (17% Cr, 12% Ni)	24,39	0,00	57,12	7,02	0,00	k.A.
(Strom incl.)						
Zink**	23,10	0,00	0,00	0,00	0,00	k.A.
(Strom incl.)	–	0,00	0,00	0,00	0,00	

* Minimumabschätzung ** Nur Rohförderung und Abraum

Mineralische Grund- und Rohstoffe

	MI abiotische Materialien	MI biotische Materialien	MI Wasser	MI Luft	MI Boden	elektrische Energie
	t/t	t/t	t/t	t/t	t/t	kWh/t
Aluminiumoxid	4,64	0,00	9,08	0,08	0,00	539,8
(Strom incl.)	7,43	0,00	58,62	0,45	0,00	
Borax (synthetisch)	5,40	0,00	6,62	0,39	0,00	76,7
(Strom incl.)	5,75	0,00	13,02	0,43	0,00	
Borsäure (B2O3 * 3 H2O)	7,28	0,00	10,25	0,99	0,00	70,7
(Strom incl.)	7,61	0,00	16,15	1,08	0,00	
Branntkalk (CaO, gebrochen)	2,55	0,00	2,65	0,03	0,00	98,9
(Strom incl.)	3,12	0,00	12,76	0,10	0,00	
Branntkalkmehl (CaO)	2,55	0,00	2,65	0,03	0,00	144,2
(Strom incl.)	3,23	0,00	14,68	0,12	0,00	
Colemanit	6,00	0,00	1,18	0,00	0,00	53,4
(Strom incl.)	8,39	0,00	5,63	0,04	0,00	
Diabas (gebrochen)	1,15	0,00	1,32	0,01	0,00	57,6
(Strom incl.)	1,42	0,00	6,13	0,05	0,00	
Diamanten (Südafrika)**	5260000,00	0,00	0,00	0,00	0,00	k.A.
(Strom incl.)	–	0,00	0,00	0,00	0,00	
Dolomit	1,19	0,00	1,11	0,00	0,00	53,3
(Strom incl.)	1,44	0,00	5,56	0,03	0,00	
Dolomitmehl	1,19	0,00	1,11	0,00	0,00	103,1
(Strom incl.)	1,66	0,00	9,71	0,06	0,00	
Feldspat (gebrochen)*	1,15	0,00	1,32	0,01	0,00	57,6
(Strom incl.)	1,42	0,00	6,13	0,05	0,00	

* Minimumabschätzung ** Nur Rohförderung und Abraum

	MI abiotische Materialien	MI biotische Materialien	MI Wasser	MI Luft	MI Boden	elektrische Energie
	t/t	t/t	t/t	t/t	t/t	kWh/t
Feldspat (gemahlen)*	1,15	0,00	1,32	0,01	0,00	107,3
(Strom incl.)	1,65	0,00	10,28	0,08	0,00	
Flußspat**	2,75	0,00	0,00	0,00	0,00	k.A.
(Strom incl.)	–	0,00	0,00	0,00	0,00	
gemahlener Gips	1,33	0,00	1,50	0,00	0,00	106,0
(Strom incl.)	1,83	0,00	10,30	0,06	0,00	
Kalisalze**	5,69	0,00	0,00	0,00	0,00	k.A.
(Strom incl.)	–	0,00	0,00	0,00	0,00	
Kalkhydrat	1,94	0,00	2,39	0,02	0,00	111,0
(Strom incl.)	2,46	0,00	11,65	0,09	0,00	
Kalkmehl (CaCO3)	1,19	0,00	1,11	0,00	0,00	103,1
(Strom incl.)	1,66	0,00	9,71	0,06	0,00	
Kalkstein (CaCO3, gebrochen)	1,19	0,00	1,11	0,00	0,00	53,3
(Strom incl.)	1,44	0,00	5,56	0,03	0,00	
Kies und Sand**	1,18	0,00	0,00	0,00	0,00	k.A.
(Strom incl.)	–	0,00	0,00	0,00	0,00	
Quarzsand (Glassand)	1,34	0,00	0,12	0,02	0,00	15,6
(Strom incl.)	1,42	0,00	1,43	0,03	0,00	
Steinsalz (NaCl)	1,24	0,00	2,29	0,02	0,00	k.A.
(Strom incl.)						
Soda (schwer)	3,72	0,00	15,50	0,91	0,00	171,8
(Strom incl.)	4,46	0,00	27,72	1,02	0,00	

* Minimumabschätzung   ** Nur Rohförderung und Abraum

Energieträger

	MI abiotische Materialien t/t	MI biotische Materialien t/t	MI Wasser t/t	MI Luft t/t	MI Boden t/t	elektrische Energie kWh/t
Braunkohle	9,50	0,00	6,00	0,00	0,00	39,1
(Strom incl.)	9,68	0,00	9,25	0,02	0,00	
Dampf (16 bar; 3116,63 MJ/t)	0,38	0,00	1,31	0,24	0,00	4,5
(Strom incl.)	0,39	0,00	1,61	0,24	0,00	
Dampf (4 bar; 3059,77 MJ/t)	0,37	0,00	1,31	0,23	0,00	4,4
(Strom incl.)	0,39	0,00	1,60	236,43	0,00	
Diesel	1,21	0,00	7,03	0,00	0,00	32,1
(Strom incl.)	1,36	0,00	9,70	0,02	0,00	
Erdgas	1,20	0,00	0,23	0,00	0,00	3,3
(Strom incl.)	1,22	0,00	0,50	0,00	0,00	
Erdöl	1,17	0,00	3,54	0,00	0,00	8,9
(Strom incl.)	1,22	0,00	4,28	0,01	0,00	
Leichtes Heizöl	1,21	0,00	6,78	0,00	0,00	32,1
(Strom incl.)	1,36	0,00	9,45	0,02	0,00	
Schweres Heizöl	1,24	0,00	6,87	0,00	0,00	55,1
(Strom incl.)	1,50	0,00	11,45	0,03	0,00	
Steinkohle	1,96	0,00	2,49	0,00	0,00	79,8
(Strom incl.)	2,36	0,00	9,12	0,05	0,00	
Import-Steinkohle (nur unter Tage)	1,70	0,00	1,73	0,35	0,00	86,3
(Strom incl.)	2,11	0,00	9,12	0,05	0,00	
Steinkohlenkoks	3,17	0,00	3,22	2,97	0,00	224,9
(Strom incl.)	4,22	0,00	21,98	3,10	0,00	
Elektrischer Strom (öffentliches Netz, 1 MWh)	4,70	0,00	83,06	0,60	0,00	0,00
Elektrischer Strom (Eigenerzeugung Industrie, 1 MWh)	2,67	0,00	37,92	0,64		0,00

Elektrischer Strom nach Branchen

	MI abiotische Materialien	MI biotische Materialien	MI Wasser	MI Luft	MI Boden	elektrische Energie
	t/t	t/t	t/t	t/t	t/t	kWh/t
Bergbau	3,83	0,00	63,61	0,61	0,00	
Steinkohlebergbau	3,87	0,00	64,51	0,61	0,00	
Braunkohlebergbau	3,80	0,00	63,10	0,62	0,00	
Grundstoff- u. Produktionsgütergew.	4,16	0,00	70,97	0,61	0,00	
Gew./Verarb. von Steinen und Erden	4,63	0,00	81,63	0,60	0,00	
Eisenschaffende Industrie	4,22	0,00	72,50	0,61	0,00	
NE-Metalle	4,66	0,00	82,09	0,60	0,00	
Chemische Industrie	3,95	0,00	66,48	0,61	0,00	
Mineralölverarbeitung	3,47	0,00	55,76	0,62	0,00	
Holzschliff, Zellstoff, Papier und Pappe	3,87	0,00	64,62	0,61	0,00	
Investitionsgütergewerbe	4,64	0,00	81,77	0,60	0,00	
Maschinenbau	4,67	0,00	82,49	0,60	0,00	
Straßenfahrzeugbau	4,62	0,00	81,31	0,60	0,00	
Elektrotechnische Industrie	4,67	0,00	82,48	0,60	0,00	
EBM-Industrie	4,54	0,00	79,46	0,60	0,00	
Verbrauchsgütergewerbe	4,59	0,00	80,59	0,60	0,00	
Glasindustrie	4,66	0,00	82,12	0,60	0,00	
Kunststoffverarbeitung	4,62	0,00	81,21	0,60	0,00	
Textilgewerbe	4,45	0,00	77,60	0,60	0,00	
Nahrungs- und Genußmittelgewerbe	4,47	0,00	77,91	0,60	0,00	
Bergbau und verarb. Gewerbe insg.	4,28	0,00	73,72	0,61	0,00	

Chemische Erzeugnisse und Zwischenprodukte

	MI abiotische Materialien	MI biotische Materialien	MI Wasser	MI Luft	MI Boden	elektrische Energie
	t/t	t/t	t/t	t/t	t/t	kWh/t
Aceton*						
(Strom incl.)	3,19	0,00	18,72	1,89	0,00	102,4
Aluminiumchlorid*						
(Strom incl.)	2,98	0,00	10,39	0,41	0,00	1201,4
Ammoniak	8,61	0,00	110,63	1,15	0,00	
(Strom incl.)	1,16	0,00	1,14	2,06	0,00	582,6
	3,60	0,00	39,96	2,43	0,00	
Anilin	5,47	0,00	103,85	3,44	0,00	
(Strom incl.)	8,21	0,00	148,83	3,83	0,00	636,8
Benzol	3,52	0,00	13,97	2,08	0,00	
(Strom incl.)	4,32	0,00	28,23	2,19	0,00	171,0
Chlor (Cl2)	0,61	0,00	0,65	0,00	0,00	
(Strom incl.)	6,05	0,00	96,64	0,69	0,00	1155,7
Cumol*	4,04	0,00	23,70	2,13	0,00	
(Strom incl.)	4,65	0,00	34,51	2,21	0,00	129,6
Ethylbenzol	3,53	0,00	14,46	2,06	0,00	
(Strom incl.)	4,45	0,00	30,53	2,19	0,00	187,3
Ethylen	3,17	0,00	13,03	1,87	0,00	
(Strom incl.)	3,89	0,00	25,76	1,96	0,00	152,5
Formaldehydlösung (37%ig)	0,32	0,00	2,44	0,94	0,00	
(Strom incl.)	0,64	0,00	7,19	0,98	0,00	56,9
Harnstoff	1,18	0,00	3,54	1,52	0,00	
(Strom incl.)	3,45	0,00	44,60	1,82	0,00	492,1

* Minimumabschätzung   ** Nur Rohförderung und Abraum

	MI abiotische Materialien t/t	MI biotische Materialien t/t	MI Wasser t/t	MI Luft t/t	MI Boden t/t	elektrische Energie kWh/t
Methanol	0,71	0,00	1,31	0,34	0,00	35,3
(Strom incl.)	0,88	0,00	4,25	0,36	0,00	
NaOH (50%)	0,61	0,00	1,15	0,00	0,00	1156,0
(Strom incl.)	6,05	0,00	97,17	0,69	0,00	
Naphtha	1,32	0,00	7,35	0,00	0,00	78,6
(Strom incl.)	1,69	0,00	13,88	0,05	0,00	
Nitrobenzol	4,03	0,00	77,50	2,57	0,00	205,8
(Strom incl.)	4,95	0,00	93,13	2,70	0,00	
Phenol*	3,19		18,72	1,89		102,4
(Strom incl.)	0,46	0,00	46,52	0,01	0,00	
Phosgen	4,95	0,00	125,25	0,61	0,00	967,0
(Strom incl.)						
Polyätherpolyol	4,08	0,00	11,84	3,22	0,00	107,6
(Strom incl.)	4,57	0,00	20,50	3,28	0,00	
Polydiphenylmethandiisocyanat	4,41		85,37	2,36	0,00	1114,7
(Strom incl.)	9,53	167,36	167,36	2,90	0,00	
Propenoxid	3,98	0,00	13,13	3,24	0,00	138,0
(Strom incl.)	4,61	0,00	24,24	3,32	0,00	
Propylen	3,17	0,00	13,03	1,87	0,00	152,5
(Strom incl.)	3,89	0,00	25,76	1,96	0,00	
PVC-Pulver	2,60	0,00	21,90	0,00	0,00	1153,0
(Strom incl.)	8,02	0,00	117,67	0,69	0,00	
Pyrolysebenzin	3,17	0,00	13,03	1,87	0,00	152,5
(Strom incl.)	3,87	0,00	25,35	1,96	0,00	

* Minimumabschätzung   ** Nur Rohförderung und Abraum

	MI abiotische Materialien	MI biotische Materialien	MI Wasser	MI Luft	MI Boden	elektrische Energie
	t/t	t/t	t/t	t/t	t/t	kWh/t
Sauerstoff (flüssig)	0,00	0,00	1002,05	0,00	0,00	994,0
(Strom incl.)	4,66	0,00	1084,61	0,60	0,00	
Stickstoff (flüssig)						k.A.
(Strom incl.)	0,50	0,00	7,99	1,14	0,00	
Schwefelsäure (konz)*						k.A.
(Strom incl.)	0,52	0,00	6,41	0,49	0,00	
Salpetersäure (konz.)	0,33	0,00	123,62	1,58	0,00	172,1
(Strom incl.)	1,05	0,00	135,09	1,69	0,00	
Salzsäure (37%)	0,66	0,00	2,75	0,02	0,00	567,6
(Strom incl.)	3,03	0,00	40,66	0,38	0,00	
Sorbitol						k.A.
(Strom incl.)	1,10	0,00	22,75	1,61	0,00	
Stärke						577321 MJ
(Strom incl.)	1,07	0,00	22,09	1,56	0,00	
Styrol	4,53	0,00	18,54	2,67	0,00	293,7
(Strom incl.)	5,91	0,00	41,96	2,86	0,00	
Wasserglaslösung (35%)	1,05	0,00	4,12	0,27	0,00	30,1
(Strom incl.)	1,18	0,00	6,30	0,29	0,00	

* Minimumabschätzung ** Nur Rohförderung und Abraum

305

Baustoffe

	MI abiotische Materialien	MI biotische Materialien	MI Wasser	MI Luft	MI Boden	elektrische Energie
	t/t	t/t	t/t	t/t	t/t	kWh/t
Beton B25	1,22	0,00	1,44	0,03	0,02	23,8
(Strom incl.)	1,33	0,00	3,42	0,04	0,02	
Dachziegel		0,00			0,00	k.A.
(Strom incl.)	2,11	0,00	5,30	0,07	0,00	
Dämmstoff: EPS	5,72	0,00	27,34	2,96	0,00	1219,0
(Strom incl.)	10,96	0,00	133,08	3,70	0,00	
Dämmstoff: XPS	4,42	0,00	17,24	2,43	0,00	1424,0
(Strom incl.)	11,26	0,00	141,07	3,30	0,00	
Dämmstoff: PUR	4,05	0,00	49,11	2,49	0,00	623,6
(Strom incl.)	6,73	0,00	95,37	2,80	0,00	
Dämmstoff: Steinwolle	1,94	0,00	3,12	1,42	0,00	439,0
(Strom incl.)	4,00	0,00	39,72	1,69	0,00	
Dämmstoff: Glaswolle	2,27	0,00	3,81	1,49	0,00	511,0
(Strom incl.)	4,66	0,00	45,98	1,80	0,00	
Dämmstoff: Isofloc	1,56	0,00	4,12	0,25	0,00	31,46
(Strom incl.)	1,71	0,00	6,74	0,27	0,00	
Dämmstoff: Schaumglas	3,03	0,00	4,21	1,81	0,00	2326,6
(Strom incl.)	13,94	0,00	19,57	3,29	0,00	
Dämmstoff: Perlit*	1,70	0,00	0,97	0,00	0,00	65,0
(Strom incl.)	2,04	0,00	6,77	0,04	0,00	
Flachglas	2,33	0,00	4,52	0,69	0,13	86,4
(Strom öff. Netz)	2,96	0,00	11,70	0,74	0,13	
(Strom Glasindustrie)	2,95	0,00	11,65	0,74	0,13	
Granit(platten) geschliffen u. poliert	1,79	0,00	1,13	0,58	0,00	26,7
(Strom incl.)	1,92	0,00	3,36	0,59	0,00	

* Minimumabschätzung ** Nur Rohförderung und Abraum

	MI abiotische Materialien	MI biotische Materialien	MI Wasser	MI Luft	MI Boden	elektrische Energie
	t/t	t/t	t/t	t/t	t/t	kWh/t
Kalksandstein	1,19	0,02	1,66	0,00	0,00	
(Strom incl.)	1,28	0,02	2,02	0,01	0,00	19,8
Kanalisationssteinzeug	1,04	0,00	0,25	0,00	0,00	
(Strom incl.)	2,88	0,00	32,93	0,24	0,00	391,7
Porenbeton 400 kg/m³	1,76	0,06	1,96	0,17	0,00	
(Strom incl.)	2,51	0,06	46,56	0,26	0,00	165,0
Porenbeton 500 kg/m³	1,61	0,04	1,76	0,13	0,00	
(Strom incl.)	2,28	0,04	45,74	0,22	0,00	148,5
Porenbeton 600 kg/m³	1,52	0,04	1,49	0,09	0,00	
(Strom incl.)	2,10	0,04	44,31	0,17	0,00	128,5
Porenbeton 500 kg/m³; bewehrt	1,93	0,01	2,18	0,18	0,00	
(Strom incl.)	2,64	0,01	46,94	0,28	0,00	154,7
Porenbeton 600 kg/m³; bewehrt	1,78	0,01	1,91	0,15	0,00	
(Strom incl.)	2,37	0,01	44,76	0,23	0,00	127,4
Eisenportland-Zement (72; 24; 4)	1,84	0,00	2,20	0,17	0,00	
(Strom incl.)	2,79	0,00	18,82	0,30	0,00	253,0
Hüttenzement (40; 56; 4)	1,07	0,00	1,45	0,10	0,00	
(Strom incl.)	2,22	0,00	21,31	0,25	0,00	362,8
Portland-Zement	2,42	0,00	2,76	0,23	0,00	
(Strom incl.)	3,22	0,00	16,94	0,33	0,00	170,7
Ziegel porosiert (Sägemehl)	1,69	0,00	0,40	0,01	0,00	
(Strom incl.)	1,97	0,00	5,42	0,04	0,00	60,2
Ziegel porosiert (PS)/Vollziegel	1,83	0,00	0,61	0,01	0,00	
(Strom incl.)	2,11	0,00	5,74	0,05	0,00	61,8

Sonstige Werkstoffe

	MI abiotische Materialien t/t	MI biotische Materialien t/t	MI Wasser t/t	MI Luft t/t	MI Boden t/t	elektrische Energie kWh/t
Behälterglas (53% Scherben)	1,02	0,00	1,83	0,49	0,06	139,8
(Strom incl.)	1,73	0,00	13,44	0,57	0,06	
(Strom Glasindustrie)	1,72	0,00	13,36	0,58	0,06	
Behälterglas (0% Scherben)	2,19	0,00	4,14	0,62	0,14	156,7
(Strom incl.)	3,04	0,00	17,15	0,71	0,14	
(Strom Glasindustrie)	3,04	0,00	17,06	0,72	0,14	
Behälterglas (88% Scherben)	0,26	0,00	0,31	0,40	0,01	128,8
(Strom incl.)	0,87	0,00	11,01	0,48	0,01	
(Strom Glasindustrie)	0,87	0,00	10,93	0,48	0,01	
Kiefernholz (geschnitt., getrock.)	0,33	5,51	0,52	0,06	0,00	113,3
(Strom incl.)	0,86	5,51	9,97	0,13	0,00	
Fichtenholz (geschnitt., getrock.)	0,17	4,72	0,33	0,09	0,00	108,8
(Strom incl.)	0,68	4,72	9,40	0,16	0,00	
Douglasholz (geschnitt., getrock.)	0,13	4,37	0,27	0,10	0,00	107,6
(Strom incl.)	0,63	4,37	9,24	0,17	0,00	
MDF	0,30	0,00	3,24	0,26	0,00	355,05
(Strom incl.)	1,96	0,00	32,86	0,48	0,00	
Hartfaserplatte	0,22	0,00	1,39	0,63	0,00	572,37
(Strom incl.)	2,91	0,00	49,14	0,98	0,00	
Sperrholz(platte)	0,76	9,13	2,36	0,39	0,00	254,20
(Strom incl.)	2,00	9,13	23,56	0,54	0,00	
Linoleum	1,99	0,35	6,65	1,99	0,00	3,74
(Strom incl.)	2,01	0,35	6,68	1,99	0,00	

Sonstige Werkstoffe (alle Werte geschätzt)

	MI abiotische Materialien	MI biotische Materialien	MI Wasser	MI Luft	MI Boden	elektrische Energie
	t/t	t/t	t/t	t/t	t/t	kWh/t
Acryllacke	2,7		3,3	6,3		
Baumwolle	5,0–6,0	2	300–1500			
Gummi	5					
Kautschuk (natürlich)	1	3				
Latex (natürlich)	3	3				
Leder	2					
Magnesium		Achtung! Werte mit Sicherheit deutlich zu niedrig!				
mineralisch	10					
Meerwasser	7		5000			
Kaliablaugen	4					
Mennige	8		5			
Molybdän	100					
Steingut (Wandfliesen; Geschirr)	5					
Steinzeug (Bodenfliesen; Geschirr)	5					
Papier	15		120	5		
Pappe	3		30	1,3		
Polyesterfasern	3,6		200			
Porzellan	10					
Titan	1000					
Viskose	7,0–8,0		1300			
Wandfarbe (weiß)	2,2		4			

Produkte (alle Werte geschätzt)

	MI abiotische Materialien	MI biotische Materialien	MI Wasser	MI Luft	MI Boden	elektrische Energie
2 Bergstiefel	4,9		0	0	0	
2 Schuhe	3,5		0	0	0	
2 Stöckelschuhe	1,05		0	0	0	

	MI abiotische Materialien	MI biotische Materialien	MI Wasser	MI Luft	MI Boden	elektrische Energie
	t/t	t/t	t/t	t/t	t/t	kWh/t
Armbanduhr, Quarz, Lederband	19,5	0	0	0		
Aschenbecher, Glas, 15 cm	2,5		14	0,56		
Barbie	1,04	0	15,6	0,13		
Briefklammern	0,008	0	0,06	0,002		
Brille, Metall	0,22	0	1,8	0,15		
Butterdose	0,28	0	1,82	0,14		
Deozerstäuber	0,43	0	3,4	0,2		
Diskette	0,9	0	2,1	0,08		
duplo, (LEGO) Nr.2376	3,2	0	20,8	1,6		
Edding	0,085	0	1,385	0,01		
Einwegfeuerzeug	0,14		1,2	0,01		
Eßlöffel	1,1	0	2,2	0,27		
Fahrrad (Reiserad)	400	0	0	0		
Frühstücksteller	2,4	0	0	0		
Gabel	0,7	0	1,5	0,18		
Gürtel	0,56	0	0,85	0,1		
Haarbürste	0,3	0	3	0,07		
Handtuch	1,2	0,4	300	0,04		
Hemd	1,6	0,6	400	0,06		
Jeans	5,1	1,6	1200	0,15		
Kaffeebecher	1,5	0	0	0		
Kaffeemaschine KRUPS	52	0	240	6,5		
Kinderregenschirm	2,3	0	20	0,43		
Klarsichthülle	0,032	0	0,21	0,02		
Klopapierrolle	0,3	0	3	0,13		

	MI abiotische Materialien	MI biotische Materialien	MI Wasser	MI Luft	MI Boden	elektrische Energie
	t/t	t/t	t/t	t/t	t/t	kWh/t
Lineal, 20cm	0,09	0	1,125	0,018		
Locher, Leitz 5008	2,5	0	17	0,5		
Maus (Comp.)	3,1	0	8	0,14		
Messer	1,1	0	2,4	0,29		
NP G-7 Toner Canon	6,08	0	13,4	0,71		
Papierschere, groß	2,9	0	8	0,9		
Plastikmülleimer	3	0	22,5	0,7		
Radiergummi	0,1	0	1,8	0,01		
Seife	0	0	0	0		
Spülbürste	0,16	0	1,04	0,08		
Spülwanne	1,12	0	7,28	0,56		
Stabilo point 88	0,036	0	0,45	0,008		
Suppenteller	4,2	0	0	0		
Tasse, klein	1,2	0	0	0		
Teelöffel	0,35	0	0,75	0,28		
Telefon	25	0	50	1		
Teller, normal	6	0	0	0		
T-Shirt	0,9	0,3	225	0,03		
Unterhose	0,3	0,1	67	0,01		
Untertasse	1,4	0	0	0		
Videokassette mit Hülle	6,3	0	15,8	0,55		
Waschlappen	0,21	0,07	18	0,01		
Wasserkocher KRUPS	21	0	95	2,5		
Weinglas, klein	0,54	0	3	0,12		
Zahnbürste	0,12	0	1,5	0,028		

14 Anmerkungen

Kapitel 1

1 Siehe dazu die Erklärung des Faktor-10-Clubs von 1997, die im Kapitel 12 dieses Buches wiedergegeben ist.

2 Schmidt-Bleek, F.: Wieviel Umwelt braucht der Mensch? MIPS – das Maß für Ökologisches Wirtschaften. Berlin, Basel, Boston 1993. Im Text unveränderte Neuauflage unter dem Titel: Wieviel Umwelt braucht der Mensch? Faktor 10 – das Maß für Ökologisches Wirtschaften. München 1997.

3 Aven, P.O., Shatalin, S. S., Schmidt-Bleek, F.: Proceedings »Economic Reform and Integration«. I IASA, CP-90-4, 1990.

4 von Scherpenberg, N.: Wie Deutschland die Zukunft gewann. Eine finanzpolitische Vision. Berlin, Frankfurt am Main 1996.

5 Pimentel, D., u. a.: Environmental and Economic Costs of Soil Erosion and Conservation Benefits. Science, Bd. 267, 1995.

6 Schmidt-Bleek, F.: Wieviel Umwelt braucht der Mensch? 1993 (siehe oben); Schmidt-Bleek, F., Tischner, U.: Produktentwicklung. Nutzen gestalten – Natur schonen. Schriftenreihe des Wirtschaftsförderungsinstituts der Wirtschaftskammer Österreich, Bd. 270. Wien 1995.

7 Schmidt-Bleek, F., mit Merten, Th., Tischner, U. (Hrsg.): Ökointelligentes Produzieren und Konsumieren. Berlin, Basel, Boston 1997.

8 Hinterberger, F., u. a.: Ökologische Wirtschaftspolitik. Berlin, Basel, Boston 1996.

9 Bierter, W., u. a.: Öko-intelligente Dienstleistungen, Produkte und Arbeit. Wuppertal 1996.

Kapitel 3

1 Maxeiner, D., Mirsch, M.: Öko-Optimismus. 3. Aufl. Düsseldorf 1996.

2 Schmidt-Bleek, F., u. a.: A Concept for Early Recognition and Assessment of Environmental Changes - Une Démarche pour la Reconnaissance Précose de Modifications dans l'Environment et pour l'Evaluation de leurs Conséquences. GSF Bericht 21/87. Neuherberg bei München 1987.

3 So der World Wide Fund for Nature (WWF) im April 1997, der sich dabei auf einen gemeinsamen Pflanzenschutzbericht der Bundesländer zur Pestizidbelastung beruft. Es ist schon auffallend, daß man in Deutschland die absichtliche Vernichtung von Teilen der Ökosphäre noch immer Pflanzenschutz nennen darf, ohne dabei ausgelacht zu werden.

4 Brown, L.: State of the World. Washington 1992.

5 Behrensmeier, R., Bringezu, St.: Zur Methodik der volkswirtschaftlichen Material-Intensitäts-Analyse: Der bundesdeutsche Umweltverbrauch nach Bedarfsfeldern. Wuppertal Papers Nr. 46. Wuppertal 1995.

6   Das Parlament, 30. September 1996.
7   Collier, M. P., Webb, R. H., Andrews, E. D.: Die experimentelle Überflutung im Grand Canyon. In: Spektrum der Wissenschaft, H. 3, 1997.
8   Engineering Response to Global Climate Change. CRS Press. Boca Raton, Florida.
9   Pagels, H.: The Dreams of Reason. New York 1988.
10 Schmidt-Bleek, F.: A Concept for Early Recognition ... Neuherberg 1987 (siehe oben).
11 Pauli, G.: Breakthroughs. What Business Can Offer Society. Haslemere, UK 1996.
12 Schmidt-Bleek, F., Liedtke, Ch.: Kunststoffe – Ökologische Werkstoffe der Zukunft? Symposium Kunststoff, Frankfurt am Main, Juni 1995.

Kapitel 4

1   Allenby, B. R. , Richards, D. J. (Hrsg.): The Greening of Industrial Ecosystems. National Academy of Engineering. Washington, DC 1994.
2   Jantsch, E.: Unternehmung und Umweltsysteme. In: Hentsch, B., Malik, F. (Hrsg.): Systemorientiertes Management. Bern, Stuttgart 1973, S. 33 ff.; siehe auch: Jantsch, E.: Design for Evolution. Self-Organization and Planning in the Life of Human Systems. New York 1975.
3   Zitiert nach: Starck, S. und I.: Sokrates für Manager. Düsseldorf, Wien 1979.
4   Giarini, O., Louberge, H.: The Diminishing Returns of Technology. Oxford 1978.
5   Giarini, O., Stahel, W. R.: The Limits to Certainty. Facing Risks in the New Service Economy. Dordrecht 1993.
6   Frick, S., u. a.: Öko-effiziente Dienstleistungen. Positionspapier des Wuppertal Instituts für den Arbeitskreis 5 des Projekts »Dienstleistung 2000plus«. Februar 1996.
7   Stahel, W. R., Reday-Mulvey, G.: Jobs for Tomorrow. The Potential for Substituting Manpower for Energy. New York 1981.

Kapitel 5

1   Böge, St.: Die Auswirkungen des Straßengüterverkehrs auf den Raum. Die Erfassung und Bewertung von Transportvorgängen in einem Produktlebenszyklus. Diplomarbeit am Fachbereich Raumplanung der Universität Dortmund, Juni 1992.
2   Siehe zum Beispiel: Ökologie und Landbau, H. 2, 1997.

Kapitel 6

1 Kranendonk, S., Bringezu, St.: Major Material Flows Associated with Orange Juice Consumption in Germany. Fresenius Environmental Bulletin, Bd. 2, Nr. 8, 1993.
2 Toffler, A.: Die Dritte Welle. München 1983.
3 Gershuny, J.: After Industrial Society. The Emerging Self-Service Economy. London 1978.
4 van Veen, H., van Eeden, R.: Wie werde ich ein echter Geizhals? So knausern Sie sich reich! 2. Aufl. München 1995.
5 Liedtke, Ch., Rohn, H.: Zukunftsfähiges Unternehmen (1). Öko-Audit und Ressourcenmanagement bei der Kambium-Möbelwerkstätte GmbH. Eine Studie finanziert vom Ministerium für Umwelt, Raumordnung und Landwirtschaft des Landes Nordrhein-Westfalen. Wuppertal 1997.
6 FRIA, ein umweltschonendes Kühlkonzept für den Haushalt. In: Schmidt-Bleek, F. Tischner, U.: Produktentwicklung ... 1995, S. 60 ff. (siehe oben); siehe auch Schmidt-Bleek, F., Tischner, U.: Designing Goods with MIPS. In: Fresenius Environmental Bulletin, Bd. 2, Nr. 8, 1993.
7 Schmidt-Bleek, F.: Wieviel Umwelt braucht der Mensch? 1993 (siehe oben).
8 Schmidt-Bleek, F., und Tischner, U.: Produktentwicklung ... 1995 (siehe oben).
9 Claude Fussler hat in seinem Buch »Driving Eco-Innovation. A Breakthrough Discipline for Innovation and Sustainability« (London 1996) einen Kompaß vorgestellt, der ähnliche Aufgaben erfüllt wie das Spinnennetz.
10 Siehe auch: Wirth, M.: Öko-Effizienz als Herausforderung an die Industrie. In: Schmidt-Bleek, F., mit Tischner, U., Merten, Th. (Hrsg.): Ökointelligentes Produzieren und Konsumieren. 1997, S. 137–156 (siehe oben).
11 Schmidt-Bleek, F., Tischner, U.: Produktentwicklung ... 1995 (siehe oben).
12 Das vom Autor geleitete Faktor-10-Institut sieht darin eine seiner zentralen Aufgaben. Institut Du Facteur 10, La Rabassière, Carrère des Bravengues, F-83660 Carnoules, Var, France; und Faktor-10-Institut beim Österreichischen Institut für nachhaltige Entwicklung (ÖIN), Lindengasse 2/12, A-1070 Wien, Österreich.
13 Ketterer, W., u. a.: Physical Review Letters. 26. Jan. 1997.
14 »Revision des Gebrauchs« war der Titel einer mehrtägigen internationalen Konferenz im Jahre 1995 in Bonn, die Bernd Meurer vom Deutschen Werkbund in Darmstadt zusammen mit anderen vorbereitet hatte. In ihr ging es um alle Aspekte der aus ökologischen Gründen notwendigen Veränderung des Umganges mit sächlichen Dingen durch den Menschen.

Kapitel 7

1 Vgl. Schmidt-Bleek, F. (Hrsg.): MAIA – Einführung in die Materialintensitätsanalyse nach dem MIPS-Konzept. Abteilung Stoffströme und Strukturwandel des Wuppertal Instituts für Klima, Umwelt, Energie. Wuppertal 1996.

2   Liedtke, Ch., u. a.: Zukunftsfähiges Unternehmen. 1997 (siehe oben).

3   Lovins, A. B., Lovins, L. H.: Reinventing the Wheels. The Atlantic Monthly.
    271 (1), 1995.

4   Stiller, H.: Materialintensität von Transportleistungen (1) – Seeschiffahrt, und
    (2) – Binnenschiffahrt. Wuppertal Papers Nr. 40 und Nr. 41. Wuppertal 1995.
    Stiller, H.: Materialintensitätsanalysen von Transporten – Neue Prioritäten für
    Instrumente? In: Kön, J., Welfens, M. J. (Hrsg.): Neue Ansätze in der Um-
    weltökonomie. Marburg 1996.

5   Manstein, Ch.: Das Elektrizitätsmodul im MIPS-Konzept. Materialanalyse der
    bundesdeutschen Stromversorgung (öffentliches Netz) im Jahr 1991. Wupper-
    tal Papers Nr. 51. Wuppertal 1996; Manstein, Ch.: Quantifizierung und Zu-
    rechnung anthropogener Stoffströme im Energiebereich. Diplomarbeit im
    Fachbereich 14 der Universität Gesamthochschule Wuppertal, Wuppertal
    1995.

6   U.S. Department of Energy (DOE): Energy Technology Characterizations
    Handbook. 3. Aufl. Washington DC 1983.

7   Daten für die konventionellen Kraftwerke sowie Wind- und Wasserkraftwerke:
    Manstein, Ch.: Materialintensität der deutschen Stromproduktion. Wuppertal
    Institut 1997. Daten für Photovoltaikanlage: Spies, H.: Vergleichende Mate-
    rialintensitäts-Analyse von Photovoltaikanlagen nach dem MIPS-Konzept,
    Wuppertal Institut 1997. Daten für Solarthermisches Kraftwerk: Lehmann, H.:
    Land Use. Wuppertal Institut 1995. Daten für Stromerzeugung aus Biomasse:
    Kreutzmann, A.: Ökobilanz nach dem MIPS-Verfahren für Stromerzeugung
    aus Biomasse, insbesondere Restholz und Rapsöl. Diplomarbeit an der Rhei-
    nisch-Westfälischen Technischen Hochschule (RWTH) Aachen, Mai 1997.

8   Pimentel, D., u. a.: Environmental and Economic Costs of Soil Erosion and
    Conservation Benefits. Science, Bd. 267, 1995, S. 1117.

Kapitel 8

1   Walter Stahel ist ein erfolgreicher Schweizer Planer und Architekt mit sehr
    viel Industrieerfahrung, der als Direktor des Institut de la Durée in Genf seit
    vielen Jahren um die Langlebigkeit von Produkten kämpft.

2   Schmidt-Bleek, F.: Wieviel Umwelt braucht der Mensch? 1993 (siehe oben).

3   Vgl hierzu: Liedtke, Ch., u. a.: Perspektiven und Chancen für den Werkstoff
    Stahl aus ökologischer Sicht. Wuppertal Papers Nr. 7. Wuppertal 1993,
    S. 24 ff.

4   Sonderdruck aus Future Special Science 2, 1997, Hoechst AG.

5   Siehe zum Beispiel: »Wüsten sind globales Problem«. Süddeutsche Zeitung,
    1. Oktober 1997.

6   Private Mitteilung von Dr. Bernhard Weling, Zipperlin-Kessler & Co, Arns-
    berg.

7   Stahel, W. R.: Handbuch Abfall 1. Allgemeine Kreislauf- und Rückstandswirt-
    schaft. Beispielband. Hrsg. von der Landesanstalt für Umweltschutz Baden-
    Württemberg, Karlsruhe 1995, S. 3A ff.. Leisinger, K. M.: Multinational

Companies and Agricultural Development. A Case Study of »Taona Zina in Madagaskar«. In: Food Policy, Bd. 12, Nr. 3, August 1987.

8 Van Dieren, W. (Hrsg): Mit der Natur rechnen. Berlin, Basel, Boston 1996.
9 Stark, S. und I.: Sokrates für Manager. Düsseldorf, Wien 1978.

Kapitel 9

1 Siehe z. B.: »Fire and forget?« The Economist, 20. 4. 1996. Und: »And now, Upsizing« The Economist, 8. 6. 1996.
2 Butterweck, H.: Arbeit ohne Wachstumszwang. Essay über Ressourcen, Umwelt, Arbeit, Kapital. Frankfurt am Main 1996.
3 Piore, M. J., Sabel, Ch. F.: Das Ende der Massenproduktion. Berlin 1985.
4 Ernste, H., Meier, V. (Hrsg.): Regional Development and Contemporary Industrial Response. Extending Flexible Specialisation. London, New York 1992.
5 World Business Council for Sustainable Development: »Eco-Efficient Leadership – for Improved Economic and Environmental Performance«. Genf 1995. World Business Council for Sustainable Development: »Eco-Efficient Leadership«. Genf 1996.
6 »Eco-efficiency is reached by the delivery of competitively priced goods and services that satisfy human needs and bring quality of life, while progressively reducing ecological impacts and resource intensity throughout the life cycle, to a level at least in line with the earths estimated carrying capacity.«
7 Meurer, B.: Revision des Gebrauchs. 1995 (siehe oben).
8 Schmidheiny, St.: Kurswechsel. Globale unternehmerische Perspektiven für Entwicklung und Umwelt. München 1992, S. 38.
9 Fussler, C.: Driving Eco-Innovation. London 1996.
10 Arthur D. Little: Ökologische Senkrechtstarter. Die Studie zu grünen Marterfolgen. Düsseldorf 1993.
11 Wagner, G. R.: Das Ökologische Controlling als Konzeption interner Unternehmensrechnungen. In: Wagner, G.R. (Hrsg.): Betriebswirtschaft und Umweltschutz. Stuttgart 1993, S. 207–222.
12 Steger, U.: Ökologische Aspekte des Markenartikels. In: Markenartikel, Nr. 5, 1994, S. 216–227.
13 Hallay, H., Pfriem, R: Öko-Controlling. Umweltschutz in mittelständischen Unternehmen. Frankfurt am Main, New York 1992.
14 Ich verdanke Annelie Rüling diese Geschichte. Sie führte mit Herrn Fordemann ein langes Gespräch.
15 Reichert, L.: Evolution und Innovation. Berlin 1994, S. 19; siehe auch: Kirsch, W.: Unternehmenspolitik und strategische Unternehmensführung. München 1991; Kirsch, W.: Kommunikatives Handeln, Autopoiese, Rationalität – Sondierungen zu einer evolutionären Führungslehre. München 1992.
16 Bericht zur Enquête »Zur Veränderungsfähigkeit der deutschen Wirtschaft und Gesellschaft«. Akademie Schloß Garath 1996.
17 Europäische Kommission: Grünbuch zur Innovation. Luxemburg 1996.
18 Hallay, H. u. Pfriem, R.: Öko-Controlling. 1992 (siehe oben).

19 Claus, F., u. a.: Die Organisation des Ökologischen Stoffstrommanagements. Studie im Auftrag der Enquêtekommission »Schutz des Menschen und der Umwelt«. Dortmund u. a. 1993.

20 US Congress, Office of Technology Assessment (OTA): Green Products by Design, Choices for a Cleaner Environment. Washington DC 1992.

21 Belzer, V., Dankbaar, B. (CEC FAST): The Future of Industry in Europe – Automotive Industry. Brüssel 1994.

22 Bierter, W., Stahel, W. R., Schmidt-Bleek, F.: Öko-intelligente Produkte, Dienstleistungen und Arbeit. Studie im Rahmen der Verbundprojekte »Zukunft der Arbeit« und »Zukunftsfähige Wirtschaft«. Wuppertal Spezial, Bd. 2, Wuppertal, Genf 1996. (ISBN 3-929944-02-2)

Kapitel 10

1 Adriaanse, A., u. a.: Resource Flows. The Material Basis of Industrial Economies. Hrsg: World Resources Institute (USA), Wuppertal Institut (BRD), Ministry of Housing, Spatial Planning and Environment (Niederlande) und National Institute for Environmental Studies (Japan). Washington DC 1997.

2 Bringezu, St.: Die physische Basis unseres Wirtschaftens. Anforderungen und Möglichkeiten einer ökologisch zukunftsfähigen Entwicklung europäischer Regionen. In: Deutschland in Europa – Festschrift zum 51. Geographentag. Bonn 1997.

3 Behrensmeier, R., Bringezu, St.: Zur Methodik der volkswirtschaftlichen Material-Intensitäts-Analyse. Wuppertal 1995 (siehe oben).

4 Bringezu S., Schütz, H.: Analyse des Stoffverbrauches der deutschen Wirtschaft. Status quo, Trends und mögliche Prioritäten für Maßnahmen zur Erhöhung der Ressourcenproduktivität. In: Köhn, J., Welfens, M. J. (Hrsg.): Neue Ansätze in der Umweltökonomie. Marburg 1996, S. 227–252 (siehe oben).

5 Behrensmeier, R., Bringezu, St.: Zur Methodik der volkswirtschaftlichen Material-Intensitäts-Analyse: Ein quantitativer Vergleich des Umweltverbrauchs der bundesdeutschen Produktionssektoren. Wuppertal Papers Nr. 34. Wuppertal 1995.

6 Adriaanse, A., u. a.: Resource Flows … 1997 (siehe oben).

Register

320